tsmc
世界を動かすヒミツ

元「今周刊」副編集長
経済ジャーナリスト
林　宏　文

野嶋　剛　監修
牧高光里　訳

CCCメディアハウス

半導体技術の進歩とは、
1枚の板から取れるチップの数を増やすこと。
つまり、大口径化と微細化の闘いだ。
今、その技術で世界に君臨するのが、
台湾の護国神山・TSMCである。

大口径化：ウエハー（基板）の直径を大きくすること
微細化　：ウエハー上に形成するICチップの線幅を小さくすること

第2章 TSMCの経営とマネジメント

第3章 TSMCの文化とDNA

第4章 TSMCの研究開発

第5章 半導体戦争、そして台湾と日本

※〔　〕は訳註
※1新台湾ドル＝約4・8円
※中国や台湾の人名については、英語名が知られている場合は英語名を優先し（例：モリス・チャン）そうでない場合は漢字表記。また台湾人の氏名は繁体字、中国人の場合は日本の漢字を使用
※↓**用語**は巻末の「索引&用語解説」の該当項目を参照

はじめに
——TSMCと台湾半導体産業のリアル

2023年7月にこの本を台湾で上梓したとき、半導体に関する本は巷にあふれているのに、なんでまた執筆を思い立ったのかと何人もの方から尋ねられた。

そのたびに私は、**米国や日本などの研究者、評論家が書いた本は数多くあるが、国際政治や米中問題、半導体戦争を切り口にしたものが多く、企業と産業の発展という視点から分析した本が少なかった**からだと答えた。TSMCと半導体産業を30年取材してきた私の経験を通じて、より市場に密着した観点と、日米の専門家とは少し違った視点から見た台湾の姿を、日本の皆様にお伝えできればと思っている。

ありがたいことに本書は、台湾で多くの反響を呼んだ。そのおかげでメディアに取り上げられる機会が増え、私はよく、この本は台湾だけでなく世界各国で出版されるべきだとお話ししている。多くの国は今、地政学的影響を受けながら、業界の自主決定やサプライチェーンのレジリエンス（危機から立ち直る力）などから生じたニーズによって、半導体への投資を必要とし、その投資額や政府の補助金は数十億から数百億ドルに上ることもある。こうした巨大投資プロジェクトで成果を出し、巨額の資金を無駄にしないためには、ＴＳＭＣと台湾半導体産業が過去に重ねた努力や、幾度ものトライアルアンドエラーを経てようやく迎えた今の局面をよく研究し、理解を深める必要があるのではないかと私には思えるのだ。

こうした国のなかでも日本は大きな影響力を持つ国の一つだ。ＴＳＭＣとソニーとデンソーが熊本に設立した合弁会社ＪＡＳＭ（Japan Advanced Semiconductor Manufacturing）は２０２４年には量産開始する予定だ。**この計画はＴＳＭＣが先進国で行う海外展開のなかでも最もスピーディに進められ、最も成功する事業になる可能性が高い。**だがそれよりも重要なことは、日本と台湾が半導体分野で協力して最高のかたちで優位性を補完し合い、将来的には世界の半導体同盟のなかでとりわけパワフルな役割を演じるようになることだと私は考えている。日本の読者の皆様にとって、本書は必読の書になると自負している。

TSMC30年の取材で見てきたこと

30年に及ぶ私の取材人生を振り返ると、私と半導体産業との関わりは、TSMCが上場する前から始まっており、執筆した記事や評論は100万字を超えている。1994年にTSMCが株式上場を果たす直前に、台湾最南端のリゾート地、墾丁でメディアと初めて交流したときのことは、今でも鮮明に覚えている。

1998年に私は複数の記者と共に米国に招かれ、TSMCが出資した米国工場WaferTech［2023年、社名をTSMC Washingtonに変更］を取材した。また2001年には、当時「TSMC研究開発の六騎士」と呼ばれた技術者たちを独占インタビューし、6人全員が同じフレームに収まっている、歴史的な写真を撮影した（324ページ〜）。

2009年には、当時TSMCのCEOだったリック・ツァイ（蔡力行《さいりきこう》）を取材した。この取材は同氏にとって最初で最後の独占インタビューになった（146ページ）。また、サムスンに移籍した梁孟松《りょうもうしょう》をTSMCが告訴した際は（218ページ〜）、私が2012年にサムスンに関する本を執筆していたこともあり、証人の一人として法廷に立った。

昔の記憶をたどっていくと、当時の話がまるで昨日のことのようだ。

ここ数年の米中対立や半導体戦争は終わりを見せず、以前はあまり注目されることのなかった台湾が「世界で最も危険な地域」と呼ばれるようになった。争いの発端はまさに、台湾というこのチップアイランドが放つ、隠しきれない輝きだ。**台湾は世界の半導体の7割を生産する**力を手に入れ、そのなかでも**ハイエンドなプロセス技術［半導体の製造技術］の9割を独占しているTSMC**が、以前にも増して世界から注視されるようになった。そして今、TSMCは、日本、米国、ドイツからの要請に応じて現地工場を設立している。

TSMC創業者モリス・チャンとの会話

本書には過去のメモを探し出してTSMCの成功の背後にあるストーリー――TSMC創業者のモリス・チャン（張忠謀《ちょうちゅうぼう》）のマネジメント哲学、競争と事業や企業文化の戦略、地政学的観点から見た日本や米国との投資計画と連携、世界的な半導体競争の趨勢《すうせい》、世界の半導体産業のなかの台湾の重要性をまとめた。読者の方々が過去と現在、そして未来を理解するための一助となれば幸いだ。

執筆中、モリス・チャンにインタビューしたときの数々のできごとを思い起こしたが、私がまだ駆け出しの記者だった1993年の取材が一番印象に残っている。上場前のTSMCの執務室で、モリス・チャンはリラックスした様子でインタビューに応じた。新米記者だった私は必死に下調べをして取材に臨み、モリス・チャンもまた、私のすべての質問に真摯に答えてくれた。取材を終えるとモリス・チャンはパイプをくゆらせながら、普段取り入れている運動のことやハーバードでの学生時代のこと——たとえば新入生の100メートル水泳テストに苦労して合格したときの話などを交えながら、とりとめのない雑談に興じた。

30年前のあの日の午後、傾きかけた日差しがオフィスに射し込んで、パイプから立ち上る煙を照らしていた。あのときの私は、その親切な男性が一流の企業家として世界に名を馳せることになるとは、そしてTSMCがこれほど成長するとは思いもしなかった。ましてや、自分自身がそのときから台湾半導体産業の激動の30年に関わり、台湾というこのチップアイランドが燦然《さんぜん》と輝くのをこの目で見ることになるとも想像していなかった。

台湾に**モリス・チャン**がいて、**TSMC**があり、**半導体という「護国群山」**「東から来る台風から台湾を守ってくれる中央山脈とその周辺の山々を「護国群山」という。転じて、台湾の最重要産業となり、戦略的にも重要度を増した半導体及び半導体産業を指すようになった。そのなかでも突出した存在のTSMCを「護国神山」

と呼ぶ」がそびえている。これは台湾にとって幸運なことだ。そして私もこの30年の歴史に関わる機会を得ただけでなく、台湾と日本の皆様にそれらをご紹介するため、今こうしてこの本を執筆する機会にも恵まれた。本当にありがたいことである。

日本語版の出版にあたり、日本の読者に向けて台湾版の内容に大幅に手を加えたため、何か抜け落ちてしまった情報があるかもしれない。お気付きの際は、ご指摘いただけると幸いだ。

日本は台湾に先駆けて半導体産業を発展させた先進国だ。そして、米中対立による半導体戦争にあっても、日本と台湾は産業配置をほぼ完全に補完し合っているため、両国のパートナーシップはこれからも進展していくだろう。本書が日本の皆様に多くのインスピレーションを与え、それぞれの企業にふさわしい経営・マネジメント方法をお伝えできるものになると信じているが、それよりも地政学的な観点から、そして世界の半導体産業の再編成後に、日本が勝利への道を新たに見出せるようになることのほうが、より重要だと考えている。

林宏文《リンホンウェン》　2023年　台北にて

半導体ができるまで

Ⅰ 設計工程

必要な機能・性能を持った
ICチップを設計する（配置を決める）

① 設計
EDAというソフトウェアを用いて機能や回路、配置の設計を行う

▼

② フォトマスク作成
ウエハー上にICチップを転写するための「フォトマスク」を作る

▼

Ⅱ 製造工程 前工程

ウエハーの上に
多数のICチップを作り込む

③ 成膜／リソグラフィー／エッチング／イオン注入／拡散
各種製造装置、材料、「フォトマスク」を用いてウエハー上にICチップを作り込み（転写する）、加工を施す

▼

④ 電極形成とウエハー検査
電極を配線するためのチップを埋め込みウエハー上に作り込まれた１つひとつのICチップに針を当て通電するか検査し、チップの良・不良を判断する

▼

Ⅲ 製造工程 後工程

ウエハーからICチップを
切り分けパッケージに収納して検査する

⑤ ダイシング
検査が終わったウエハーからICチップを１つひとつ切り分ける

▼

⑥ パッケージング
切り分けた良品チップをパッケージ基板に固定する

▼

⑦ 信頼性試験と最終検査
ICの信頼性を試験・評価（バーンイン・テスト）し、最終検査で不良品を取り除く

本書を読むカギ

※最低限おさえておきたいポイントと用語をまとめた

半導体企業の業態

IDM

半導体製品の「開発・設計→製造→販売」までをすべて自社で行う（垂直統合型）半導体製造メーカー

インテル／サムスン電子／SKハイニックス／マイクロン・テクノロジー／TI（テキサス・インスツルメンツ）／インフィニオン・テクノロジーズ／キオクシア　他

ファブレス

工場（ファブ）を持たない（レス）企業。「製造」は自社で行わず、「開発・設計」に特化している

クアルコム／ブロードコム／エヌビディア／メディアテック／アドバンスト・マイクロ・デバイセズ（AMD）／ハイシリコン／ザイリンクス　他

ファウンドリー

顧客が開発した設計データに基づいて受託製造を行う企業。半導体製造工程のうち「前工程」を担う

TSMC／サムスン電子／UMC／グローバル・ファウンドリーズ／中芯国際／世界先進　他

ＯＳＡＴ
ファウンドリーが「前工程」の作業を担うのに対して、「後工程」の受託製造を行う企業

ＡＳＥ／アムコー・テクノロジー／ＪＣＥＴ　他

ＥＤＡベンダー
「設計」を自動化するためのツールを提供し、「設計」工程を支援する企業

ケイデンス・デザイン・システムズ／シノプシス／メンター／アルデック／ジーダット　他

ＩＰベンダー
ＩＤＭやファブレスに機能ブロック（設計資産／ＩＰ）を提供する企業

アーム／シノプシス／ケイデンス・デザイン・システムズ　他

材料メーカー
半導体製造に必要な材料をＩＤＭやファウンドリーに提供する企業。日本が強い分野で、最も代表的な材料であるウエハーでは、信越化学、ＳＵＭＣＯなど、また、フォトレジストでは、ＪＳＲ、東京応化学、信越化学、住友化学、富士フィルムの5社で世界市場の9割を占める

製造装置(設備)メーカー
半導体を製造するためのさまざまな装置（設備）をＩＤＭやファウンドリーに提供する企業。日本が強い分野で、２０２０年の売上高ランキングトップ10のうち日本は4社ランクイン（東京エレクトロン／アドバンテスト／Ｓ

CREEN／日立ハイテク）

半導体超基礎用語

プロセス

半導体チップ（IC）をどれだけ微細に作っているかを示す言葉。単位はナノメートルで数字が小さいほど高性能（例：7ナノメートルプロセス）。プロセスを設計する技術を「プロセス技術」、プロセスの世代を表す言葉を「プロセスノード」という。40ナノメートル以上の古い製造プロセスを「成熟プロセス」、逆に最新のものを「先端プロセス」と呼ぶ

IC（集積回路）

シリコン基板上にトランジスタなどの素子をまとめて電気的機能を持たせた回路。回路の幅（線幅）を狭くするほど、より多くの回路が集積でき、半導体性能が向上する。IC（チップ）を総称して半導体と呼ぶこともある。ICは「ロジックIC」「メモリー」「マイクロ」「アナログ」の4種に分類できる

ウエハー

半導体製造に欠かせないシリコン製の円い基板。この上にIC（チップ）を作り込み、それを1つずつ切り離して半導体を生産する。ウエハー1枚あたりから取れるチップの数が多いほど低コスト化につながるので、直径を大きくする「大口径化」が進んでいる。工場の生産力を示す単位としても使われる

ロジックIC

論理演算機能を1つのICにした半導体。パソコンやスマートフォンに使われる。「標準IC」「CPU」「GPU」といった「汎用IC」と、受注に応じて製造される「カスタムIC」に分類される

CPU（中央演算処理装置）

コンピューターの頭脳にあたり、さまざまな演算処理を担うIC

メモリー

データを記憶するためのICで、「揮発性メモリー」と「不揮発性メモリー」がある

DRAM

揮発性メモリーの一種。短期記憶（一時保存）に使われる

NAND型フラッシュメモリー

不揮発性メモリーの一種。長期記憶に使われる

ムーアの法則

「約2年で半導体の集積度は2倍になる（微細化が進む）」という法則。近年、物理的・コスト的な限界が近づきつつある

主な登場人物

※おさえておきたい登場人物を2つの視点でまとめた

視点1：台湾半導体産業の黎明期

蔣經國（しょう・けいこく）

のちの元中華民国（台湾）総統。1973年、行政院長として「十大建設」の計画を打ち立てる。台湾経済を農業、軽工業中心から、重工業中心へと転換させるためのインフラ整備を実施

▼朝食会の7人

費驊（ひ・か）

行政院秘書長。「十大建設」の一環として、ハイテク分野からプロジェクトを立ち上げるよう命じられ、朝食会に他の6人を招集

方賢齊（ほう・けんさい）

電信総局局長。朝食会を経て「デジタル時計研究開発チーム」を立ち上げる

潘文淵（はん・ぶんえん）

集積回路（ＩＣ）の製造技術を米国から導入して、デジタル時計のＩＣ製造から着手するのがハイテク分野発展の最速の道だと示し、「集積回路計画草案」を作成。海外経験者で結成した電子技術顧問委員会（ＴＡＣ）を招集したのち、台湾人の技術者チームをＲＣＡ（アメリカ・ラジオ会社）に派遣。のちに「集積回路の父」と呼ばれる

孫運璿（そん・うんせん）

経済部長。「国家半導体計画」が軌道に乗るまでにかかる１０００万ドルの投資にＧＯを出す

高玉樹（こう・ぎょくじゅ）・王兆振（おう・ちょうしん）・康寶煌（こう・ほうこう）

それぞれ交通部長、工研院院長、電信研究所所長

▼その他重要人物

李國鼎（り・こくてい）

経済部長、財政部長、政務委員を歴任。「台湾テクノロジーのゴッドファーザー」と呼ばれる

胡定華（こ・ていか）

工研院で「国家半導体計画」の責任者を務める。ＵＭＣ（工研院から移転された台湾初の民間半導体企業）やＴＳＭＣの派生計画もサポート

▼米国のRCA（アメリカ・ラジオ会社）に派遣された若き技術者たち

史欽泰（し・きんたい）
のちに、工研院電子所の所長となり、モリス・チャンとサムスンを視察

曾繁城（そう・はんじょう）↓視点2（23ページ）
工研院モデル工場の工場長

ロバート・ツァオ（曹興誠／そう・こうせい）↓視点2（26ページ）
のちに工研院からUMC（モリス・チャンが会長を兼任していた）へ移籍。UMCをTSMCと並ぶ台湾半導体の雄に育てた

蔡明介（さい・めいかい）↓視点2（26ページ）
のちにロバート・ツァオによって工研院からUMCに引き抜かれる。それにより工研院とUMCの関係が一時悪化。その後、メディアテック会長に

劉英達（りゅう・えいたつ）
UMCの社員第一号で、のちの副社長

視点2：TSMCをめぐる愛憎劇

モリス・チャン（張忠謀／ちょう・ちゅうぼう）

TSMC創業者

リック・ツアイ（蔡力行／さい・りきこう）

2005年、CEOに就任するが、4年後に解任される（再びモリス・チャンがCEOに就任）。TSMCを辞したのちは、行政院の承認で中華電信会長に就任。退任後はメディアテックCEOに

マーク・リュウ（劉德音／りゅう・とくおん）

2013年、CEOに就任し、2トップ体制に。2018年、会長に就任（※2023年12月、2024年に会長を退任することが発表された。その後はシーシー・ウェイが会長就任予定）

シーシー・ウェイ（魏哲家／ぎ・てつか）

2013年、CEOに就任、2トップ体制に

曾繁城（そう・はんじょう）

元工研院モデル工場の工場長で、実質TSMCをモリス・チャンとともに創業した人物。海外から優秀な人材を引っ張りTSMCの成長に貢献。TSMCを去ったのち、世界先進へ移籍

▼TSMC「研究開発の六騎士」

蔣尚義（しょう・しょうぎ）

元研究開発部門シニア・バイス・プレジデント。曾繁城にスカウトされ、入社。0・13マイクロメートルプロセスの開発で指揮を執る。CEOになるつもりはないと何度も伝える。「蔣爸（蔣父さん）」と呼ばれ親しまれる。いちど引退後、中芯へ。現在（出版時）はホンハイで半導体戦略長。

梁孟松（りょう・もうしょう）

TSMCを辞め、韓国の成均館大学校で教壇に立ったことがきっかけで、TSMCの営業秘密をサムスンに漏洩したとされ、訴えられる。その後サムスンに移籍し、現在は中芯に

余振華（よ・しんか）

研究開発担当バイス・プレジデント

林本堅（りん・ほんけん）

元研究開発担当バイス・プレジデント。液浸リソグラフィー技術という半導体産業の大発明を成し遂げる

楊光磊（よう・こうらい）

研究開発所所長を退職後、中芯で独立役員になり、辞したのちはインテル顧問に

孫元成（そん・げんせい）
技術長兼副社長を引退後は、陽明交通大学に招かれ、イノベーション研究院総院長に就任

林茂雄（りん・もゆう）
研究開発所元所長

▼TSMCの人たち

王英郎（おう・えいろう）
米国工場CEO。オペレーション担当バイス・プレジデント

廖永豪（りょう・えいごう）
JASMを担当。オペレーション担当バイス・プレジデント

杜東佑（と・とうゆう）
米国の知財弁護士で、元バイス・プレジデント兼CLO。中芯の特許侵害の全貌を徐々に明らかにした

謝福源（しゃ・ふくげん）
TSMCの副CLO

侯永清（こう・えいせい）
欧州アジアセールス・リサーチ兼技術開発担当シニア・バイス・プレジデント。TSIAの新理事長に就任

▼本書における他社の重要人物

ロバート・ツァオ（曹興誠／そう・こうせい）
UMC名誉会長。RCAに派遣された一人で工研院からUMCへ（TSMCのモリス・チャンが会長を兼任していた当時）。UMCはTSMCのライバルであり台湾半導体のもう一つの雄

蔡明介（さい・めいかい）
メディアテック会長。工研院（RCAから技術供与を受けるとき米国に派遣される）からロバート・ツァオによってUMCに引き抜かれた

スタン・シー（施振榮／し・しんえい）
Acer創業者。TI-Acerの会長を務め、TSMCの取締役に入る

張汝京（ちょう・じょきょう）
世大創業者。TSMCに買収された世大から100人余りを引き連れて、上海で中芯を創業。のちにTSMCに訴えられて敗訴

イ・ゴンヒ（李健熙）

元サムスン会長

簡學仁（かん・がくじん）

元世界先進会長

ジェンスン・フアン（黃仁勳／こう・じんくん）

エヌビディアCEO。TSMCとビジネスで強く結びつく

アンドリュー・グローブ

元インテルCEO

序章

きらめくチップアイランド

台湾独自の強みのヒミツ

――3＋1の必勝ルート

半導体業界や情報エレクトロニクス業界を30年間取材してきた私は本書を通じて、業界や企業を研究するための経験則を確立してみたいと考えている。TSMC（台湾積体電路製造）の創業者、モリス・チャン（張忠謀《ちょうちゅうぼう》）はなぜこれほどの成功を収めることができたのだろう。そして台湾の半導体産業は、今日までどうやって世界をリードしてきたのだろう。

まずは台湾のエレクトロニクス産業全体が大きな成長を遂げた理由をまとめてみたい。**情報エレクトロニクス産業と半導体産業の成功の裏には、主に3つの要因があった**と私は考えている。

勤勉な国民性が生む驚異のコストパフォーマンス

まずは国民が勤勉で、コストパフォーマンスが驚異的に高いことが挙げられる。これは産業が成功を収めるための基本的な要素だ。台湾人には、たとえ残業代が出なくても残業したり仕事を自宅に持ち帰ったりするようなひたむきさと、勤勉で責任感が強いという気質がある。そして台湾の給与水準はそう高くないため、企業の営業コストも抑えられる。つまり台湾企業には、**優秀な従業員を低コストで大量に雇用できるという、高い競争力を養うための好条件**がそろっている。

勤勉な従業員と残業と低賃金は、競争するうえで非常に重要な武器だ。この競争力が最も顕著に表れているのが、一般的には粗利が低いと思われているローエンド製品だ。台湾企業が製造すると値段以上の価値が備わって、大きな利益を上げることができる。台湾のエレクトロニクス産業は運営コストが低いため、たとえ安めに販売したとしても収益を上げることができるのだ。欧米や日本などの海外企業なら採算が取れなくなる場合でもだ。

過去に取材してきた海外メーカーのなかでも欧米のパソコンメーカーなどは、台湾で光学ドライブやマウス、キーボードなどが安価で売られているのを見て、わざわざ自社で生産する必要がないことを知った。台湾製の製品を調達するほうが、自前で製造するよりコストダウンできるなら、製造委託するに越したことはない。そして台湾メーカーのほうも、大量に受注できればコストが下がるため、低価格製品でも大きな収益を上げることができる。つまり、双方にとって利点がある。
たとえば、米国のファブレス企業［製造を自社で行わず、半導体の開発・設計に特化する→**ファブレス**］であるブロードコムの責任者は以前私に、台湾のリアルテック・セミコンダクターの販売価格を知ったとき、あまりの安さに目を疑い、自社で同じ価格をつけたら間違いなく採算割れするので、ローエンド市場は諦めるしかないと思った、と言った。だが台湾メーカーなら単に採算が取れるだけでなく、好調な業績を上げられるだろう。

事実、シリコンバレーのＩＣ［ＩＣを総称して「半導体」と呼ぶこともある→**ＩＣ**］メーカーの多くは最低でも５割から６割の粗利率が必要だとして、４割を切る製品は作らない。マネジメントや販売、研究開発にかかるコストを差し引いたら利益が出ないからだ。だが、多くの**台湾メーカーは粗利率３割のＩＣを生産しても採算ベースに乗せられる**うえ、利益を捻出するためにコスト削減にも知恵を絞り続けている。その結果、いくつものローエンド市場が台湾メーカーの独擅場と化した。

欧米メーカーは価値の創造を重視しているため、新製品を絶えず発売することで収益を上げている。たとえばインテルは、次世代ＣＰＵ［コンピューターの頭脳にあたるＩＣ→**ＣＰＵ**］を頻繁にリリースして一つ前の世代の製品よりも高く販売し、粗利の高い新製品の販売を常に利益獲得の最重要手段としている。よって製造コストの削減は、いつも後回しにされてきた。もちろん、インテルのプロセス技術が先行していた時代もあったのだが、常に二番手、三番手に甘んじていて、TSMCの生産能力が増した結果、市場が奪われてしまった。

産業を細分化して特化して伸びる

台湾の成功のカギを握った2つ目の要素は、**各産業をさらに細かくカテゴライズして、各々を派生産業として独立させた分業制**だ。そこでは各社が各自の分野で自分の強みを発揮することに専念しながら、完成品を構成するサブシステムや部品を1社が1つずつ攻略している。まるでアリの集団が、大きなケーキを切り崩しながら最後には運び去ってしまうように。

インテルは昔、CPUを販売するためにマザーボード［コンピューターのメイン基盤→**マザーボード**］まで自作していた。顧客に売り込むには、実際に動かせるパソコンにCPUを実装してデモンストレーションする必要があったからだ。だから当時のインテルCEOアンドリュー・グローブは訪台して、台湾ではマザーボードというサブシステムの製造が独立した一つの産業を形成し、ASUS（エイスース）のようなマザーボード専門メーカーがひしめき合っているのを目の当たりにしたとき、「マザーボードの生産だけで一つの産業が成り立つとも、それで収益が上がるとも思ってもみなかった」と驚きを隠さなかった。

インテルはその後、マザーボードを作るのをやめてCPUやチップセット［**↓チップセット**］といった半導体分野に専念するようになった。インテルが新たなチップを開発すると、台湾のマザーボードサプライヤーはパソコンメーカーが新製品を最短で出荷できるよう、専用のマザーボードを最速で提供する。その結果、インテルは肉を食らい、台湾のエレクトロニクス産業はその出汁がたっぷり染み出たスープを飲み、みんなで仲良く市場を分け合うようになった。

インテルは、マザーボードのことだけでなく、**パソコンを構成するあらゆる電子部品やサブシステムの製造が、台湾では独立した産業として成り立っている**ことも想像していなかった。1台のパソコンから、接続線や冷却ファン、RAID、監視装置といったパーツを個々に製造する産業が数百種も派生し、そしてその一つひとつを製造するためにおびただしい数のメーカーが生まれて、台湾をパソコン王国にしている。

分業制の背後には、勝つためのコンセプトが2つ存在している。1つ目は、**ある製品にターゲットを絞ってそれを徹底的に発展させる**ことだ。分業で製造される製品の一つひとつに最高の品質と最低の価格が備わっていれば、やがてその会社に敵う相手はゼロになり、最終的にはどの企業も自前主義を捨ててそのメーカーから調達するようになるだろう。2つ目は、**他よりも優れた人材**である。台湾のASUSのような会社は、マザーボードを生産するためにも台湾トップクラスの人材を集めている。欧米の大企業は、マザーボードの責任者に最高の学歴は求めていないだろうし、そもそも学歴など重視していないだろうが、台湾メーカーは、台湾大学、清華大学、陽明交通大学、成功大学という台湾トップクラスの国立大学が輩出した一流の人材を集めているのだ。「上等の馬」と「中等の馬」の競争、つまり技術者のレベルが違うのだから、他には成し得ない成果を出したとしても不思議ではないだろう。

半導体業界では分業がさらに進んでいる。半導体の製造は大きくは、ICの「設計」と「製造」、「パッケージング」【↓パッケージング】と「検査」に分けられる（15ページ）が、IC設計だけでもさらにEDA【↓EDA】やIC設計サービス、半導体設計情報【↓IP】、レイアウト、フォトマスク【↓フォトマスク】、検査などに細分化できる。ちなみにインテルはCPUとチップセットを製造しているとお話ししたが、その後、台湾にもヴィア・テクノロジーズなどのメーカーが現れてインテルは市場シェアを奪われた。ヴィア・テクノロジーズはその後大きな成功は収められなかったが、当時のインテルにある程度の脅威を与えた。ほかにも、メディアテック（聯発《れんはつ》科技）の最初のドル箱は光学ドライブ用ＩＣで、当時日本やオランダのメーカーに流れていた受注を奪い取った。勝利できた理由はやはり分業と、一つの製品への専念、そして一流の人材をそろえたことだった。

もちろん半導体産業では分業が進んでいるため、台湾メーカーが請け負っているのはそのなかの一部に過ぎず、各国の産業チェーンとの連携も欠かせない。実際、台湾のファウンドリー［受託製造を専門に行う会社。半導体製造の「前工程」を請け負う。業界トップがＴＳＭＣ→**ファウンドリー**］が使っている設備は、オランダや日本や米国から購入したものであり、材料の調達先も日本や米国、ドイツだ。ＩＣ設計業界では米国や英国のソフトウェアやＩＰライセンス［半導体設計情報→**ＩＰ**］が数多く使われており、パッケージングや検査用の設備の多くは米国製や日本製である。台湾は自分の得意なことだけをやる。国際分業のなかでは、多くの国と手を取り合わなければ成功できないのだ。

国際競争の前に国内競争で磨かれる

3つ目は、台湾では各派生産業のなかで激しい国内競争が起きていることだ。優勝劣敗の世界を生き抜くことができなければ、勝ち組になることはできないが、まずは台湾国内で競争力を磨いておかなければ、国際社会の舞台に立つこともできない。

「最初に熾烈な国内競争を経験しなければ、国際社会では戦えない」

米国の経営学者マイケル・ポーターのこの言葉は、台湾の電子・半導体産業をよく言い表している。国内で戦い抜いて実力をつけ、鉄壁の産業チェーンを構築したからこそ、台湾企業の今がある。

この激しい競争は、個々の産業が勃興する際に発生する巨額の投資によって引き起こされている。パソコンや半導体、太陽光発電、DRAM［コンピューターのメインメモリーとして広く用いられる↓DRAM］、光学レンズから、光ディスクやマウス、デジタルカメラといった小さな製品まで、次々と生まれる新たな産業が、企業を惹きつけ戦わせている。そもそもエレクトロニクス産業は世界市場に直結する産業である。最後まで生き残った勝者が世界ランキング上位に名を連ねることなりがちだ。
エレクトロニクス産業界の十二分な競争が、**メーカーをコネや特許、あるいは寡占といった方法ではなく、イノベーションや高効率化、コスト削減を通じた競争に向かわせる。**結果、競争力のある企業が生き残り、そのなかでも最も専門性が高く効率の高い企業が勝ち残る。弱肉強食は、勤勉で革新的な企業にとって最大のモチベーションになる。

熾烈な競争は業界内での切磋琢磨からも生まれている。同業他社の従業員同士に、たとえば大学の同級生同士、先輩後輩の間柄、あるいは元同僚といった、会社の枠を超えたつながりがある場合、頻繁な交流が起きる。どの会社がうまくいっているとかいっていないといった情報の透明性が非常に高くなる。また、配当金やボーナスの多い会社を知りたければ、誰かに聞けばすぐに分かるため、**オープンで透明性の高い、熾烈な競争のある環境**が形成される。こうした環境で養われた企業家精神と、資本市場が形成する自然な調整・淘汰メカニズムが、産業の絶え間ない進歩を後押ししている。

また、情報エレクトロニクス産業分野のシステム製品に関連する部品や周辺機器なら、どんなものでも、台湾というこの小さな島のどこかに必ずサプライヤーがいる。部品の買い付けで訪台する海外企業の調達担当者は、新北市から桃園、新竹を一回りすれば必要なもののすべてが手に入るはずだ。

こうした産業クラスターが台湾に多いことも、成功のカギの一つになっている。たとえば台湾中部では精密機器や工作機械、自転車の製造が盛んで、高雄や台南はねじ産業のメッカだ。産業クラスターが発揮しているパワーのなかでも最も驚かされるのは、あらゆる製品が出そろうまで産業が発展すると、バイヤーはすべての調達を一度の訪台で済ませられるようになることだ。

以上の3点はすべて、台湾エレクトロニクス産業の成功に不可欠の要素であり、台湾でこの産業が大きく躍進した理由でもある。もちろんこのなかには、半導体産業も含まれている。

半導体産業の特色——資本と知識の集約

前述の3点のほか半導体産業には、他の情報エレクトロニクス産業にはない、**産業構造が複雑で、精密性と難易度が高い**という特徴がある。これらの特徴が半導体産業の参入障壁を高くしているため、**研究開発と技術と長期的な努力という条件をそろえなければ、先行優位を蓄積できな**

いようになっている。よってこれは、台湾の半導体産業に特有の競争力といってよく、この部分が3+1の「+1」にあたるもう1つの成功要素だと私は考えている。

半導体の産業構造が複雑になる理由は製造工程が数百に上るうえ、**半導体産業が資本集約型産業であると同時に知識集約型産業でもある**ためだ。巨額の資金と長期的な投資が不可欠になる。昔のノートパソコンや携帯電話のように新製品を次々と発売し、薄利多売で稼ぐメーカーが、スピードと臨機応変な対応とマネジメントによって懸命に利益をひねり出してきたのとは違い、半導体メーカーはそれよりも研究開発と先行技術、そして長期的な努力に負うところが大きい。そうしなければ先行優位を蓄積できないのだ。

そのため半導体よりも単純な、たとえば太陽光発電やLED、パネルや光ディスクなどを製造する光電子産業などは台湾企業が苦手とする領域だ。こうした産業は難易度も粗利も低いため、後発企業に簡単に追いつかれてしまう。

たとえば太陽光発電は技術密集度が比較的低いため、設備メーカーが早くからターンキー方式［プラントの用地整備、設備建設、試運転までのすべてを受注側から一括で引き受ける。発注側は鍵（キー）を回す（ターンする）だけで操業できるという意味］、つまり設備一式をセットで販売するサービスを提供していたので、基本的には設備を導入すればすぐにでも大量生産が可能だ。そして研究開発したり付加価値を生み出したりする余地が残っているのは一部の製品に限られるため、昔ならともかく、**付加価値を付けにくい産業で台湾メーカーが今後優位に立つことはない**だろう。

中国は国を挙げて太陽光発電を推進し、世界シェアの8割以上を手に入れている。エネルギー産業は国の発展にとって重要な戦略的意義があるからだが、太陽光発電は参入が比較的容易な分野でもあるため、極端に言えば金さえ出せば新規参入ができてしまう。台湾はこの手の産業を極力避ける必要があるため、今後は複雑で難易度の高い産業に絞っていくしかない。そして半導体は難易度の高い産業の好例である。

とはいえ半導体業界にも、汎用型で差別化は進んでいないが生産量の多い派生産業が少なからず存在している。台湾が苦手としているメモリーもその一つで、この分野で強いのが韓国メーカーだ。韓国は早くからメモリーに的を絞り、日米半導体摩擦が起きた1985年ごろから頭角を現し始め、その後も大規模な投資を続けながら、あらゆる戦略を立ててライバル社を蹴落としていった。だがファウンドリーが製造する製品のほとんどはロジックIC［基本的な論理演算機能を一つのICにしたもの］で、しかも標準IC（汎用IC）ではなくカスタムIC［顧客の要望に合わせて設計・製造される特注のＩＣ」だから、製品ごとに差別化を図ることができる。こうした産業のほうが、台湾を発展させるためにはふさわしい。

ここまでで台湾半導体産業の成功のカギを握る３＋１の重要要素を説明した。ここからは、この産業分野がこうした背景と条件のもとでいかにして成功したのかを掘り下げていく。

第1章

TSMCのはじまりと戦略

社名のヒミツ

──「中国」ではなく「台湾」を冠した社名

私が「経済日報」で半導体産業の取材に奔走するようになった1993年にはすでに、TSMC（台湾積体電路製造）は産業界で重要な地位にあった。TSMCは私の取材対象のなかでも特に影響力の大きな会社だったから、ビッグニュースを逃さないよう、その動向に常に目を光らせていた。

だが私はこの会社のことを、大学を出たあとに交通大学の同級生から聞くまで何一つ知らなかった。私が交通大学電信学部を卒業したのは1990年で、TSMCの創業は1987年だから、私が卒業したとき、TSMCはまだ創業4年目の若い会社だった。台湾の大学では毎年、大企業がキャンパス内にブースを出して会社の説明を行う合同就職説明会が開かれている。私が3～4年生のときにも、大学に詰めかけた新竹のハイテク企業の各ブースを興味津々で見学した学生たちが、参加企業のことをあれこれ話題にしていた。

ところが私ときたら、どんな企業が参加していたかも覚えていないしＴＳＭＣの名前を聞いた記憶もない。それもそのはず、私は交通大学の落ちこぼれだったからだ。自分にはこの分野の素質がないし、理工系に興味もないし、そもそも得意分野でもなかったと思っていたから、ほとんどの時間を交通大学青年社での学報の執筆や、梅竹賽と呼ばれる清華大学と交通大学の催しの取材に費やし、3年生と4年生のときには清華大学の社会学の講義を聴講していた。だから新竹サイエンスパークで働くつもりもなかったし、説明会の参加企業のことも気にしていなかったのだ。

あとになって友人から、「台積」という名前の会社が（ＴＳＭＣは創業当時「台積」と呼ばれていた）、電子工学や制御工学、通信工学、電子物理学をはじめとする電気関連の学生に軒並み募集要項を送り、電子工学の学生全員にスカウト通知を送ったと聞かされた。

そういえば当時、制御工学を学んでいた友人からこんな話を聞いたことがあった。友人はＴＳＭＣとウィンボンド・エレクトロニクス（華邦電子）の両方から採用通知をもらったはいいが、二つの会社の何がどう違うのか分からなかったので父親に相談した。すると父親は「『台積』の方がよさそうだ。社名からして台鉄（台湾鉄道）や台銀（台湾銀行）に似ているから、公的機関なんじゃないか。国営なら安定しているから、その会社にしたらどうだ」と言ったそうだ。

その友人は本当にＴＳＭＣに入社した。といっても在籍したのはほんの数年で、すぐ海外の研究所に移籍してしまったのだが、職歴に「ＴＳＭＣ」の文字が残ったことがプラスに働き、それからの情報産業やベンチャー業界での仕事がスムーズに運んだ。

もちろん友人は父親の意見だけでなく、先輩からも話を聞いた。するとＴＳＭＣには将来性がある、何しろ創業者のモリス・チャン（張忠謀《ちょうちゅうぼう》）はＴＩ（テキサス・インスツルメンツ）〔米国のＩＤＭ（垂直統合型の半導体メーカー）大手〕と工研院〔工業技術研究院：中華民国（台湾）経済部が設立した財団法人で科学技術の発展を目的とした重要拠点〕にいた人だし、技術チームも工研院出身だから、優秀でやる気にあふれたメンバーがそろっているはずだと口をそろえた。

あのときＴＳＭＣに就職した自分はラッキーだった、あの会社を選んで大正解だったと友人は頷いていた。台積電という社名も確かに人に好印象を与える、とてもいい名前だ。

ＴＳＭＣの「Ｔ」が「テキサス」の「Ｔ」に!?

台湾では「台積電」と呼ばれているＴＳＭＣの正式名称は「台湾積体電路製造公司（Taiwan Semiconductor Manufacturing Company)」で、ＴＳＭＣは正式の略称だ。社名に入った「台湾」

は、台湾を出発点として世界でビジネス展開することを標榜している。

社名に国を表す言葉を入れた企業は珍しくなく、米国の半導体メーカーでいうなら「ナショナル・セミコンダクター（National Semiconductor）」［のちにＴＩに買収された］もその一つだし、中国のファウンドリー大手「中芯国際集成電路製造（ＳＭＩＣ）」の「中」は当然中国を表している。

もちろんＴＳＭＣは国営企業ではない。だがモリス・チャンが１９８７年にＴＳＭＣを創業したときに台湾政府が投資していたのは確かだ。ＴＳＭＣの設立時の資金の48％は政府が拠出し、27・5％はフィリップス、残りの約25％が他の民間企業だった。しかもＴＳＭＣの初期の中核メンバーの多くは（国が設立した）工研院から移籍してきた面々だった。総勢約１２０人の工研院スタッフと工研院の実験工場がごっそりＴＳＭＣに移籍したのだ。ＴＳＭＣが設立できたのは政府が資金面をはじめとする一切の支援を惜しまなかったおかげだったと言える。ほかにも政府は、産業の発展期には投資や税金面での優遇措置や支援策も打ち出した。こうした点を考えると、**ＴＳＭＣは台湾政府が出資して設立し、手厚く支援した企業**と言っても決して間違いではないだろう。

モリス・チャンは１９８５年に米国から台湾に渡り、台湾政府の招聘によって工研院院長に就任した。このときにモリス・チャンは、台湾の電子機器製造業が持っている驚くべき実力を知り、その発展のチャンスは日本にも劣らないと思った。当時はまた、米国が日本のＤＲＡＭ〔メモリーの一種→DRAM〕産業に対して厳しい制裁を加えた時期でもあった（日米半導体摩擦）。それを目の当たりにしたモリス・チャンは、米国の半導体産業は今後、ＩＣ設計が主流になり、製造の委託先としてのビジネスチャンスが間違いなくアジアに到来すると予見した。モリス・チャンがＴＳＭＣの設立を主導した背景には、こうした状況があった。

TSMCは国の産業政策から恩恵を受けたが、振り返ってみると、TSMCの成功モデルも方法も、政府が主な株式を握っている現在の国営企業とは異なっている。なかでも一番の違いは、多くの国営企業の場合、民営化してからも政府が政治的手段を使って経営者の選任に干渉することが多々あるが、TSMCはプロフェッショナル経営者のモリス・チャンが率いる経営陣が会社を統治し、国際競争のなかで業績を上げているため、基本的に政府に口をはさむ余地がないという点だろう。

ＴＳＭＣの名称について、経済史家で『半導体戦争 世界最重要テクノロジーをめぐる国家間の攻防』（千葉敏生訳、ダイヤモンド社）の著者クリス・ミラーがもう一つ面白い話をしている。モリス・チャンがＴＩのバイス・プレジデントとして半導体チームを率いていたときに、顧客の設計したチップを受託生産する会社を設立するよう、経営会議で提案していたという１９７６年の資料が見つかったというのだ。ＴＩはこの計画を採用しなかったが、のちのＴＳＭＣのファウンドリー事業「つまり、顧客の「設計」したチップを受託で「製造」する」の初期構想がここにあったことが見て取れる。

これについてミラーは「ＴＩはなぜあのときにモリスの意見を採用しなかったのか。そうすればひょっとして、ＴＳＭＣのＴは「Taiwan」のＴではなく「Texas」のＴになっていたかもしれないのに」と話している。

「Taiwan」といえば、ＴＳＭＣ研究開発所元処長の林《りん》茂《も》雄《ゆう》がこんな話をしていた。80年代に入る前は、中国鋼鉄、中国造船、中国石油のように、多くの台湾企業がその設立時に「中国」を入れた社名を付けていたが、モリス・チャンがＴＳＭＣを設立したとき、社名に「中国」ではなく「台湾」を入れたのは、間違いなく先見の明があった、と。地政学的にセンシティブな今のこの時期に、台湾で設立された世界で最も重要な半導体メーカーの名前が「中国積体電路製造」だったとしたら、あらぬ論争やトラブルの種になっただろうというのがその理由だ。

ＴＳＭＣという略称については、目ざとい読者ならお気付きかもしれないが、大文字表記の

「ＴＳＭＣ」と小文字の「ｔｓｍｃ」のときがある。米国や英国では、さまざまな理由から（たとえば目立ちたくないときなど）に自分の名前を小文字で書くことがある。ＴＳＭＣの場合、小文字の「ｔ」の字には天井を突き抜けた感じや現状打破といった前向きなイメージがあるからだといわれている。

もちろん、いい名前を付ければ成功が約束されるわけでもないし、名前負けして消えた企業も数知れない。台積電というネーミングの妙や、友人の父親が台積電を国営企業と勘違いした話も、ただのよもやま話に過ぎない。

それでも私が、本書の始まりに社名にまつわるエピソードを入れたのは、私が知っているＴＳＭＣやモリス・チャン、そして成功を収めたこの企業の背後にある小さなストーリーの数々を、読者の方々と共有したいと思ったからだ。

台湾半導体のはじまりのヒミツ
――「護国群山」は揚げパンの朝食から生まれた

台湾の半導体産業が発展し始めてから約50年、私もこれまでの取材人生を通じて、成功者やサクセスストーリーを数多く見てきた。ゼロを1にする政策を推進したなかに、あるいは1を100にした急成長のなかに無数の献身者がいなければ、一つの産業がゼロから生まれて護国群山となることもなかった。

この間のできごとを振り返ってみると、まず1971年に中華民国（台湾）は国連を脱退した。翌1972年には日本と台湾の国交が断絶し、さらには台湾人学生による反日デモ「保釣運動（中国語では魚釣島事件）」［沖縄返還の際に、尖閣諸島の施政権が日本に返還されることに反対した台湾人学生による抗議］が起きた。1973年にはオイルショックが起きて原油価格が高騰。台湾は度重なる外交面での挫折とインフレに加え、不景気にも喘いでおり、夜明け前の台湾経済で国民所得も低いままだった。そんななか、行政院長［首相に相当］に就任したばかりの蔣經國《しょうけいこく》は十大建設［大規模なインフラ整備の6カ年計画。農業、軽工業中心の経済を重工業主体に切り替える目的があった」の推進を決定すると、行政院秘書長の費驊《ひか》に、ハイテク分野のなかから画期的な一大プロジェクトを立ち上げるよう命じた。

費驊は、当時電信総局の局長を務めていた方賢齊《ほうけんさい》と米国経験者の潘文淵《はんぶんえん》に白羽の矢を立てて検討を重ねた。この3人は以前からエレクトロニクス産業の推進について共通認識はあったが、何から手を付ければよいかで頭を悩ませていた。そこで潘文淵が数週間かけて台湾各地を視察し、作成した一大産業構想を他のメンバーに明かした。

1974年2月7日の肌寒い早朝、台北駅近くの南陽街にあった小欣欣豆乳店で、「ゼロを1にする」ための旅が始まった。この日の参加者は全部で7人。行政院秘書長の費驊、電信総局局長の方賢齊、潘文淵のほか、経済部長の孫運璿《そううんせん》、交通部長の高玉樹《こうぎょくじゅ》、工研院院長の王兆振《おうちょうしん》、電信研究所所長の康寶煌《こうほうこう》が加わり、7人が一つの円卓を囲んで豆乳に浸した揚げパンをかじりながら、台湾エレクトロニクス産業の輪郭を描いた。

当時の台湾は電子産業の成長速度が遅かったため、政府が労働集約型から知識集約型への構造転換を図るべきだと潘文淵は考えていた。そこで、将来性の高い集積回路（ＩＣ）の製造技術を米国から導入して、デジタル時計のICの製造から着手するのが最速の道だと話した。

この話に一同が身を乗り出した。経済部長の孫運璿が「その技術を台湾に定着させるのにどれくらいの時間がかかりそうだ？」と尋ね、潘文淵が「4年です」と答えた。すると孫運璿はさらに「いくらかかる？」と尋ねた。潘文淵はしばし考えると人指し指を立てて「1000万ドルです」と言った。当時のレートで4億新台湾ドルという、とんでもない額である。だが孫部長は「いいだろう！」と深く頷いた。この朝食ミーティングですべてが決まったと言っていい。台湾の半導体産業が躍進の扉を開けた瞬間だった。


小欣欣豆乳店での早朝ミーティングが終わるとすぐに、電信総局長の方賢齊と工研院院長の王兆振はデジタル時計研究開発チームを立ち上げた。潘文淵も「集積回路計画草案」を作成して経済部長の孫運璿に提出し、草案計画の話を詰めた。1973年に設立された工研院もまた、1974年9月に電子工業研究開発センターを発足させた。

潘文淵はさらに米国で、海外経験者で結成した電子技術顧問委員会（TAC／Technical Advisory Committee）を招集して、台湾で発展させるべきテクノロジーと技術移転のパートナーについて提言した。そして1976年3月には最初の技術者チームを、米国の半導体メーカー

ＲＣＡ（アメリカ・ラジオ会社）［のちに、ゼネラルエレクトリックに買収された電気機器・半導体企業］に派遣した。

小欣欣豆乳店での会議からＩＣ技術発展計画の実施を決定して米国企業とライセンス契約を結ぶまで、わずか2年だった。**当時の台湾政府が半導体産業を発展させる決意と覚悟を固めたことが、台湾のテクノロジー産業界にとって歴史的なできごと**であったことが見て取れる。

１９８０年には台湾北西部に位置する新竹市に新竹サイエンスパーク［台湾に科学技術産業を根付かせる目的で、政府が計画経済の一貫として創設］が誕生した。サイエンスパークへの入居者第一号は、工研院から派生した最初の半導体メーカー、ＵＭＣ（聯華《れんか》電子）［台湾初の半導体メーカーであり、世界的なファウンドリー企業］だった。新竹市は産業インフラの整備のほか、税の減免や輸出入に関する優遇措置等を次々と打ち出して、半導体産業が1から１００に躍進するための道を整えた。

半導体政策を推進した立役者のなかでも忘れてはならないのは、経済部長、財政部長、政務委員を歴任した李國鼎《りこくてい》だろう。台湾経済の発展に尽力した業績を称えられ「台湾テクノロジーのゴッドファーザー」と呼ばれる人物である。海外でも台湾経済の奇跡を起こした「ＫＴ（李國鼎の英語名のイニシャル）」と呼ばれている彼は、モリス・チャン（張忠謀《ちょうちゅうぼう》）が「ずっと私のことを一番信頼し、一番の支えになってくれた方だ」と評する人物でもある。

「集積回路計画草案」を作成した潘文淵は米国で長く働き、RCAにもいたことがある。もともと台湾にあまり深い縁がなく、台湾で働いたことも台湾に住んだこともなければ、台湾で稼いだこともなかった。だが政府からIC回路発展計画を一任されると、米国での仕事を辞して台湾に居を移して奮闘した。RCAとの交渉にも関わって、このプロジェクトを、台湾に半導体産業を根付かせるための最も重要な技術移転計画に位置付けることを最終決定した。

現在、半導体業界では潘文淵を「集積回路の父」と呼び、台湾のテクノロジー業界で最も栄誉ある終身功績賞「潘文淵賞」を設けている。

特筆に値するもう一人の功労者は、工研院で国家半導体計画の責任者を務めた胡定華《こていか》だ。胡は1973年、30歳の若さですでに交通大学電子工学部で教授と学部主任を兼任していたが、ほどなくして今度は工研院電子所の設立準備を引き継いだ。1976年には工研院台湾国家半導体計画の責任者も引き継いで、UMCやTSMCなどの派生計画もサポートするようになった。工研院を退職したあとはベンチャーキャピタルに関わり、技術的な障壁が高く、イノベーションの難易度が高い企業を支援しながら、マクロニクス・インターナショナル（旺宏電子　以下、マイクロニクス）、晶心《しょうしん》科技といった企業への投資を主導している。

政府機関や工研院で計画を推進した彼らのほか、1976年にRCAからの技術供与が始まったときに米国に派遣された史欽泰《しきんたい》、曾繁城《そうはんじょう》、ロバート・ツァオ（曹興誠《そうこうせい》）、蔡明介《さいめいかい》、劉英達《りゅうえいたつ》、章青駒《しょうせいく》、楊丁元《ようていげん》といった、当時まだ30歳にも満たなかった青年技術者たちもまた、台湾半導体産業の発展に寄与した。

産業の成功と発展にまつわるエピソードを振り返ってみると、産官学及び研究機関等の分野で専門家の貢献に頼っていたのは間違いない。政策面での議論や意思決定のすべてにおいて、あの時代の官僚たちが知恵を振り絞り、それからモリス・チャンのような世界的企業で経験を積んだ専門家が帰国し、一丸となってこの計画を成功に導いた。彼らは方法を提供し先見性を持っていただけではない。**もっと重要なのは、彼らが若者の活躍できる舞台も用意したこと**だ。

国家半導体計画を推進した胡定華も、当時はまだ33歳だった。恐れ知らずの若者たちが、情熱と勢いに乗って台湾半導体産業の基盤を整え、それから40年余り続く黄金時代を築き上げた。台湾が今、積極的に推進しているバイオやエネルギー、電気自動車、生成ＡＩ、軍需産業などはすべて、過去に半導体産業を発展させた成功体験のなかに足跡を見つけることができるはずだ。**40数年前に台湾は、国の一大プロジェクトを若い胡定華と青年技術者たちに託した。**今のリーダーたちは果たして、当時の彼らと同じように、後進に道を譲る度量と先見の明を備えているだろうか。

台湾で半導体が急成長したヒミツ

――ステージごとの正しい選択

台湾の半導体産業は今でこそ知られるようになったが、成功までの道のりは険しかった。ゼロから生まれた一つの産業が、国レベルの高度な産業政策によって、米国企業との協議を主導し、正式に技術ライセンスを獲得した。それから技術者を米国に派遣して、技術を台湾に持ち帰り、工研院で量産可能性を検証した。そしてついに、その技術を民間企業に移転して、新しい産業チェーンを構築した。これらは決して、簡単なことではなかった。

こうして台湾半導体産業は台湾にそびえたつ中央山脈さながらに護国群山を形成して、静かに台湾を守りながら、世界のひのき舞台で輝いている。それは主に、この一大プロジェクトが立ち上がったその日から、台湾が大地に深く根を張って、世界を動かす巨大産業の礎《いしずえ》を築いてくれたからだ。その道のりのなかでは、**多くのキーパーソンが岐路に立つたび、最善の判断と最高の選択を行った。**彼らが何をやったのか、詳しく振り返ってみるだけの価値がある。

まずは、台湾半導体産業がいかにして成功を収めたのかという疑問について、3つの段階に分けて考察してみたい。台湾はどの段階でもすべて正しい選択をし、各段階への移行をシームレスに進め、産業発展のバトンを確実につないでいった。

第1段階：米企業との技術ライセンス契約に取り付ける

第1段階は、RCA（アメリカ・ラジオ会社）からの技術ライセンスの取得である。台湾の半導体技術がゼロから1になる道のりのスタートラインだ。

1976年3月、海外にいた潘文淵《はんぶんえん》の尽力によって専門家の評価を終えた台湾は、技術供与側としてRCAを選んだ。**RCAは250万ドルの技術移転費用と100万ドルの技術ライセンス料に同意し、工研院と10年間の技術移転契約を結んだ。この契約には技術移転だけでなく、台湾人技術者の育成も含まれていた。**

台湾政府はこの時点で、工研院電子技術顧問委員会（TAC）の行う評価と意思決定に口を挟まなくなっていた。TACのほうも、今考えても非常に正しい3つの意思決定を行って、台湾IC産業の発展の礎を築いていった。

1つ目の意思決定はCMOSプロセス〔半導体回路の一つで、消費電力が少なく、製造コストが安い↓CMOS〕**を採用したこと**である。70年代はＩＣが発明されてからまだ20年ほどしか経っておらず、ＰＭＯＳにもＮＭＯＳにもBipolarにも何らかの長所と短所があったため、どの企業も研究開発と生産を同時進行していた。ＴＡＣは当時、電子製品は今後、軽量化、薄型化、小型化と携帯のしやすさが求められるようになるだけでなく、低電力消費が不可欠の条件になると予測してＣＭＯＳを選択した。とはいえ保険を掛けるつもりで当初は技術者にＮＭＯＳとBipolarの研修も受けさせていた。

2つ目の意思決定は、TACがRCAのIC技術をまるごと移転することにしたことだ。ＲＣＡの技術移転では、設計からフォトマスク、製造工程、設備の補修、検査、パッケージング〔↓パッケージング〕、品質管理、工場管理、原価計算、生産スケジュール管理、資材管理等が網羅されていた。何度も交渉を重ねた結果、最終的にＲＣＡがすべての技術の移転に同意した。

１９７６年４月、台湾は合計19人からなる最初の技術者チームをＲＣＡに派遣した。その後、研修を受けた技術者は40人余りに上った。彼らのような先端技術の伝道者たちがのちに、台湾

ＩＣ産業で次々と活躍するようになる。

ＲＣＡは台湾政府からライセンス料を受け取ると、台湾への技術移転に心血を注いだ。米国に派遣された技術者たちは寝食を共にし、昼間は工場で熱心に学び、夜は仲間同士で議論にふけった。

台湾人技術者たちに高い学習能力と強い熱意があることに、ＲＣＡの責任者はすぐ気付いた。たとえば、ある技術者が、当時ＲＣＡは膨大な資料やファイルを社員に公開していて、名前を登録すればコピーして持ち帰ってもいいことを知った。その結果、スーツケースに資料を詰め込んで帰国する技術者が続出した。

ＴＡＣが当時下した**3つ目の意思決定は、ＲＣＡの技術の取得後、台湾工研院に戻って量産化を目標に据えたモデル工場を建設すること**だった。政府はこのとき、予算を抑えるために小規模な実験工場で済ませるようなことはせず、むしろモデル工場の生産能力を3インチウエハー［ＩＣ（集積回路）を置くための円い基板→ウエハー］月産約1万枚という高いレベルに想定した。将来を見据えて実生産スケールで準備するためである。生産能力を大きくしておかなければ、量産開始後に生じ得る問題を発見できず、迅速なフィードバックや修正もできないからだ。その結果、**工研院**

は量産開始から3カ月後には良品率でRCAを追い越した。予想を上回る結果だった。

TACの3つの意思決定によって、台湾はRCAの全技術をそっくりコピーして、台湾で完全に再現することに成功した。表面的ではない、当時最先端の米国のIC技術を確実にそのまま台湾に持ち込んだのだった。現在の世界の産業競争のトレンドから考えると、国境をまたぐような技術ライセンスはもう起こりえない。当時、台湾政府は350万ドル（約1億4000万新台湾ドル）のライセンス料を支払って、生産高約5兆新台湾ドルの半導体産業を育成した。台湾はこの技術移転で大いに元を取ったと言える。

第2段階：技術移転と台湾初の半導体企業の誕生

RCAの技術が工研院モデル工場での数年間の試作期間を経て、民間企業に移転されたところから第2段階が始まった。**技術移転を受けた最初の企業が、1980年設立のUMC（聯《れん》華《か》電子）**だった。

当時、工研院電子所は技術移転を確実に成功させるため、RCAが当初電子所に求めたように、ＵＭＣに技術を「copy exactly（完全に複製）」するよう求めた。ＵＭＣが工場建設に着手した80年代には、日本や米国で４インチ工場の量産が始まっていたため、ＵＭＣは工研院の３インチウエハーの採用を拒み、４インチウエハーを選んだ。だが想定外の変数が発生しないよう、可能な限り電子所と同じ設備を使用した。

この決定を下したことで、ＵＭＣの生産能力が大幅に向上し、７マイクロメートルから３・５マイクロメートル、２マイクロメートルへと微細化を進めて製造コストも大幅に低下させた。１９８３年に工場が正式に量産を開始すると、翌年に米国で始まった家庭用電話機向けチップの需要の高まりに乗って、１９８４年から利益が出始めた。

また、ＵＭＣには工研院から生まれたもう一つの非常に重要な部門があった。**製品設計部門**だ。この部門は、その後にＵＭＣからスピンアウトしたたくさんのＩＣ設計会社が、台湾をＩＣ設計産業の要地に押し上げる際のカギを握った。

だが工研院電子所は当初ＵＭＣに対し、製造技術の移転しか考えていなかった。よって、ＵＭＣは製品を生産するにあたり、電子所とＲＣＡの両方からライセンスを取得しなければならなかった。ＵＭＣの幹部は、製品設計能力を持たなければ永遠に人の顔色を窺い続けることになると考え、当時の社長、ロバート・ツァオ（曹興誠《そうこうせい》）が工研院の蔡明介《さいめいかい》を口説き落としてＵＭＣ

に引き抜いた。このことでUMCと工研院電子所の関係が、一時的に悪化した。

UMCがのちにIC設計者を数多く輩出したことを見れば、これが正しい選択だったことは明らかだ。当初の計画どおり、IC設計が電子所のなかでしか行われなかったとしたら、これほど多くのIC設計会社が誕生することはなかったからだ。**台湾のIC設計業は世界第2位で、世界のIC設計会社上位10社のなかで、台湾企業が4社を占めている。**この4社、メディアテック（聯発科技）、ノバテック・マイクロエレクトロニクス（聯詠《れんえい》科技　以下、ノバテック）、リアルテック・セミコンダクター（以下、リアルテック）、そしてハイマックス・テクノロジーズのうち、メディアテックとノバテックはUMCから独立した会社だ。メディアテックとノバテック以外にも「聯電《れんでん》（UMC）」の「聯」の字を冠した、つまりUMCの技術者が設立した企業は多い。リアルテックや普誠の創業者はUMC出身で、ファラデーテック（智原科技）、原相《げんそう》科技、ホルテック・セミコンダクター、ITE（聯陽《れんよう》半導体）、デビコム・セミコンダクター（聯傑《れんけつ》国際）、矽統《しとう》科技（SiS）の主な研究チームもUMC出身である。

第３段階：ＴＳＭＣの設立と新たなビジネスモデルの誕生

１９８４年に第３段階に入ると、**工研院電子所は次にＶＬＳＩ［半導体素子の集積度が非常に高いＩＣ→ＬＳＩ］発展プロジェクトを立ち上げ、１９８７年にＴＳＭＣが誕生**した。台湾の半導体産業がゼロから生み出されて、国際社会での今日の地位を築き上げたのもこの段階である。

ＴＳＭＣの設立に際し、その規模やレベルのすべてがＵＭＣを上回っていたのは、当然ながら台湾の産業基盤が段階的に整備されていたことと関係がある。それに加え、工研院院長を務めていたモリス・チャン（張忠謀《ちょうちゅうぼう》）自らが部下を引き連れてＴＳＭＣの会長に就任しただけでなく、工研院はモデル工場の工場長だった曾繁城《そうはんじょう》に合計１００人以上の技術者をつけて送り出している。また、工研院の６インチＶＬＳＩ工場もＴＳＭＣに売却された。ＴＳＭＣはさらに、フィリップスから出資を受け（株式保有率27・5％）、フィリップスの持つ国際特許も手に入れた。

ＴＳＭＣがファウンドリー専業のサービス提供を軸に設立されたことによって、台湾のＩＣ産業チェーンの垂直分業モデル［企業が製品開発、製造、販売までの全工程を行う「垂直統合（ＩＤＭ）」に対して、それぞれの工程を複数社で分業するモデル］がより鮮明になった。半導体産業全体も、設計から製造、パッケージング、検査まですべてがそろった産業チェーンを形成し、各自が国際市場のなかで大きな成長の見込める場所を見つけた。**台湾のファウンドリー産業は２０２１年に世界シェアの64%を占め、そのなかの53%をTSMCが握っている。**７ナノメートル以降の先端プロセスの市場は、ＴＳＭＣがほぼ独占している。

ＴＳＭＣの設立と同じ年には、ウォルシン（華新麗華）グループも楊丁元《ようていげん》や章青駒《しょうせいく》等を招いてウィンボンド・エレクトロニクス（華邦電子）を立ち上げ、翌１９８８年には呉敏求《ごびんきゅう》が米国から数十人の技術者を連れ帰って、マクロニクスを設立した。台湾半導体産業では創業ムードが高まり、国内の大学でも電子、電気、材料など半導体に関係する学部が次々と新設されて、大量の人材を提供するようになった。各ウエハーメーカーやＩＣ設計会社も海外から多くの専門家を招いて、半導体産業の実力をさらに向上させた。

ここまでで述べた3つの段階のなかで、台湾の半導体産業がゼロから1になって産業基盤が完全に定まり、その次には1が１００になって、台湾半導体の奇跡が起きた。成功へと向かうこのプロセスのなかで、政府から民間企業まで無数の人々の献身があり、無数の英雄たちがいた。彼ら全員が、チップアイランドを輝かせるための要《かなめ》であった。

ファウンドリーという業態のヒミツ

――最も価値あるイノベーションはビジネスモデル

ＴＳＭＣが「ファウンドリー（受託製造）」産業のリーディングカンパニーであることは周知の事実だが、いっぽうでＴＳＭＣのどこがすごいのか、下層にいる受託業者じゃないかといった揶揄も、長年の取材生活のなかで少なからず耳にしている。

こうした声は後を絶たない。数年前、台湾大学で化学を専攻した大学院生の９割が卒業後にＴＳＭＣに就職したとき、頭にきたある教授が「修士課程を廃止しろ！」と叫んだという。ＴＳＭＣのような下請け会社の職業訓練所に甘んじているのはもうまっぴらだ、という意味だ。

確かに、受託生産が主流の台湾の電子産業界では、粗利率が低いために「毛三到四（粗利率が３％から４％）」と嘲笑されている会社もある。ファウンドリーは低レベルで儲からない産業だと誤解している人がいるのは、そのせいもあるだろう。

ＴＳＭＣが上場したてのころ、モリス・チャン（張忠謀《ちょうちゅうぼう》）はメディア関係者との雑談中に

「晶圓代工《ウエハー受託企業》」「「ファウンドリー」を示す中国語」という呼び方では産業チェーンのなかのTSMCのポジションがうまく伝わらないから、「鑄矽《ジューシー》」を正式名称にするべきだと言ったことがある。「矽」は「シリコン」を指し、「鑄」には「形成する」といった意味がある。

しかし、それを聞いた記者たちは一瞬静まり返り、それからどっと笑い声を上げた。中国語の「鑄矽」は台湾語の「穏死（間違いなく死ぬ）」と発音が同じなのだ「モリス・チャンは中国浙江省生まれで台湾語が分からなかった」。思わず笑ってしまったものの、記者たちにとってモリスは雲の上の人である。このことを一体どう伝えたらいいのかと顔を見合わせた。結局、ある女性記者が勇気を振り絞って「その言葉は、あまり縁起がよくないようです……」と説明した。それ以降、モリス・チャンは「鑄矽」を口にしなくなった。

このエピソードを思い出すと、小さな笑いがこみ上げてきてしまう。正直に言うと、台湾語の読み方のことさえなければ、私も「晶圓代工」より「鑄矽」と呼ぶ方がはるかにいいと思っている。

ちなみに、**「受託製造」は「低レベル」の同義語ではない。**受託製造会社の多くは高い技術力を備えて確固たる地位を築き上げているし、ＴＳＭＣはそうした受託製造企業の一つだ。むしろ、**ブランドイメージや知名度では、その会社の優劣は測れない。有名でも技術力や粗利率の低い企**

業は、山のようにあるからだ。

ＴＳＭＣのファウンドリーは、パソコンや携帯電話、パネルを生産する台湾のかつてのエレクトロニクス産業とは一線を画している。ＴＳＭＣが確立したのは、最先端技術を備えた唯一無二の売り手市場だからだ。

台湾の受託メーカーの多くは、研究開発力や技術力が顧客より劣っている。台湾のネットワーク通信産業を例に挙げると、最大の経営リスクは同業他社との競争からではなく、自分の顧客から生まれている。

大口顧客はたいてい、受託企業よりも高い技術力を備えている。シグナル・インテグリティと放熱技術を例に挙げる。前者はデジタル信号の伝送品質を維持するための重要な技術で、後者は１００Ｇや４００Ｇ時代に突入するため、積極的に取り組む必要のある分野だ。こうしたコア技術に対し、国際的なメーカーは台湾の受託業者よりもはるかに優れた開発チームを抱えているため、その気になればサプライヤーをいつでも取り替えて、別の業者を育てることができる。このことが、台湾の通信機器受託事業者にとって最大のリスクになっている。

そして彼らだけでなく、台湾の大部分の受託企業が同じ問題を抱えている。

だが、TSMCは違う。TSMCはコア技術を自社で握っている。サムスンやインテルといった競合他社は、そもそも作れないか、作れたとしても良品率が低いため、TSMCに製造委託するしかない状態である。アップルやエヌビディア［主要製品はGPU（画像処理専用プロセッサ）で、高性能ゲームやビットコインの分野で需要が拡大］、AMD（アドバンスト・マイクロ・デバイセズ）［主要製品はコンピューター、グラフィックス製品など］を始めとする大口顧客には、そもそもウエハーの製造に必要な設備も技術もないため［こうした、工場（ファブ）や生産ラインを持たない企業をファブレス企業という→**ファブレス**］、TSMCに供給してもらうしかない。この点が、TSMCのファウンドリーの最大の強みである。

別の言い方をすると、TSMC以外の**受託メーカーの大部分は、顧客が支配する「買い手市場」にいるが、TSMCは「売り手市場」でビジネスを展開している。**そこでは顧客がTSMCに高度に依存しており、TSMCと同じものを提供する会社は存在しない。TSMCの最大顧客であるアップルはリスク分散のために、過去に何度も2つ目、3つ目のサプライヤーを積極的に育てようとしてきた。しかし、TSMCに対しては、第二、第三のサプライヤーがどうしても欲しいとは言いにくかった。他社にはまねできない抜きんでた技術を、TSMCが持っているからだ。

つまり、「受託業者」と呼ばれるかどうかはまったく問題ではない。**顧客が持っていない技術を**

握り、顧客を自分により依存させることこそが、勝敗を決めるカギになるのである。

「代金をもらい、ホクホクしながら銀行に行くだけだ」

モリス・チャンは2017年7月に台湾の経済団体、工商協進会の講演会で、**TSMCは典型的な「ビジネスモデルのイノベーション」企業**であり、TSMCの収益が高いのは、この優れたビジネスモデルのおかげだと話している。

この日の講演会のテーマは「成長とイノベーション」だった。製品と技術のイノベーションも確かに重要だが、さまざまなイノベーションのなかでも「ビジネスモデル」のイノベーションこそが最も価値ある、重視すべきものだとモリス・チャンは語った。今日のようなインターネット時代では、ビジネスモデルのイノベーションの成功例は珍しくもないが、モリス・チャンが見たところ、「ビジネスモデルのイノベーション」という言葉ができるよりもかなり前に、ビジネスモデルのイノベーションの成功例が2つ生まれていた。その1つがアメリカのスターバックスコーヒーで、もう1つがTSMCである。

1980年代の序盤から脚光を浴び始めたスターバックスには、「コーヒーに対する顧客のセンスを磨いて価格を上げる」という極めてシンプルでパワフルなコンセプトがあった。スターバックスが登場する前は、五つ星ホテルのコーヒーが1杯約50セントで、高速道路のサービスエリアでは1杯20セントだった。だがスターバックスが品質を上げると、瞬く間に1杯2ドルまで跳ね上がった。だが、それでも顧客は飲み続けた。

90年代、同業他社の主要顧客はIBMやHPといったパソコン完成品メーカーだったが、TSMCの顧客にはこうした企業は1社も入っていなかった、とモリス・チャンは言う。TSMCの主要顧客はTI（テキサス・インスツルメンツ）やインテル、モトローラといった自社でも半導体を製造している会社だった。「当時の半導体メーカーは、ほとんどの製品を自社製造し、ほんのわずかの、自分では作りたくない製品だけを外部に委託していた。だから我々は彼らを訪ねて、我々に作らせてほしいと頼んだのだ」。ビジネスはこんな風にして始まったのだと、モリス・チャンは当時を振り返った。その後、時代の趨勢で、多くの新興企業がICを自社で設計して生産をTSMCに委託するようになった。TSMCはこの商機に乗って成長した。

残念ながら私たちは今も、たとえば「鑄矽」のような、「晶圓代工《ウエハー受託企業》」よりももっとふさわしい呼び名をTSMCに用意できていない。だがこれから、多くのマネジメント学部が「台湾で生まれたＴＳＭＣがグローバルな半導体産業のなかで、まったく新しいビジネスモデルをどうやって創造したか」を教えることになると信じている。

「人から受託業者と呼ばれようが、私は気にならない。**我々はただ代金をもらい、ホクホクしながら銀行に行くだけだ**」とモリス・チャンは言う。

企業哲学のヒミツ

――製造業をサービス業にした「すべては顧客のため」精神

モリス・チャン（張忠謀《ちょうちゅうぼう》）が以前にＴＳＭＣ創業時の経験談を聞かせてくれたとき、創業の参考になるいくつかの原則を教わった。そして、創業とテーマの選択についてモリス・チャンから影響を受け、大いに啓発されたという、かつて出会ったある起業家の話が、私のなかで深く印象に残っている。

私は２００９年からラジオのパーソナリティを務めている。そのラジオ番組のある日のゲストが、一二三視科技公司社長の談肖虎《だんしょうこ》だった。工研院からの二度の退職を経て起業した談肖虎は、まだ工研院にいたころ、米国から戻って工研院院長に就任したばかりだったモリス・チャンの講演を聞いて、起業に対する考え方が一変したという。

モリス・チャンはその講演で、工研院のみなさんは研究テーマを選ぶ際、産業界に実際のニーズがあるかどうかを確かめなければならないと言い、米国第16代大統領リンカーンの有名な言葉「人民の、人民による、人民のための」を例に挙げた。談肖虎はこのスピーチに大いに触発された。

（前略）that this nation, under God, shall have a new birth of freedom—and that government of the people, by the people, for the people, shall not perish from the earth.（この国が、神のもとで自由の新たな誕生を迎え、そして人民の、人民による、人民のための政治が、地上から滅びることのないよう。）

TSMCは顧客の工場であり、顧客の技術者になる

モリス・チャンは基本的に「人民の、人民による、人民のための」という3つの原則に基づい

てTSMCを創業した。モリス・チャンはまずは顧客のニーズを考えることから着手して、**TSMCを顧客自身の工場にし（人民の）、顧客のニーズに照らして統治し（人民による）、そして成功の果実を顧客と分かち合う（人民のための）という目標を掲げた。**この3つを徹底的に実践したことで、TSMCを成功に導いた。

リンカーンは、国の主人は人民だと言った。モリス・チャンに言わせれば人民とは顧客のことだから、人民が何を欲しているかを常に考えてきた。だからこそ、顧客のニーズを徹底的に理解して、顧客が求めている製品、あるいは顧客の問題を解決するための製品を作り出してきた。

これもモリス・チャンから聞いた、創業前の小さなエピソードだ。当時、友人の一人がIC会社を立ち上げようとしていたが、自社工場を建設するには多くの出資を募らねばならなかった。だが友人はその後、製造を引き受けてくれるウエハー工場を見つけたので、自分ではICの設計だけをやればよくなり、出資金集めのプレッシャーが減った。それを知ったときモリス・チャンは、IC企業には受託製造に対する大きなニーズがあり、専門の受託製造業には大きな伸びしろがあると確信した。**TSMCのファウンドリー事業とは、顧客にサービスを提供し、TSMCの工場を顧客の自社工場さながらに使ってもらえるようにすること**である。

モリス・チャンは、「以前は同業者の主な顧客はIBMやHP（ヒューレット・パッカード）のような最終製品メーカーだったが、TSMCの顧客はインテルやTI（テキサス・インスツルメンツ）のような自社でも工場を持っている企業だった」と話している。だからモリス・チャンはTSMCを設立したその日から、インテルと競争するのではなく、インテルが生産業務をTSMCに任せたくなるようにしたいと考えていた。

TSMCは自身を「顧客にとって最高のファウンドリー」にすることで、自社工場を持たない多くのIC設計会社（ファブレス）を惹きつけてきた。TSMCが顧客のバーチャル工場に姿を変えたことで、顧客はパスワードを入力すればいつでもTSMCの提供するコンピューターシステムにアクセスして、まるで宅配便の荷物追跡システムで自分の荷物が今どこにあるのかをリアルタイムで確認するように、今TSMCのどの工場でどの工程が進んでいるのかを直接見られるようになった。

TSMCの技術者は顧客のあらゆる問題を解決するために、顧客が自分で雇った社員のように働いている。TSMCの技術者は顧客からの電話一本で、夜中でもベッドから飛び起きるので、顧客にとっては自前の工場を動かすよりもはるかにいい。

だから最終的に、顧客は最先端プロセスをＴＳＭＣに委託したり、自社では手に負えない最も難しい問題をＴＳＭＣに任せたりするようになった。そしてＴＳＭＣの技術者がそれらを一つずつ解決するので、顧客は「隣人の芝生は本当に青かった」と実感する。そうやって、もともと自社工場を持っていた企業が、自社工場をたたんでＴＳＭＣに発注するようになった。

ＴＳＭＣの顧客はよく、ある製品の出荷を繰り上げてほしいとか、優先的に対処してほしいとか、ある発注を「スーパーホットラン（ＳＨＲ）」と呼ばれる最優先対応で生産ラインにねじ込んでほしいなどと無理難題を吹っ掛けてくる。こうした場合、ＴＳＭＣは生産ラインのスケジュールを即座に変更し、出荷を早めるためにあらゆる手段を講じている。が、いっぽうでは他の顧客への影響を最小限に抑えて、会社に損失が出ないようにしなければならない。ＴＳＭＣのエンジニアが寝ているとき以外ずっと忙しく働いているのは、こうした手強い仕事を片付けるためだ。もちろん、この手の特急案件は、それなりの金額を請求されるだろう。

このレベルまで到達すると、ＴＳＭＣはもはや単なる顧客のバーチャル工場でもなければ製造業でもなく、根本的にサービス業に変貌している。**製造業をサービス業として行わなければ、より高い価値を顧客に創造し、巨額の収益をＴＳＭＣにもたらすことはできなかった。**

「人民による政治」とは、国を統治する主体は人民であり、選挙で選ばれた能力のある人間が、人民の意思や希望に沿って国を治めるという意味だ。

ＴＳＭＣのマネジメントも基本的にはこれと同じだ。顧客が今、どんな技術やプロセスを必要としていて、どれくらいのコストなら受け入れられるかを丁寧に聞き取る。顧客の信頼できる代理人となり、顧客が必要とするものを製造する。「顧客のニーズを満たすこと」をＴＳＭＣの唯一の努力目標に掲げて実践している。

顧客が最先端のプロセス技術を必要とするからこそ、ＴＳＭＣは最高の製品を作ることができ、他のライバルと競争できる。だからＴＳＭＣは最新プロセスの研究開発に絶えず投資し、最新工場の建設にも巨額の資金を投じている。新サービスの値段が高すぎて顧客が難色を示したらコストを下げる方法を見つけて、顧客に受け入れられるようにしている。

たとえば、ＴＳＭＣ研究開発部門の元シニア・バイスプレジデント蔣尚義《しょうしょうぎ》は以前に、ＴＳＭＣが開発したＣｏＷｏＳ〔高性能コンピューティング向けのパッケージング技術↓CoWoS〕の技術が、顧客の予算を大幅に上回ってしまったときの話をしている。顧客のクアルコム〔米国のファブレス。モバイル端末などに使用されるSnapDragonというＣＰＵアーキテクチャが主要製品〕が、「1平方ミリメートル当たりの単価をせめて1セントに下げてくれなければ採用できない」と言った。蔣尚義が社内で計算させたところ、7セントになっていることが分かった。そこで、その後に開発したInFOパッケージング技術〔モバイル向けの新世代のパッケージング技術→InFO〕で単価を1セントまで下げ、顧客への売り込みも成功させた。

誠心誠意、顧客に尽くすという企業文化は、1999年に発生した921大地震でも大いに力を発揮した。他国がこれほどの大災害に見舞われた場合、その当日に従業員が出社するなどありえない話だろうが、台湾では、工場に残された顧客の製品を救うため、新竹サイエンスパークの技術者がその日の夜には会社に駆けつけた。そして2週間のうちに多くの工場が復旧し、1カ月後には生産を再開させたため、その迅速な回復力に世界中が驚嘆した（178ページ〜）。

これが、台湾のエンジニアスピリットである。はたから見たら、ばかげていて自己犠牲の塊のように思えるかもしれない。だがこれが、台湾ハイテク産業の成功のカギなのだ。**自分を顧客の工場にして、自分の技術者を顧客の技術者にする**というサービス精神をもってして、成功できないはずがない。

ＴＳＭＣは顧客と共に勝ち、共に栄える

最後の「人民のための」は、国が発展したことで生まれる成果を、人民が享受するという意味だ。ファウンドリー事業は顧客のために存在しているとＴＳＭＣが言うのは、自社で完成品を持たないからだ。だからＴＳＭＣが毎年行っている研究開発と設備への巨額の投資はすべて、顧客のためのものである。**顧客の成功なくしてTSMCの成功はありえず、顧客が成功しなければ、TSMCは失敗する。**そのため双方の利益は表裏一体の関係にあり、成果も当然、共に分かち合うことになる。

すべての会社が自社の目標を顧客の利益と一致させられるわけではないが、ＴＳＭＣに限って言えばこの点は非常に明確で、しかも専業の工場しか持たないＴＳＭＣにしかできないことでもある。たとえばサムスンやインテルといった、自社製品や自社ブランドがある企業にはこんなことはできない（サムスンやインテルはＩＤＭであると同時にファウンドリー事業も手がけている）。彼らの成功に顧客の成功は必ずしも必要ではないし、顧客の製品の失敗が、自社製品の販売に有利になる場合もあるからだ。だから**サムスンやインテルにとって、ファウンドリー事業とは顧客との間に利**

益相反が起きる事業でもある。

私のラジオに出てくれた談肖虎は、モリス・チャンが提唱したこの三原則に深く感銘を受け、自分の創業計画が業界から本当に必要とされているのかどうかを改めて考えた。

ハイテク業界の創業者の多くは技術を持っている開発者でもあるため、自分の技術の素晴らしさばかり話したがるきらいがある。だが顧客のニーズを分かっていないため、技術や製品を山積みにしてもなお、顧客の問題を解決できないこともある。そして結局、買い手は現れず、せっかくの技術も無用の長物となる。

テクノロジーによって役立つ製品を生み出し、今度はその製品で価値あるサービスを創出し、最終的に成功するビジネスモデルに変える――これが、ずば抜けた企業のやっていることだ。ほとんどの企業にこれができないのは、実に残念なことだ。

台湾でのライバルUMCのヒミツ

――TSMCとは違う戦略で伸びた台湾のもう1社

TSMCは設立当初からファウンドリー専業メーカーとして世界一のファウンドリーに成長し、先端プロセス技術で他を大きくリードしている。台湾のもう一つのファウンドリー企業、UMC（聯華《れんか》電子）は、一度はTSMCと肩を並べたが、発展の道のりはTSMCと少し違っていた。

UMCの設立は1980年5月。同年10月にオープンした新竹サイエンスパークよりも数カ月早く、台湾初のIC（集積回路）メーカーとして誕生した。台湾で半導体技術が芽吹いたばかりのこの時期に、工研院から生まれた最初の民間企業でもあった。工研院のほとんどの幹部はUMCが成功すると思っていなかったので、誰もUMCに行きたがらなかった。だから工研院は、誰を移籍させるかで頭を悩ませていた。

UMCの社員第一号となった劉英達《りゅうえいたつ》は、UMCで働き始めたころはサイエンスパークの道路の舗装すらまだだったと回想している。劉が最初の社員になったのは、当時工研院電子所の所長を務めていた胡定華《こていか》からある日呼び出され、人事計画はすでに方賢齊《ほうけんさい》院長に提出し、院長も了承済みだと言われたからだ。「胡定華氏は交通大学電子所時代の私の指導教官だったので、私が頼まれたら断れない性格なのをご存じだったんです。だから私が行くことになりました」と本人は笑う。

工研院のモデル工場がRCA(アメリカ・ラジオ会社)からライセンス提供を受けた3インチ工場(のちに4インチにアップグレード)だったことから、工研院は当初、UMCに3インチと4インチの技術を移転するつもりでいた。だがUMCの最初の工場は、自社で建設した4インチだった。最初の生産能力はひと月わずか数千枚で、しかも当時流行していた音が鳴るグリーティングカードのメロディICのような、ローエンド製品しか作れなかった。

UMCは当初、完成品を生産するIDMとして出発し、あとから会社を分割してファウンドリー専業になった。UMCのファウンドリーへの移行プロセスと、TSMCとの激しい競争が、台湾や世界の半導体産業の分業モデルにとって、大きな意義を備えていた。

1980年代の半導体産業を世界規模で見るとやはり米国がシェアを握っていた。しかし、台頭してきた日系メーカーが米国のメモリー産業にとって脅威となりつつあった。このころ、韓国や台湾はまだ発展初期の段階にあった。

とはいえ、当時はさまざまな条件や制約のせいで、ファウンドリービジネスは不安定だった。そのため、UMC社長に就任したロバート・ツァオ（曹興誠《そうこうせい》）は工研院から製品のライセンスをもぎ取って、当時工研院でIC設計を行っていた蔡明介《さいめいかい》をUMCに招いた。1982年に入って工場がようやく生産に入ると、UMCは米国の家庭用電話機市場を手中に収めて電話機用IC分野でチャンスを掴んだ。**UMCがIDMからファウンドリー専業に移行したのは、1995年になってから**だった。

UMCの奇策「五合一」――スピンオフと合併

UMCの構造転換は、TSMCが1987年の設立後から急に成長したことと深い関係がある。

TSMCはファウンドリー専業モデルで成功を収め、右肩上がりの業績で見るまにUMCに迫った。そしてUMCのほうもファウンドリー事業が急成長して、売り上げに占める受託製造の割合が徐々に自社製品に近づいた。そこで**ファウンドリー事業でさらなる受注を獲得するため、**

UMCは事業転換とスピンオフを決定した。

UMCのスピンオフには、もう一つ大きな理由があった。ファウンドリーが受託製造事業でなく自社製品も持っていた場合、製造を委託する顧客が、自分の製品を模倣されるのではないかといった疑いを抱く恐れがある。顧客の疑念を払しょくするためにも、UMCは自社製品の製造部門を独立させるほうが得策だと判断した。こうして、「聯華電子（UMC）」の「聯」の字を冠したIC設計会社が続々と誕生した。そしてUMCの母体はTSMCと同じ専業のファウンドリーへと転換した。

UMCが事業転換を進めるなかで、ロバート・ツァオは市場を揺るがす戦略を打ち出した。このころ、UMCは米国とカナダのIC設計会社11社と共同出資してファウンドリー3社（聯《れん》誠《せい》、聯瑞《れんずい》、聯嘉《れんか》）を建設することを発表した。UMCは各社に株式の35％を出資し、それ以外に技術提供の対価として各社から株式の15％を取得した。こうして、構造転換中の資金不足という問題を一度に解決しただけでなく、顧客と発注を紐づけすることで、TSMCの生産規模に一気に迫ったのだ。

1995年は、半導体業界が世界的な好景気を迎えたため、ファウンドリーの生産能力が需要に追い付かず、顧客は製造委託先の確保に苦心するようになった。TSMCに至ってはこのころ一時的にだが、顧客に発注と同時に保証金の支払いを求め、実質的な前払いによって顧客を縛っていた。顧客は委託先を確保するため応じざるを得なかったが、内心で不満がなかったわけではない。

UMCはこのような状況を背景にして、そうしたIC設計会社と同盟を組むことを模索した。設計会社の反応は思いのほか肯定的だった。わずか3カ月の間にUMCは10社以上から、「TSMCに支払っていた保証金を、UMCとの共同出資に回してもよい」という前向きな回答を得た。そうなれば今後、IC設計会社は十分な委託先を確保できるし、かかる出費は投資だから将来的には回収できるため、一挙両得である。

顧客との共同出資モデルの運用開始から2年後の1997年、**UMCはIC設計部門すべてを立て続けに独立させて**、メディアテック（聯発《れんはつ》科技）、ノバテック・マイクロエレクトロニクス（聯詠《れんえい》科技）、ITE（聯陽《れんよう》半導体）、デビコム・セミコンダクター（聯傑《れんけつ》国際）、AMICテクノロジー（聯笙《れんしょう》電子）、ファラデーテック（智原《ちげん》科技）を設立した。

さらにロバート・ツァオは、今度は**「UMC五合一」**［5+1］を推進して業界を揺るがした。このプロジェクトでグループ傘下の聯誠、聯嘉、聯瑞、合泰のファウンドリー4社をUMCに統合したことで、UMCの生産能力はTSMCの約85％に達し、両社の差がぐっと縮まった。

まず**自社製品の製造部門を独立させ、外部の顧客との共同出資で会社を設立し、そのあとで改めて親会社に合併する**というこの戦略は、UMCにとって生産能力を飛躍的に拡大してTSMCに追いつくための一大構想だった。1995年にUMCがファウンドリーに移行したとき、市場シェアは1割にも満たなかったが合併時には35％まで伸び、当時のTSMCの市場シェア45％に迫っていった。

UMCが1995年から構造転換を進めて1997年にIC設計会社を独立させるまでのことは、台湾の半導体産業にとって大きなマイルストーンになった。UMCはTSMCと激しく競争しながらどちらも国際舞台に躍り出て、台湾を世界のファウンドリー業界の要地に押し上げたからだ。このときにUMCから独立したIC設計会社は、今や世界的にも重要なリーディングカンパニーに成長し、なかでも**メディアテックとノバテックはIC設計会社世界トップ10**にランク入りしている。そして台湾のハイテク企業にとって、UMCの構造転換にはもう一つの大きな意義があった。それは、台湾のパソコン業界に、スピンオフという考え方を与えたことだ。

台湾のパソコンメーカーとして最も知名度のあるＡｃｅｒ（エイサー）とＡＳＵＳ（エイスース）も、初期はやはり自社の完成品の製造とファウンドリーの両方を手掛けていた。だが、自社ブランドが育ってきたのにＩＢＭやＨＰ（ヒューレット・パッカード）、Ｄｅｌｌといった欧米の大企業を相手に受託生産を続けていたため、明らかに利益相反が起きていた。そのため、Ａｃｅｒは２０００年にＡｃｅｒとウィストロンに分かれ、Ａｃｅｒがノートパソコンなどを製造し、ウィストロンが欧米の大企業などから受託製造するようになった。ＡＳＵＳも２００７年にＡＳＵＳとペガトロン（和碩聯合《わせきれんごう》科技）に分かれて、それぞれ自社ブランドと受託製造に専念することにした。

ＵＭＣが敗れたヒミツ
——分岐点は「自主開発」と「技術提携」

台湾の分業モデルは、世界全体の半導体産業と情報通信産業の発展でも重要な役割を果たしているが、日韓や中国といったアジア諸国の産業の発展にも模範的な意義があるだろう。

台湾の半導体産業が成長し始めた1980年代、日系メーカーにもIDMモデル（垂直統合型モデル）があった。**日本の半導体メーカーはファウンドリーを主な業務に位置付けてはおらず、基本的には自社製品の製造がメイン**で、不景気のときや生産ラインに空きが出た場合しか外部からの注文による受託製造を行っていなかった。

日本の半導体業界は早くから、ウエハー工場を持たないIC設計業界と頻繁に取引していたが、受託生産は後回しにしていたため、顧客との長期的な協力関係を担保できなかった。そこで、急成長中の欧米IC設計企業が台湾に殺到し、日系メーカーはロジックICの分野を発展させるチャンスを徐々に失っていった。**日本のメモリー産業は1980年代にピークを迎えたが、これが米国による激しい経済制裁の引き金となったことも、日本の半導体大手を徐々に衰退させる原因になった。**

韓国の半導体産業はというと、昔から財閥系メーカーが主体となって、やはりメモリーの製造を主に手掛けて日本の地位をあっという間に奪い取った。**サムスンやSKハイニックスは現在、メモリー産業の二大メーカー**だ。だが、韓国は台湾のように、自社ブランドと受託製造をはっきりと切り離してはいない。サムスンは２００３年になってからようやくロジックＩＣを主軸としたファウンドリー事業に資金投入し始めたが、今もＴＳＭＣの背中を見ながら走っている。

中国の半導体産業は、明らかに台湾をモデルにしている。世大積体電路《せだいせきたいでんろ》の元社長の張汝京《ちょうじょきょう》が２０００年に上海で設立した中国初のファウンドリー中芯国際集成電路製造（ＳＭＩＣ）から、台湾プラスチックグループ（ＦＰＧ、台塑集団）の王文洋《おうぶんよう》が上海に創設した上海宏力《しゃんはいこうりき》半導体製造（ＧＳＭＣ）まで、基本的にはすべて、台湾のファウンドリー産業を手本にしている。中国のパソコン産業もやはり台湾の発展モデルから学んでおり、中国メーカーのレノボの創設者柳傳志《りゅうでんし》は１９９７年に訪台した際に、Ａｃｅｒ（エイサー）会長のスタン・シー（施振榮《ししえい》）と会談し、帰国後すぐに海外展開を見合わせて、中国国内での市場開拓をメインにするという決断を下した。

時計の針を２０００年、つまりＵＭＣ（聯華《れんか》電子）が五合一を行った（85ページ）あの年に戻して、今の視点から当時を眺めてみると、ＵＭＣがＴＳＭＣに最も肉薄したのもその年だった。それ以降、ＴＳＭＣはまたＵＭＣとの差を広げつつある。

台湾ファウンドリー2強の距離が広がった理由

UMCはなぜ、2000年を境にTSMCから引き離されてしまったのだろうか。そこにはいくつかの重要なできごとが絡んでいたと私は考えている。

まず、両社とも2000年から0・13マイクロメートル銅配線プロセスの研究開発（316ページ〜）に入ろうとしていたが、**TSMCは自社開発の道を選び、UMCはIBMとの技術提携を選択**した。最終的にTSMCの方が先に開発に成功し、UMCはIBMと提携したために、かえって完成がTSMCより2年も遅れてしまった。1世代の遅れがその後の顧客の発注意欲に影響したため、UMCとTSMCの差がこのときから開き始めた。

加えてUMCは、1997年に傘下企業であるファウンドリーの聯瑞《れんずい》で火災が発生し、工場が丸々焼け落ちてしまった。保険会社から保険金が支払われたので金銭的な損失は抑えられたが、顧客であるIC設計会社からの信頼度は大きく損なわれてしまった。

この火災だけでなく、UMCが顧客であるIC設計会社と出資して行った聯誠《れんせい》、聯瑞、聯嘉《れんか》の設立という奇策（84ページ）は、当初こそ市場から評価されたが、あとになっていろいろな問題が隠れていたことが分かった。たとえば、聯誠の社長はUMC出身で、UMC時代と同じ、使い慣れた設備を導入していたため、UMCの社員と設備は五合一にスムーズに対応できた。だが、聯瑞の社長はTSMC出身で、聯嘉の社長はウィンボンド・エレクトロニクス（華邦電子）の出身だったため、それぞれ主に自分の古巣と同じ設備やシステムを導入していた。そのためUMCは五合一を果たしたあと、各社でバラバラだった設備のパラメーターや番号を統合するために膨大な時間を要することになり、顧客の方も各種認証をやり直す羽目になってしまった。このほか、各社が使用していたコンピューターシステムも異なっていたため、五合一を果たしても、統合に長い時間と労力がかかった。これらはすべて、UMCとTSMCの差が開く原因となった。

とはいえ、当時UMCが行った大胆な戦略は特筆に値する。その影響は、半導体からパソコンまで、さまざまなハイテク産業に広がった。台湾のハイテク業者はこの種の熾烈な内部競争にさらされながら、**分業制を維持しつつサービス向上と効率化を追求する**という枠組みのなかで、世界全体の産業エコシステムに多大な貢献をしてきたのである。

2つの合併劇のヒミツ

——TSMCがミレニアムに大きく動いた理由

TSMCは基本的に、合併ではなく自社を有機的に成長させることで今の姿になっていったが、わずか8日の間に2つの買収計画を立て続けに発表したことがある。

時は1999年12月30日までさかのぼる。TSMCは20世紀が幕を閉じる32時間前の、世界中がミレニアムの到来を待ち構えていたそのときに、TI-Acer半導体の買収を発表した。さらにその8日後には、かねてUMC（聯華《れんか》電子）への合併が噂されていた世大積体電路（以下、世大）を、株式交換1対2の割合で買収することを発表して、半導体業界にさらに大きな閃光弾を放った。

TSMCがこの2社を立て続けに買収したのはなぜだろう。その競争環境や条件、原因と結果は、台湾半導体史に刻むに値すると私は考えている。

産業のマクロ環境という背景から見ると、2つの買収計画はどちらも1999年から交渉が始まっていた。当時、各国の情報通信産業は好景気に沸き、ファウンドリーの受注も好調だった。UMCが顧客である北米のIC設計会社と共同出資して工場を建設し、自社の市場シェアをTSMCの85％まで伸ばしたのもこの時期である。こうしたことがすべてTSMCへの圧力となったため、企業買収の機会を早急に見つけることが、TSMCの戦略候補の一つになった。

遠くの親戚よりも近くの「TI－Acer」

TI－Acer半導体（以下、TI－Acer）は米国のTI（テキサス・インスツルメンツ）と台湾のAcer（エイサー）の合弁企業として誕生し、もともとは主にDRAMを生産していたが、TIがDRAM事業から撤退した。そこでTI－Acerは次のパートナーを探し求めていたが、ボトルネックにぶち当たったためファウンドリーに事業転換することにした。

当時、AcerとTI－Acerの会長を兼任していたスタン・シー（施振榮《ししえい》）は、モリス・チャン（張忠謀《ちょうちゅうぼう》）と古くから親交があり、モリス・チャンに頼まれてTSMCの取締役を長年務めていた。そこでこのときの事業転換で、スタン・シーはTSMCに協力を求めることにした。

1999年6月、TSMCはAcerグループからTI－Acer半導体の株式の3割を取得し、事業転換を精力的に進めた。

数カ月間の努力の結果、事業転換はいい結果を生んだ。加えて、当時のファウンドリー市場への旺盛な需要も相まって、TSMCはTI-Acer合併計画をさらに進めて、2000年6月30日を合併の基準日に定めた。合併と株式交換を終えると、Acerグループが保有していたTI-Acerのすべての株式がTSMCの株式に交換され、**AcerグループはTSMCの主な大株主**の一つとなった。このことで、もともと緊密な提携関係にあったTSMCとAcerグループの絆が、さらに深まることになった。

世大をめぐるUMCとの攻防

もう1社、世大の買収のほうについては多くの議論を呼び、さまざまな意見も飛び交った。当時のTSMCは生産能力と技術力でUMCをリードしていたものの、大きく水をあけていたわけではなかった。だから私は、**TSMCが世大を買収することにしたのは、UMCが世大を合併するのを阻止するためだったのではないか**と考えている。

2000年は世界のテクノロジー産業にとって大きな転機の年となった。ハイテク業界はこの年の初めに好景気に沸き立ち、ナスダック指数は歴史的な高値を記録したが、3月になると株価が大暴落し、ネットワーク産業バブルが崩壊して業界の淘汰合戦が始まったからだ。この歴史的な年に台湾半導体業界もにわかに騒がしくなり、TSMCとUMCの戦いを報じるニュースが、その年の新聞各社の紙面を何度も独占した。

なお、世大がTSMCに買収されると、世大創業者の張汝京《ちょうじょきょう》は世大時代の仲間100人余りを引き連れて中国に渡り、上海で新たに中芯国際集成電路製造（SMIC）を設立した。このことは、台湾海峡を挟んだ人材交流や引き抜きを引き起こし、TSMCの営業秘密侵害訴訟に発展することにもなるのだが、これはまた別の話である（210ページ〜）。

中国が恐るるに足りないヒミツ

――中国の中芯（SMIC）は脅威にはならない

先に述べたように、2000年は台湾の半導体産業にとって怒涛の1年だった。この年、

TSMCはTI－Acerと世《せ》大《だい》積《せき》体《たい》電《でん》路《ろ》（WSMC　以下、世大）を買収し（92ページ～）、UMC（聯華《れんか》電子）は五合一（85ページ）を行ってTSMCを全力で追い始めた。そして世大創業者の張汝京《ちょうじょきょう》はTSMCに買収された世大を去り、今や中国最大のファウンドリーとなった中芯国際集成電路製造（SMIC　以下、中芯）を上海で立ち上げた。

当時、多くの台湾企業が急成長中の中国に投資したため、ハイテク業界に「上海移住」の波が押し寄せていた。中芯の創業は、台湾と中国はもとより国際社会からの注目も集めており、特に中国での就職を目指す技術者にとって、中芯は吸引力のある、指標的な企業となっていた。中芯の将来性に、だれもが高い関心を抱いていた。

そこで当時の私はモリス・チャン（張忠謀《ちょうちゅうぼう》）に取材した際に、中芯の今後の運営や発展に対する意見を求めた。

「中芯が今後、TSMCのファウンドリーリーディングカンパニーとしての地位を脅かす可能性はありますか」

そのときの答えはこうだった。

「中芯はTSMCの脅威にはならない。運営も苦しくなるだろう。景気がいいときには多少は儲かるかもしれないが、儲けが出ないかもしれない。景気が悪くなれば、大赤字を出すだろう」

今から20年以上も前にモリス・チャンが示した見解は、かなり正確だったことが分かる。確かに中芯は創業時から赤字が続き、わずかな黒字を出したのもほんの数年だ。２０２０年から２０２２年の好景気のときに、ようやくまずまずの業績を上げたのだった。

実は私は当時、モリス・チャンの話に半信半疑で、モリス・チャンの意見に同意する業界人はほとんどいないだろうとも思っていた。当時、中国は破竹の勢いで成長を続けていたため、大国が勃興する姿に世界が驚嘆し、いっぽうで台湾の産業の多くは、人材流出と中国との熾烈な競争に直面していたからだ。だから多くの人は中芯に期待を寄せ、中芯が台湾の半導体産業の大きな脅威になるだろうと考えていた。

だが、中芯の発展の足跡と照らし合わせながら当時のモリス・チャンの見解を振り返ってみると、産業の発展と競合他社に対するモリス・チャンの深い観察力が見て取れる。

だが、もっと重要な点は、モリス・チャンが当時の段階ですでにファウンドリー産業の将来に十分な見通しを立てていたこと、そしてＴＳＭＣが10年以上培ってきた競争優位性を心から信頼していたことである。

一流の顧客なくして、一流のファウンドリーは生まれない

モリス・チャンが中芯の設立後すぐにその将来を予見できた背景には、3つの大きな理由があったと私は考えている。

まずは**モリス・チャンが、TSMCの盤石な基盤に絶対的な自信を持っていたこと**だ。

TSMCは創業以来、受託製造業の発展を自社のなすべきこととして、顧客を成功させることを自らの使命に掲げ、そうすることで成長してきた。ファウンドリーの主な顧客は欧米、特に米国に多く、TSMCは米国の企業文化を土台に、台湾の優れた人材をフル活用しながら、米国の一流企業に最高のサービスを提供して、ファウンドリー事業を確立してきた。

いっぽうで中芯の場合、本社を置く中国では、IC設計産業がまだ発展初期にあって顧客にもあまり競争力がないうえ、プロセスの先進性も規模も十分とはいえない。こうした環境では、中芯が技術力を磨くのは難しい。ハイエンドな顧客から高度な技術やサービスを要求され続けることもなく、顧客と共に成長する機会も得られないのだ。世界トップクラスの顧客へのサービス提供を目標に掲げているTSMCに追い付くのはたやすくない。

TSMCにとって、顧客とはファウンドリー企業が成功するためのカギである。**一流の顧客を持つことでしか、一流のファウンドリーは生まれず、三流の顧客は、三流のファウンドリーを探すしかない。**そして一流の顧客はすべてTSMCが握っているため、競合他社はTSMCを追い越すチャンスさえない。

話を戻すと、**TSMCから13年も遅れて生まれた中芯に優位性がない**のは無論のこと、TSMCより7年早く設立されたUMCでさえも、ファウンドリーへの転換に対するコミットメントと集中が不十分だったため、TSMCを追い越す条件を整えられずにいる。

UMCは2000年までに、構造転換と共同出資とスピンオフ、そして五合一という一連の流れを経て、生産規模を一気にTSMCの85％まで押し上げた。だがそれ以降は両者の差がさらに縮まることもなく、この年を境に差は再び開いていった。

当時、私を含め多くの人が、UMCの臨機応変な戦略と、生産能力の飛躍的な向上を目の当たりにして、UMCがTSMCに追いつくのは時間の問題だと一度は考えた。だが実際には、UMCが2000年代に0・13マイクロメートル銅配線プロセスでTSMCに後塵を拝してからというもの、差が開く一方である。

当時を振り返ってみると、あのころの私に観察力が足りなかったのは否めない。**臨機応変な戦略とは、裏を返せばコア事業に対するコミットメント不足を表している。**また、生産能力は数ある競争条件の一つにすぎず、他のもっと重要な、たとえば技術、知財、サービス、ブランド、企業文化といった要素もすべて、顧客がその会社と長期的な協力関係を築くことができるかどうかを判断する際の基準になる。生産能力だけで正しい判断を下すのは難しい。

モリス・チャンは、中芯はTSMCに追いつけないと考えていただけでなく、経営についても「ほとんどの時間が赤字になり、景気のいいときに小金を稼ぐだけ」と予測していた。あのときモリス・チャンは、その理由には踏み込まなかったが、中国の産業の成長情勢を総合的に判断したのではないかと私は感じている。たとえば、中国政府は産業政策を強行し、企業の投資やマネジメントなどに強引に介入することもある。**産業の発展初期には政府による強力な主導権の発動や介入に助けられることもあるだろうが、長期的に見ると弊害の方が大きい**はずだ。中芯はまさに、こうした環境で成長した。

中芯は設立当初より政府から過度に注目され、各方面から干渉された。人事交代や経営陣の再編も頻発し、上層部の軋轢も生まれた。また、中国各地の地方政府も半導体に投資したものの、工場建設後のマネジメントがうまくいかず、中芯に依存するしかなかった。中国は広く、工場が上海、北京、広州など各地に点在していたため、中芯は疲弊して業績を上げることができなかったのである。

半導体の勝ち組に入れない?――一流と二流の違い

ある国の産業競争力について考えるとき、その国の産業環境や政策も確かに重要ではあるが、まずは企業がプロフェッショナル経営者に、存分に手腕を発揮させられる環境を与え、次に資本市場の力を借りてそれを補ってやらなければ、健全な発展を十分に促すことはできないのではないだろうか。こうした条件が整っていない、あるいは不健全である場合、政府の補助金に長期的に依存せざるを得なくなり、通常はよい結果にはならない。

半導体産業は技術・資本集約型産業だから、TSMCやサムスン、インテルと同等の規模の企業でなければ、国際的な舞台に立つことはできないだろう。だが、**中国政府は新たな投資プロジェクトを追い求め、環境のなかに自由競争のメカニズムもない。**これが中国の半導体産業が今抱えている最大の問題であり、中芯がいまだ勝ち組から遠いところにいる原因でもある。

とはいえ、中芯がTSMCの後塵を拝しているのには、企業自体の問題もある。

中芯の設立時と成長過程で、いくつかの話を聞いた。世大がTSMCに買収されると、張汝京は100人余りの部下と共に上海に渡って奮闘した。中芯には中芯で働いたことがある人間を惹きつける力はあるがいくら求心力があるとはいえ、中芯の経営管理上の各種の弱点が引き起こすダメージを相殺するのは不可能だ。特に技術盗用と企業機密の詐取でTSMCから二度訴えられ、敗訴したために賠償金の支払いと株式の譲渡を命じられたことは、中芯にとって大きな痛手となった(210ページ〜)。これらの事件から、中芯は研究開発に時間をかけて真摯に取り組むのではなく、TSMCからの技術盗用や人材の引き抜きによって技術を得ようとしているのだと思わざるを得ない。

中芯はいまや、TSMC、サムスン、UMC、グローバルファウンドリーズに次ぐ世界第5位のファウンドリー企業に成長し、中国の半導体製造業の中心的存在である。だが、安定株主のさまざまな思惑によって派閥問題が起きているほか、執行役員の更迭も後を絶たない。他のファウンドリー大手に大きく後れを取っているだけでなく、今後も米中半導体戦争という逆風にさらされる。中芯は努力しなければ中堅メーカーの域を出られないだろう。

中芯についてのモリス・チャンの予言を振り返ってみる。20年以上前のモリス・チャンの言葉は、今の中国半導体業界の現状をピタリと言い当てていたとは言えないかもしれないが、モリス・チャンが当時から、かなり先の見通しまで立てていたのは間違いないだろう。亀の甲より年の功という言葉がある。モリス・チャンが今、米国の対中政策（中国の半導体産業の発展を遅らせる政策）を支持し、中国の半導体産業は台湾より5〜6年遅れていると考えているのも、この老大人が数年後の大勢も予想しているからではあるまいか。

サムスン対TSMCのヒミツ

——「恐るべきライバル」サムスンと台韓戦争

モリス・チャン（張忠謀《ちょうちゅうぼう》）を長年取材してきたが、彼がメディアの前でカッとなる場面はほとんど見たことがない。だが一度、彼が本当に怒った姿を見たことがある。それはある記者が、ある言葉を言い間違えたからだった。

一人の記者がモリス・チャンに、サムスンとＴＳＭＣの競争についてどう考えているかと尋ねたときのことだ。

「以前に会長は、サムスンは『尊敬すべき』ライバルだとおっしゃいましたが……」。すると記者が言い終わらないうちにモリス・チャンは、「**『尊敬すべき』とは言っていない。サムスンは『恐るべき』ライバルだと言った**のだ。英語で言うと『formidable』だ」と言葉を遮った。

なぜわざわざ「尊敬すべき」ではなく「恐るべき」だと強調したのか。なぜこの言葉に立腹したのか。その理由について、モリス・チャンは多くを語らなかった。だが彼とサムスンとの関係は30年以上前までさかのぼることができる。

サムスンのイ・ゴンヒ（李健熙）会長（当時）が１９８９年に訪台したとき、モリス・チャンとＡｃｅｒ（エイサー）会長のスタン・シー（施《し》振《し》榮《えい》）を朝食に誘った。イ・ゴンヒはすでにスタン・シーにＴＩ－Ａｃｅｒへの投資計画があるのを知っており、台湾でメモリーを生産してほしくないと思っていた。そこで二人をサムスンの工場に招待することにした。

モリス・チャンは、イ・ゴンヒがそのときスタン・シーに「弊社の工場を見れば、メモリー工場にどれくらいの投資が必要で、どれくらいの人材が必要なのか分かりますよ。それが分かったら、あなたは投資をやめて、我々と提携したほうがいいかもしれませんね」と言ったことをずっと覚えていた。

サムスンは１９８３年からメモリーの製造を始めており、モリス・チャンは内心、見てみるのも悪くないと考えた。そこでモリス・チャンとスタン・シー、そして当時工研院電子所の所長を務めていた史欽泰《しきんたい》の3人が、ソウルにあるサムスンの工場を視察することになった。

モリス・チャンはそれまでたくさんの工場を見てきたため、通常は30分もあればそのポテンシャルが分かるという。モリス・チャンは、ＴＩ（テキサス・インスツルメンツ）の工場のなかでも一番よかった日本のメモリー工場と比べても、サムスンの工場はまったく遜色がないと感想を言った。３人は3日かけて工場を視察し、３日目の帰国前にイ・ゴンヒと会った。イ・ゴンヒは、「どれくらいの資本と人材が必要か、これでもうお分かりでしょう」と言った。

だがその後、スタン・シーもモリス・チャンも、サムスンと提携することはなかった。この訪韓から数カ月後、スタン・シーはＴＩ－Ａｃｅｒの設立を発表し、工研院電子所も電子工業第１期、第2期のＩＣモデル設置計画やＶＬＳＩ計画を大筋で立ち上げたほか（64ページ）、サブミクロン計画にも入ろうとしていた。ＶＬＳＩ計画はその後、ＴＳＭＣを誕生させ、サブミクロン計画は世界先進積体電路《せかいせんしんせきたいでんろ》（ＶＩＳ　以下、世界先進）を生んだ（１１７ページ）。両社の指揮を執ったのはモリス・チャンで、TSMCが世界先進のDRAMメモリー発展計画に出資した。
サムスンはその後、驚くべき急成長を遂げ、半導体、通信、パネル、携帯端末などの分野にまたがるだけでなく、IDMとして世界クラスの巨大企業となった。そしてメモリー世界大手としての地位を固めると、今度は2009年からファウンドリー業界にも参入して、TSMCと競い合っている。

本当にあった？ サムスンの「台湾撲滅計画」

2013年、モリス・チャンは在台湾米国商工会議所アジア太平洋年次総会に招かれ、「台湾のハイテク産業」というテーマで講演した。当時の台湾はDRAM〔↓DRAM〕、パネル、LED、太陽光発電という四大産業の崩壊に直面しており、私は「今周刊」にカバーストーリーを寄稿して、サムスン内部に「台湾撲滅計画」があり、DRAMやパネル産業の最悪の時期に乗じて、台湾企業を市場から追い出そうとしていると述べた。

サムスンに台湾撲滅計画が持ち上がったのは主に、2008年のサブプライム住宅ローン危機（以下、サブプライム危機）のあと、台湾のパネルやDRAM産業が巨額の損失を出したことを

知ったからだ。サムスンはこれを、台湾を市場から追い出す絶好のチャンスと捉えた。そこでサムスンの家電ブランド部門が突然、台湾の数社へのすべての発注をキャンセルした。さらにその後の欧米の反ダンピング戦争では告発者となって、台湾のパネル競合他社の経営幹部数人を米国で刑務所送りにした。そしてDRAM業界では値下げを迫ったり、ローエンド市場の仕事を意図的に競合他社にあてがったりして、日台メーカーのDRAM同盟を完全に瓦解させた。

モリス・チャンはこの講演会で、IC設計や半導体、DRAM、パソコン、パネル、太陽光、LED、モバイル機器という八大産業を一つずつ分析し、イノベーションと価値の創造こそが成功のカギであることは時間が証明してくれるだろう、と言った。会場からサムスンの台湾撲滅計画に関する質問が上がった。それに対してモリス・チャンは、TSMCはこれまでずっと、サムスンを恐るべきライバルだと考えてきたし、いつでも立ち向かう用意があると答えた。

「パネルやDRAMもやはり巨額の資金投入が必要だが、台湾のDRAM産業は開始直後から間違った方向に進んだ（117ページ～）。巨額の資金を投入したがイノベーションが行われず、生産しているのは標準規格の製品ばかりだった。低価格市場で懸命に稼いだが、最終的には合併するしかなくなった。歩けば歩くほど、道は険しくなっていった」

モリス・チャンは引退後の2021年に雑誌「財訊」の取材を受けた際、かつてイ・ゴンヒと対面したときの話に触れた。

「イ・ゴンヒは半導体の専門家ではないが、半導体のポテンシャルをよく分かっていたし、携帯端末のポテンシャルも知っていた。重要な人物であり、時代の流れを作った英雄だ」

しかし、こうも言った。

「韓国にはイ・ゴンヒがいるが、台湾には私がいる。リスクを受け入れ、新たなビジネスモデルの創造に果敢に挑んだのは、この私だ」

サムスンはかつて、台湾の多くの企業にとって最大のライバルだった。サムスンと戦った企業は数えきれず、敗北した企業も多い。サムスンを研究した私は、サムスンをテーマに『商業大鱷SAMSUNG（ビジネスの大物サムスン　※邦訳なし）』を執筆して、2008年のサブプライム危機のあと、サムスンがDRAM、パネル、携帯端末分野の台湾メーカーを、わずか4年間でどうやって打ち負かしたのかを明らかにした。

私が「今周刊」に執筆した「サムスンの台湾撲滅計画」は、複数の業界関係者や当時サムスン本社で経営会議に参加していた幹部を丁寧に取材して、サムスンがどんな方法を使って、どんなプロセスを経て台湾や日本のライバルを市場から追い出していったのかを紐解いたものだ。

今でもときどき、サムスンには本当に「台湾撲滅計画」があったのかと聞かれることがある。実際のところ産業界の競争それ自体、血なまぐさく残酷な側面があるものだ。サムスンの競争手段の一つが、まずは競争相手を市場から追い出して寡占を形成し、それから市場と価格の決定権を握るという手法だった。私は記事のなかでこのことについてわずかしか触れなかったが、サムスンからさまざまな手段で死に体にされた企業を誰かが訪ね、どうやってもてあそばれたのかと尋ねたら、それだけで本が1冊書けるだろう。

サムスンは事実、かつて日本企業を敗北させたときから、台湾や中国からの挑戦に直面している今に至るまで、ライバルに手心を加えたことは一度もなかった。モリス・チャンがサムスンを「恐ろしいライバル」と評したのも、これが理由なのかもしれない。

サムスンとTSMCは今、互角に戦っている。**メモリー分野では、サムスンは2008年のサブプライム危機以降、日本や台湾の競合他社を早々に市場から締め出し、不動の地位を十数年保っている。**いっぽうでTSMCが投資した世界先進はモリス・チャンの尽力にもかかわらず、2000年にはDRAM市場からの撤退を決めて、ファウンドリー事業に転換した。

だが**ファウンドリー分野ではTSMCがサムスンを大きくリード**している。TSMCの世界シェアは5割を超えているが、これは**サムスンのシェアの約3倍**にあたり、先端プロセス技術については市場の9割を独占している。とはいえ、2009年になってようやくファウンドリーに参入したサムスンのほうも、今も精力的に投資を続けてファウンドリー業界の趨勢に後れを取るまいとし、兜を脱ぐ素振りはない。

IC設計会社の鈺創《ぎょくそう》科技（イートロン・テクノロジー）会長の盧《ろ》超群《ちょうぐん》は、十数年前に韓国が主催した半導体国際会議でのエピソードを次のように語っている。盧超群はこのとき、私がかつてそうしたように、サムスンという強敵にどうやって対処すればいいのかとモリス・チャンに尋ねた。

「モリスは私に、『たとえサムスンがゴリラだったとしても、その弱点を見つけて、もしそれがつま先なら、そこを力いっぱい踏みつければ、勝つチャンスもなくはない』と言った」

3つの角度から見た台韓戦争

サムスンはここ数年、TSMCに少なからず圧をかけているが、ファウンドリーという土俵での両社の勝負は、まだ結末を迎えていない。ここでは台湾と韓国の攻防を、3つの角度から考察してみたい。

1つ目はアップルからの受注である。この最重要顧客からの受注を取り付ける際に、TSMCとサムスンは激しく争った。アップルが2015年にリリースしたiPhone 6sと6s Plusには、アップルが自社設計したA9プロセッサが搭載されており、その製造はTSMCとサムスンが請け負っていた。TSMCはこのとき16ナノメートルプロセスを、サムスンは14ナノメートルプロセスを採用した。

ところが、電子機器の分解レポートを公開している米国のiFixit（アイフィクスイット）がこの2機種を分解したところ、TSMCとサムスンのA9プロセッサは型番が違っていて、しかも簡単に見分けがつくことも分かった。そこで動画を再生したりテスト用ソフトウェアを実行したりして検証したところ、TSMCのプロセッサはサムスン製に比べて最大約30％節電できることが分かった。

これがきっかけで、「TSMCバージョン」と「サムスンバージョン」の機能差を検証する世界的なブームが起こり、サムスンバージョンの購入者が返品を求めてアップルストアに押し寄せることになった（チップゲート事件）。こうしてサムスン製チップの性能がTSMCよりも劣っていることが世界中に広まり、**アップルも次のA10プロセッサからは、すべてをTSMCに委託**するようになった。

このときの覇権戦争のなかで、もう一つの大事件も発生した。ＴＳＭＣでシニア研究開発処長を務めていた梁孟松《りょうもうしょう》が２００９年にＴＳＭＣを辞職すると、翌２０１０年にサムスン系列の成均館《ソンギュングァン》大学校から招かれて訪問教授となり、サムスンの社内研修プログラムにも携わるようになった。そして２０１１年7月、サムスングループに正式に移籍し、サムスンのＬＳＩ部門［↓ＬＳＩ］の技術責任者と、ファウンドリーのエグゼクティブ・バイス・プレジデントに就任した。

不満を抱えながらＴＳＭＣを辞職した梁孟松が、ＴＳＭＣの宿敵サムスンを移籍先に選んだのは、業績を上げて自分の力を証明したかったからだろう。梁孟松は28ナノメートルプロセスから14ナノメートルプロセスに一足飛びにアップグレードして、ＴＳＭＣの16ナノメートルを一気に追い越すべきだとサムスンを説き伏せた。サムスンがその後、ＴＳＭＣの独占状態にあったアップルのＡ９プロセッサとクアルコムの携帯端末用チップの受注をもぎ取ったのは、梁孟松の貢献が関係していると市場は考えていた。

ところがその後ＴＳＭＣは、梁孟松が企業機密を漏えいしたとして、梁孟松を訴えた（２１８ページ〜）。最終的にＴＳＭＣが勝訴したため、梁孟松はサムスンにいられなくなって辞職した。

だが梁孟松は2017年に、今度は中国の中芯国際集成電路製造（SMIC　以下、中芯）に移籍して共同CEOに就任し、TSMCに挑み続けている。

話を戻すが、このときにサムスンが14ナノメートルでTSMCを追い詰めて受注の一部を奪い取ったことも、TSMCが強烈な危機感を抱く原因となった。

TSMCのあるエンジニアは当時を振り返って、2014年から2015年にかけて、TSMCでは絶対に負けられない10ナノメートルプロセスで勝利するため、もともとは生産部門だけだった24時間体制が、研究開発部門にも適用されるようになったと話している。研究開発部門を三交代制で稼働させたこの「夜鷹計画」（329ページ〜）によって、TSMCはサムスンを大きく引き離した。

2つ目は、スマートフォン向けチップ大手のファブレス、クアルコムからの受注である。

クアルコムのメインのサプライヤーは以前からTSMCだったが、サムスンが受注を強引にもぎ取って、TSMCと立場を逆転させた。サムスンは自社設計したスマホ用チップも持っていたが、一部の製品にクアルコム製チップも採用していたため、クアルコムに対してそのチップの購入を交渉のカードに使って、スマホ用チップの委託先をＴＳＭＣからサムスンに変更するよう説き伏せたのだ。

　ところが２０２２年11月、クアルコムがハワイで開催した技術サミットで、スマートフォン向け最高峰チップセットSnapdragon 8 Gen 2（第2世代）［Snapdragonはスマートフォンで多く採用されているモバイル用のＩＣチップ。クアルコムが製造している］の製品情報が伝わった。このときには、ファウンドリーへの発注をＴＳＭＣが独占し、４ナノメートルプロセスが採用されていた。ＴＳＭＣはこれでクアルコムのスマホ用先進チップの大型受注を２回連続で独占し、サムスンが５割から10割を請け負っていたそれまでの状況を打開した。

　10ナノメートルと５ナノメートルの分野は相変わらずサムスンが独占していたが、Snapdragon 8のGen 1とGen 1+ではＴＳＭＣが過半数を受注し、さらにGen 2の4ナノメートルでは、ＴＳＭＣが独占サプライヤーとなった。その主な理由は、よりハイエンドになった４ナノメートルプロセスの良品率と成熟度において、ＴＳＭＣがサムスンを上回っていたからだった。

　なおここで、ＴＳＭＣとサムスンとインテルのプロセスノード［半導体製造技術の世代］の定義は完全に同じというわけではないため、３社が同じ数字のプロセス技術を使っていても、同じテクノロジーノードを指しているとは限らないことを付け加えておく。たとえば、インテルの10ナノメートルはTSMCの7ナノメートルあたりに相当し、TSMCの7ナノメートルはサムスンの5ナノメートルくらい、TSMCの5ナノメートルと3ナノメートルは、サムスンの4と2・4あたりになるだろう。

スマホ用高性能チップ世界大手のクアルコムが、数年前から台湾メーカーのメディアテック（聯発《れんはつ》科技）に脅かされるようになった主な理由の一つは、メディアテックが主にTSMCに生産を委託するようになったからだ。特にコロナ禍でウエハー生産能力が極度に低下した3年間、TSMCは盟友メディアテックに多くの生産能力を割り振っていた。メディアテックの市場シェアがクアルコムを超えた主な理由はここにあった。

3つ目は、米国の事業構想である。サムスンもTSMCも地政学的要請のなかで米国に投資して工場を建設した。**TSMCはアリゾナに400億ドルを投資し、サムスンはテキサスに170億ドルを投資した**ほか、20年間で2000億ドルを投入して11カ所の工場を建設すると発表している。

だがファウンドリーでサムスンがTSMCに追いつくのは厳しいと私は考えている。TSMCが積極的な投資を継続しているからだ。サムスンが大規模な投資と研究開発にもっと力を入れなければ、両社の差は縮まらないだろう。

だがそれよりも重要なことがある。ＴＳＭＣは一貫して、**３つの核心的競争力は、技術、製造、そして顧客からの信頼の獲得**だと言い続けているが、サムスンの場合、先の２つで追いつくことができたとしても、顧客の信頼の面ではどうだろうか。ＴＳＭＣは自社製品を持っていないため、まずは顧客が成功しなければ自社は成功できないという理念を持ち、ＴＳＭＣの役割は受託製造であるという姿勢を明確にしているが、これはサムスンには当てはまらないからだ。

強い自社ブランドがあり、川上・川下産業にも多くの関連会社を抱えているサムスンが、顧客からの全幅の信頼を獲得できるかどうかは、割り引いて考える必要があるだろう。サムスンとＴＳＭＣの競争を考える場合、私はこの点に特に留意するようにしている。

台湾でＤＲＡＭ事業が伸び悩んだヒミツ

――モリス・チャン、損切りの英断と勇気

２０００年の初頭、当時ＴＳＭＣと世界先進積体電路《せかいせんしんせきたいでんろ》（ＶＩＳ　以下、世界先進）の会長を兼任していたモリス・チャン（張忠謀《ちょうちゅうぼう》）は、設立からわずか6年の世界先進をＤＲＡＭ事業から撤退させると発表した。記者会見でモリス・チャンは「世界先進のＤＲＡＭ撤退について、私も皆さんと同じように悲しく思っている」と述べた。

世界先進は工研院サブミクロン発展計画を前身として、１９９４年12月に設立され、ＴＳＭＣが投資に参加した。それから２０２２年まで、世界先進の筆頭株主は一貫してＴＳＭＣで、持株比率は28%を超えていた。台湾のＤＲＡＭ産業が発展するなかで、台湾の民間企業がＤＲＡＭ各社に投資していたが、世界先進だけは政府が出資した工研院の主導だった。

そのため、世界先進が設立からわずか6年で撤退宣言したことは台湾の半導体業界を震撼させ、１９９９年にＴＩ－Ａｃｅｒ半導体がＤＲＡＭからの撤退を発表したとき以上の衝撃が走っ

た。というのも、海外の大企業から技術供与を受けている他のライバル社と違い、世界先進の技術は数少ない国産ＤＲＡＭ技術だったからだ。つまり**世界先進の撤退は、台湾のＤＡＲＭ技術が大きく挫折したことを意味していた。**

モリス・チャンが「皆さんと同様悲しく思っている」と述べたとき、工研院の時代からＤＲＡＭ産業で10年以上奮闘してきた世界先進の２００人余りは、一言では言い表せない思いを抱いたことだろう。

台湾で**ＤＲＡＭ産業が成功しなかった主な原因は、独自技術が育たなかったこと**にあった。独自技術を持っていたごく一部の企業も、多くは第1世代からせいぜい第2世代の開発にとどまり、技術進化のスピードについていけずに淘汰されてしまった。

このことはＤＲＡＭ産業の熾烈な競争とも少なからず関係している。**企業は大儲けするか大損するかのどちらかになるため、研究開発の長期的な投資に踏み切りにくい**のだ。景気のいい時期も技術供与側の方がファウンドリーより儲かり、景気が悪い時期はファウンドリーは生産能力を持て余すことになって、被る損失も技術供与側より大きくなる。技術供与による生産を主とする台湾のＤＲＡＭ業者がこの分野で発展するのが難しいのは、こうした理由による。

また、ＤＲＡＭ技術をすべて技術供与に依存している場合、技術供与側が次世代技術に後れをとる可能性を考えて、台湾のＤＲＡＭメーカーは生き残りを図るために、次に技術供与してくれるメーカーを探し続けねばならない。

台湾初のＤＲＡＭメーカー、ＴＩ－Ａｃｅｒ半導体を例に挙げると、初めにＡｃｅｒ（エイサー）がＴＩ（テキサス・インスツルメンツ）から技術供与を受け、双方の出資によって設立された。だがＴＩはＡｃｅｒにライセンスを与えた時点ですでにＤＲＡＭの研究開発と製造から撤退していたため、技術開発もストップしていた。ＴＩ－Ａｃｅｒは技術を維持できなくなったため、最終的にはファウンドリーへの転向を余儀なくされ、ＴＳＭＣと合併した。

また、今もＤＲＡＭの製造を続けている南亜《なんあ》科技（ナンヤ・テクノロジー）は、台湾プラスチックグループの出資を受けて、初期には日本のＯＫＩ（沖電気工業）から技術供与を受けていた。だがその後に米国のＩＢＭ、ドイツのインフィニオン・テクノロジーズ（以下、インフィニオン）、キマンダと次々に相手を替えて、米国のマイクロン・テクノロジー（以下、マイクロン）にたどり着いた。技術が発展する道のりは、山あり谷ありである。

ウィンボンド・エレクトロニクス（華邦電子　以下、ウィンボンド）も似たような道をたどっている。最初の技術供与パートナーとなった東芝を皮切りに、富士通、インフィニオン、キマンダ、エルピーダと、次々と技術ソースを変更している。南亜科技とウィンボンドは今でも台湾でDRAMを製造し続けている数少ないメーカーになってしまったが、すでに標準型DRAMの生産からは撤退して、ニッチな製品に的を絞っている。

茂矽《もせき》電子とドイツのメモリー大手インフィニオンが共同出資して設立した茂徳《もとく》科技は、長年の赤字に耐えきれず、破産して再建の道を歩み、IC設計とソフトウェアサービスの会社に転向した。最初は三菱の技術を導入した力晶も世界先進と同様、ファウンドリーに転身して力晶積成電子製造（PSMC）に社名変更し、2021年末に再度の上場を果たした。

南亜科技が再投資した華亜《かあ》科技と、力晶が再投資した瑞晶《ずいしょう》は、のちにどちらもマイクロンに買収された。そして日本のエルピーダメモリもマイクロンに組み込まれた結果、**世界のDRAM業界は最終的に、韓国のサムスンとSKハイニックス、そして米国のマイクロンという三強**の天下となった。

DRAM産業で業界再編が起きなかった理由

世界先進が設立から10年も経たずしてDRAM事業から撤退することになった理由は、詳しく検証する価値があるだろう。

世界先進は独自開発の技術に頼っていたとはいえ、失敗した原因には他の同業他社とかなりの共通点があった。メモリー業界はもともと競争が激しい成熟産業で、最大手のサムスンが競合他社を大きくリードしていたため、世界先進は設立当初から遠い背中を追いかけることになり、**大きな優位性もなかった**ことが挙げられる。

また**台湾に小規模のDRAM企業が多すぎた**ことも大きな理由の一つだった。台湾は2000年代初頭、DRAM分野で世界シェアの2割を占め、韓国に次ぐ世界第2位のDRAM生産地となってはいたが、実は台湾のDRAM業界は、規模のあまり大きくないメーカー5～6社の集まりで、どの会社も研究開発を独自に進められるだけの経済規模に達していなかった。そして2008年にサブプライム危機が起きると、各社が巨額の損失による経営難に陥ったため、かねて提唱されていた、台湾のメモリーメーカーを統合して台湾メモリー（TMC）を設立するという構想も、残念ながら立ち消えになってしまったのだ。
DRAM産業は資本集約型であるというのに、この小さな島にひしめきあう企業の合併すら推進できないのであれば、サムスンとSKハイニックスという巨大企業との競争は厳しく、悲惨な結末が定められたも同然だった。最終的にマイクロンがその機に乗じて、赤字に苦しむ台湾と日本のDRAMメーカーをすべて合併して米国、日本、台湾のメーカーを再編し、韓国の二大メーカーと渡り合うようになった。

また、台湾がメモリー産業を発展させる際にNAND型フラッシュ技術〔不揮発性メモリーの一種↓NAND型フラッシュメモリー〕を軽視していたことも、DRAM産業の失敗の大きな理由の一つに数えられる。

というのも、NAND型フラッシュとDRAMは機能と特性が異なるため、補完作用とシナジー効果が生まれるうえ、NAND型フラッシュの応用市場がDRAMに匹敵するほど急速に拡大して、メモリーメーカーの運営と成長にとっての重要性が増したからである。その**NANDフラッシュ技術が台湾に十分になかったことと、DRAMにすべてを賭けていたことが敗因**になった。

台湾には現在、ニッチタイプのDRAMを手掛けている南亜科技（ナンヤ・テクノロジー）、ウィンボンド、晶豪《しょうごう》科技（ESMT）、鈺創《ぎょくそう》科技（イートロン・テクノロジー　以下、鈺創）しか残っておらず、メモリーの世界シェアはわずか4％で、韓国の59％、米国の29％、日本の8％に遠く及ばない。

だが南亜科技は華亜科技を買収すると、プロセス技術の自主開発に力を入れ始め、2020年には10ナノメートルプロセスの開発に成功した。ウィンボンドとマクロニクス・インターナショナル（旺宏電子）もNOR型フラッシュメモリー「「NANDフラッシュメモリー」とともに代表的な「不揮発性メモリー」。ルーター、プリンター、車載機器で活用されている」の生産で世界シェア1位と2位を独占し、晶豪科技や鈺創はメモリーの一部を生産している。

全体的に見ると、**世界のメモリー産業において、グローバルな舞台に立てるような台湾企業はそれほど多くない。**だがそれとは対照的に、ロジックICやファウンドリーの分野では台湾が明らかにリードしている。メモリー産業での業績はまずまずといったところで、今後も一層の努力が望まれる。

台湾のDRAM事業の失敗は、ハイテク産業全体に貴重な経験を残してくれた。

ＤＲＡＭとロジックＩＣの発展史はよく似ていて、どの世代の技術も進化させるために大枚をはたく必要があった。たとえばＴＳＭＣのファウンドリー技術の場合、7ナノメートルから5、4、3ナノメートルまで、どの世代も開発から量産まで最低でも2〜3年かかっているため、競争のハードルは高まる一方だ。ＤＲＡＭも同じで、十分な収益を上げている大規模な企業しか、次世代技術の開発を続けることができなくなっている。

そのため、後発組が潤沢な資金と強い野心を持っていない場合、先発メーカーを追い抜くのが難しくなる。韓国は90年代の終わりごろから国際競争力を養いながら日系メーカーを徐々に淘汰し、研究開発と製造で実力を培ってきた。新規参入企業が追い越そうと思っても、そう簡単にいくことではない。

台湾のＤＲＡＭ業界の過去の発展モデルは、海外の大企業から技術ライセンスを取得して行う受託産業が主で、自社製品の開発技術もブランドの販路もなかったことに加え、技術供与側に、毎年莫大なライセンス料を支払わなければならなかった。その総額は２００億新台湾ドル以上にも上っていた。

台湾のＤＲＡＭメーカーが1年間に支払うライセンス料を計算したところ、平均すると営業収入の約10％に相当することが分かった。ちなみに２００４年の茂徳科技の場合、この年の売り上げは100億新台湾ドルで、ライセンス料だけで45億2000万新台湾ドルもの支払いが発生していた。仮にこの年が赤字だったとしても、ライセンス料として33億3000万新台湾ドルを支払う必要があった。

こうした状況があったため、元経済部長の尹啟銘は当時、国内のDRAM業界をこのように言い表していた。

「自主性が低くて産業集中度が高いだけでなく、毎年巨額の技術移転費用までもが計上される。生産額は大きくても、基幹技術はないし、粗利も低く、利潤も小さい」

DRAM産業の挫折は、これから発展するその他の産業が参考にできる経験知となるはずだ。**台湾の資源には限りがあるため、人気産業に殺到するべきではない。**当時、DRAM産業に過剰な投資が行われたほか、差別化されたビジネスモデルを企業が持っていなかったため、各社は技術供与に頼るしかなかった。失敗の種は、最初から蒔かれていた。

そしてDRAM業界にはすでに、韓国という強大な先駆者がいた。DRAM産業に食い込むには、この国の大企業と競合しない道を探るしかなかった。過去にメディアテック（聯発《れんはつ》科技）が創業したときにパソコン周辺の光学ドライブ用ICを選んだのは、パソコン中核製品分野に巨大企業のインテルがいて、そこからできるだけ距離を置きたかったからだ。メディアテックがその後、携帯電話のチップ開発を選んだのもやはり、インテルが成功できなかった分野だったため、まずは**市場の隅っこから優位性を確立し、それから独自のニッチ戦略を徐々に確立**しようと考えたからである。

モリス・チャンはＴＩにいたころ、米国のＤＲＡＭ企業のシェアが日本や韓国のＤＲＡＭ大手に次々と奪われていく様子を目の当たりにして、ＤＲＡＭ産業の競争を深く理解した。台湾に帰ってＴＳＭＣを設立し、世界先進を引き継いでからは、台湾がＤＲＡＭ産業で韓国と競争する難しさについても知ったはずだ。それに比べると、ロジックＩＣやファウンドリーモデルを主軸とするＴＳＭＣには、ビジネスモデルのイノベーションによってサムスンを倒す大きなチャンスがある。モリス・チャンはＴＳＭＣと世界先進の会長を兼任していた時期に、曾繁城《そうはんじょう》とリック・ツァイ（蔡力行《さいりきこう》）の二人を社長として世界先進に送った。ＴＳＭＣの幹部には、二人が社内で一、二を争う優秀な人材で、世界先進への移籍はモリス・チャンが二人に与えた試練だということが明白だったうえ、この仕事がＴＳＭＣの社長を引き継ぐ前のテストだとも考えられていた。世界先進がどれだけ死に物狂いになり、どれだけ投資に力を入れても、メモリー市場は台湾に有利な戦場ではなく、勝てる可能性も低かったと思われる。だが、他社が一番得意とする分野を避け、自分が最も得意とする分野に全力で取り組めば、良い結果につながるチャンスは増えるはずだ。世界先進は早々と損切りしてDRAM産業から撤退した。実に正しい選択だった。

企業が撤退の潮時と、損切りのタイミングを知ることこそが、経営の道である。世界先進に国際競争力がない以上、撤退をさらに遅らせたところで、世界先進にとってもTSMCにとっても、ひいては台湾の半導体産業全体にとっても、良いことは何一つない。「撤退には勇気が必要だ」。これはインテル元会長のアンドリュー・グローブの言葉だ。インテルは1985年、日系企業に包囲され、DRAM事業からの撤退を決意した。振り返ってみると、モリス・チャンもアンドリュー・グローブも、正しい決断を下していた。

インテル対ＴＳＭＣのヒミツ

――インテルは一人で舞い、ＴＳＭＣは群舞を舞う

インテルとＡＭＤ（アドバンスト・マイクロ・デバイセズ）とＴＳＭＣの三角関数を始める前に、この３社の２０２２年第４四半期の財務報告について説明させていただきたい。

２０２２年のＴＳＭＣの純利益は２９５９億新台湾ドル（約１００億ドル）で、前年同期比で77・84％増にも達し、２０２３年も引き続きの成長が見込まれる。インテルは６億６４００万ドルの損失を出し、２０２３年の見通しも芳しくない。ＡＭＤは２１００万ドルとわずかながら収益を上げ、２０２３年第２四半期からはパソコン分野での回復が見込まれている。

３社の財務報告をざっと比較したところ、産業全体に大転換が起きているのが透けて見える。ファウンドリーによって生まれた分業制と新しいビジネスモデルが、半導体産業の様相を猛ス

ピードで様変わりさせているのだ。

インテルは**「AMD+TSMC」同盟**を前にして市場シェアでの居場所を徐々に失い、2020年が重要な年になった。この年にインテルとAMDの市場シェアに初めてデッドクロスが起きたからだ。インテルが販売するノートパソコン用CPUチップのほとんどは14ナノメートル（TSMCの10ナノメートルに相当）プロセス技術で生産されているが、AMDがTSMCの7ナノメートルを採用したことで、パソコン市場の5割を手に入れた。**インテルとAMDの製品設計能力は拮抗しているため、理屈で考えたらここまで惨敗するはずはないのだが、プロセス技術がIC製品の機能面に与える影響が極めて大きい**のである。インテルが負けたのは、当時のプロセス技術がTSMCよりかなり遅れていて、しかもその差が1・5世代、3年以上も開いていたからだった。

さらにパソコン分野でのインテルの敵はAMDだけではなかった。もう一つの強敵はアップルである。アップルはもともとインテルの大口顧客だったが、2020年にすべてのMacとiPadに自社設計したチップを搭載すると発表した。そして同年11月に発売されたMacとiPadに、アップルが設計したM1チップが使われた結果、処理速度がインテルバージョンの3・5倍に向上した。

インテルの次世代チップの処理速度は、1世代で10％程度しか向上しなかったのに、MIチップの処理速度は1世代で150〜200％も向上した。このMIチップの出現によって、それまで市場を独占してきたインテルが惨敗したため、これ以降、マイクロソフト、アルファベット（グーグル）、アマゾン、メタといった大企業も次々と、アップルのようにチップの自社設計を始めている。

インテルはアップルという上得意を失っただけでなく、**「アップル＋TSMC」という産業協力構造**に敗れたのだった。アップルがTSMCに大量発注したことで、2020年からはアップルがTSMCの筆頭顧客となり、翌2021年にはアップルからの受注がTSMCの営業収入の26％に達した。

「顧客であるIC設計会社＋TSMC」という新たなビジネスモデルは、多くの半導体製品の産業エコシステムを変化させたが、そのなかでもパソコン産業の変化より前に起きた、もっと抜本的な変化が、2007年に巻き起こったスマートフォン革命だった。

スマートフォン革命の最中に、IC設計業者のほか、核心的影響力を持ったIPベンダー［半導体の設計事業（IP）を扱う企業→IP］が生まれた。つまり、「クアルコム＋TSMC」や「メディアテック（聯発科技《れんはつ》）＋TSMC」が功を奏しただけでなく、アーム（ARM）のような省電力と高性能化を提供する強大なIPベンダーの影響も増していった。

1990年に英国のケンブリッジで設立されたアームは、2016年からはソフトバンク傘下に入って、スマートフォンをはじめとする世界のモバイル機器用チップの9割以上にIPライセンスを提供している。各社のスマホ用チップにアームのIPコアが内蔵され、**「IC設計会社＋IPベンダー＋ファウンドリー」という、より分業化の進んだ体制**によって各々が自分の最も得意とすることに注力したことで、13年も続いたスマートフォンの急成長時代が終わり、モバイルインターネットの大航海時代が幕を開けた。

インテルが1999年に早くもスマホ用チップの開発に着手していたにもかかわらず失敗を繰り返し、スマートフォン時代が到来しても業績が振るわなかったことを忘れてはならない。設計が追い付かなかったこともあったが、量産化とスピーディなコストダウンが求められるスマホ用チップ産業のなかで、インテルの量産能力はTSMCに追いつけなかった。そのため、2019年にはついに、スマホ用モデムチップ部門をアップルに売却することになってしまった。

インテルができなかったことは、アップルが引き継いで大成功させた。**成功のカギとなったの**

も、アップルがインテルのようにすべてを自前でやるのではなく、製造はＴＳＭＣに委託し、ＩＰにはアームのライセンスを大量に採用したことだった。

現在インテルはスマートフォン市場から完全撤退しているが、パソコンやサーバー用のチップといった主力製品でも、アップルからの挑戦に直面している。またクアルコムが「瞬時起動、常時接続、１週間のバッテリー駆動時間」を実現したAlways Connected PCやローエンド製品のChromebook用のチップセットを発売したため、インテルの市場シェアはさらに狭まると予想される。これらのクアルコム製チップにはアームのＩＰライセンスではなく、クアルコムが２０２１年に買収したヌヴィアのＩＰライセンスが採用されており、すでにＤｅｌｌなどが採用を決めている。クアルコムのこの新たな動向もやはり、「ＩＣ設計会社＋ＩＰベンダー＋ファウンドリー」という勝利の方程式で弾き出した明確な答えである。

台湾のコンサルティング会社ダーウィンベンチャーズ（達盈管理顧問公司）共同経営者の方《ほう》頌仁《しょうじん》は、１９９０年代にＴＩ（テキサス・インスツルメンツ）で働いていたころ、会議の席で同社の当時のプロセス技術だった０・18マイクロメートルのベンチマークとして、「ｉ」と「ｔ」と呼ばれる企業が頻繁に取り上げられていたという。「ｉ」は性能面、「ｔ」はコスト面での比較対象で、ＴＩは２四半期連続で「ｔ」に敗れていた。「ｉ」の方はインテルだった。だったら「ｔ」はどの会社だと一同が興味を示したところ、社長が「ｔ」は台湾の「ＴＳＭＣ」だと明かした。このとき、ＴＩのエンジニアの全員が、台湾の小さな会社に負けるなんて信じられないと思った。ＴＩが性能面でインテルに負けたのはまだ理解できるが、製造コストで無名の会社に劣るなんてあり得ないと思ったのだ。だが方頌仁はまさにこの時期に、アジアの半導体産業に躍進の兆しを感じ、ＴＩを辞めて台湾に帰ることを決めた。そして最終的に、ＵＭＣ（聯華《れんか》電子）への入社を選んだ。

群舞ならＴＳＭＣが一枚上手

インテルの半導体トップとしての地位がＴＳＭＣに奪われた大きな理由は、モリス・チャン（張忠謀《ちょうちゅうぼう》）の言うビジネスモデルにあった。

インテルの製品はすべて自社工場で生産されていたが、製品のラインアップがあまり多くなかった。よって、**旧式のプロセス技術がゆっくりと成熟したときに、生産できる製品が見つかるとは限らず、旧式のプロセスの生産能力の管理にも手を焼く**ことになった。だが、ＴＳＭＣや

UMCの成熟プロセスであれば、成熟プロセスを求める多くの顧客からの受注を獲得できる。しかも成熟プロセスは減価償却がすでに終わっているため、会社のお荷物どころか利益の源泉になるのである。

TSMCはアップルやエヌビディアといった世界最高の顧客を見つけて自社技術を向上させ、プロセス技術を最先端の状態に高めることができるうえ、成熟プロセスのほうも、自動車用ICや電源ICを欲しがっているような顧客を見つけて、生産能力を振り分けることができる。これが、ファウンドリーの高効率・高成長ビジネスモデルである。

モリス・チャンは以前に、エヌビディアのジェンスン・ファン（黄仁勲《こうじんくん》）の言葉を引用してこう言った。**TSMCは400社もの顧客と一緒に踊っているが、インテルは最初から最後まで一人で舞っている**のだと。

TSMCの設立当時、モリス・チャンは若いころに少し面識のあったインテル創業者に出資を打診したが、相手にされなかった。当時はIDMモデルが主流だったためだ。DRAMメーカー［↓**DRAM**］もロジックICメーカーもアナログICメーカーもすべてIDMで、TSMC設立時の安定株主だったフィリップスも、設計と製造を行う半導体IDM工場を持っていた。

そのフィリップスがTSMCに出資した主な理由は、当時フィリップスのアジア事業が台湾に集中しており、台湾の製造力を信頼していたということもあるが、当時のフィリップス・アジアCEOが強く支持してようやく実現した。だが、TSMCがここまで成長するとはフィリップスも予想していなかった。2008年にフィリップスはTSMCの株をすべて売却して、ヘルスケア事業に転換した。

TSMC研究開発部門の責任者だった林茂雄《りんもゆう》は創業初期を振り返り、当時TSMCは安定した受注を確保できなかったため、生産量が比較的多いDRAMメーカーの受託会社に転向して、空いている生産能力を振り分けようと考えていたと語った。

当時のTSMC社長、クラウス・ウィーマーのつてを頼ってドイツのシーメンスを探し当て、シーメンスからDRAM技術を移転して受託生産したいと考えた林茂雄はTSMCチームと共に1993年、シーメンス本社のあるミュンヘンに飛んだ。だがその結果は「会議が始まって30分もしないうちに追い出されるとは思いもしなかった」と林茂雄が言うように、散々な結果に終わってしまった。台湾から約20時間かけてミュンヘンに出向いた一行は、なすすべもなく手ぶらで帰国するよりほかになかったのである。

こんな話をお伝えするのは、TSMCも設立当初、世界的大企業から何度も門前払いを食らった時期があったということを、読者に知ってほしかったからだ。まさにこうした格好の悪い状況のなかから、TSMCは少しずつ努力を重ねて、今日の成功を築き上げていった。

あのときドイツはTSMCの幹部を冷遇したが、2020年から始まったコロナ禍の2年間、自動車用IC不足が自動車産業に影響したため、ドイツ財務省が台湾政府とTSMCを訪ねて半導体を優先的に供給してほしいと頭を下げたのは皮肉な話である。

林茂雄は、創業初期に我々が海外の大企業から相手にされなかったのは、どの企業も自社工場を持っていたため、TSMCに発注する可能性は低いと判断したからだと話している。だが、こうした大企業の幹部は、TSMCとの取引関係がないのにTSMCを常に気にしてちょくちょく連絡してくることにも気付いていたという。

林茂雄はこれら大企業の幹部がTSMCに関心を持っていた理由について、おそらく彼らが将来独立して、自分でIC設計会社を興すことになった場合、自社工場を持つことは考えられないので、TSMCのようなファウンドリーに生産を委託する必要があると考えていたのだろうと話している。現在、シリコンバレーのIC設計会社の創業者の多くは、当時TSMCが訪問した企業の元幹部である。

話を戻すが、ファウンドリーはもはや不可逆的な産業トレンドである。インテルとAMDとTSMCの抜きつ抜かれつしながらの発展と進化は、ファウンドリーという名の洗礼を受けた半導体企業の、最も具体的で残酷な現実を証明している。

モリス・チャンは数年前からTSMCグランドアライアンス（台積大同盟）という概念を提唱している（360ページ〜）。これは、第二次世界大戦中に英米がドイツ・イタリア・日本の枢軸国に対抗するために結んだ連合国の概念を取り入れたものだ。今、TSMCグランドアライアンスはAMD、エヌビディア、クアルコム、ブロードコム、メディアテックといった古馴染みの顧客だけでなく、アップル、マイクロソフト、テスラ、アマゾン、アルファベットといったシステムメーカーや、IPベンダーのアームやEDA（電子設計自動化）ベンダー「IC設計の支援を行うEDA」のシノプシス、ASLMのような半導体装置メーカーも包括している。分業とグランドアライアンスの協力構造を通じて、TSMCは半導体産業をひっくり返すほどの力を手に入れた。

よって、**TSMCがインテルを破ったというよりも、TSMCグランドアライアンスが今、力を発揮している**と表現したほうが正しい。勝ち組の輪は拡大を続けている。グランドアライアンスにまだ加わっていないメーカーは、孤立無援の心情を味わうことになるかもしれない。

人材に対する考え方のヒミツ
――引き継ぎの失敗と、モリス・チャンの復帰

56歳でTSMCを設立したモリス・チャン（張忠謀《ちょうちゅうぼう》）は、2005年にCEOをリック・ツァイ（蔡力行《さいりきこう》）に引き継いだ。この年、モリス・チャンは74歳だったが、それから4年後、モリス・チャンはリック・ツァイを解任すると再びTSMCの陣頭指揮に立った。モリス・チャンの本当の引退は、2018年にマーク・リュウ（劉徳音《りゅうとくおん》）とシーシー・ウェイ（魏哲家《ぎてつか》）の二人を後継者に据えるまでおあずけとなった。

モリス・チャンの最初の禅譲はなぜ失敗したのだろうか。権力を失ってCEOの椅子から降りたリック・ツァイに、どんな「その後」を準備したのだろうか。会社の実権を再び手にしたモリス・チャンは、いかにしてTSMCを次のステージに押し上げたのだろうか。

まずはリック・ツァイの話から始める。リック・ツァイは１９８９年、つまりＴＳＭＣ設立の２年後にＴＳＭＣに移籍した。それまでは米国のＨＰ（ヒューレット・パッカード）で働いていたが、曾繁城《そうはんじょう》の求めに応じて台湾に帰国したのだった。入社後は実行力を発揮して副工場長から出世し、社内で「小張忠謀（小モリス・チャン）」と呼ばれるほどになった。そして２００１年には社長兼ＣＯＯに抜擢され、社外からもモリス・チャンの後継者と目されるようになった。

モリス・チャンは２００５年、リック・ツァイをＣＥＯに任命した。その後の４年間の在任中、リック・ツァイは安定した業績を上げ、ＴＳＭＣの経営を悪化させるようなこともなかった。だが、２００８年のサブプライム危機に端を発した業績不振によって、モリス・チャンが意図していなかったことが起きた。

この年、サブプライム危機による世界的な景気の悪化によって、サイエンスパークの多くの企業が受注減に苦しみ、ＴＳＭＣの業績も悪化した。複数のメディアの当時の報道によると、リック・ツァイはこのとき、**40ナノメートル先端プロセス設備の調達を見合わせ、さらに業績評価を積極的に進め、社員の5%を業績が劣ることを理由にリストラ**した。すると解雇された社員が決起して、モリス・チャンの自宅近くで横断幕を掲げ、徹夜の抗議デモを起こした。「幸福な企業」

の創造を理念としていたモリス・チャンはこれにも激怒し、リック・ツァイを退任させてCEOへの復帰を決意したという。

従業員に誠実に、リストラは公明正大に

モリス・チャンの復帰は、TSMC社史のなかでも特に大きなできごとだった。それを4つの角度から考察してみたい。

まず、モリス・チャンが復帰した理由の1つとして、**TSMCの経営理念「従業員に誠実であること」**を守りたかったからではないかと考えている。

TSMCでは、かなり前からPMD（Performance Management and Development）という社員の実績評価が行われている。初期はモリス・チャンの古巣であるTI（テキサス・インスツルメンツ）と工研院の評価制度を統合したものだったが、その後継続的に手を加えながら今に至る。

だからリック・ツァイのリストラ計画のどこが従業員の不安を煽ったかというと、上層部がPMDの名を借りて、実績の上がらない5%の社員を退職させたこと、そして様子見をする時間も猶予期間も与えなかったことだった。

内部事情を知るある幹部は、TI時代に千人規模のリストラを経験済みのモリス・チャンは、リストラ自体に反対していたわけではなかったという。だがそのリストラは公明正大に行い、納得できる評価方法を示すべきだというのがモリス・チャンの考えだった。抗議デモのあと、リック・ツァイの経営陣は「比較的厳しいPMDを行った」とそっけなく言い、さらに「従業員は自主的に退職した」と発言した。このことがモリス・チャンに、リック・ツァイを後継者に指名したことを再評価する気にさせた可能性がある。

モリス・チャン自身は、リック・ツァイを退任させた理由について具体的には何も語っていない。複数の幹部に取材したところ、このリストラ事件は単なるきっかけに過ぎなかったはずだとの声が多く聞かれた。リック・ツァイの4年のCEO在任期間に、たとえば短期的な業績の偏重やサプライヤーへの値下げ要求、顧客への価格設定などに対してモリス・チャンが不満を持っていた可能性もある。だから本当の理由についてはやはり、モリス・チャン自身が口を開くのを待つしかないだろう。

一流の人材は企業の宝――誰一人辞めさせない

2つ目は、リック・ツァイの退任の筋書きを、モリス・チャンがいかにして書いたかという点だ。権力構造の頂点から降りることがリック・ツァイにとって受け入れがたいものであることは、容易に想像がつく。モリス・チャンはリック・ツァイというベテラン幹部をいかにして説き伏せたのだろうか。

リック・ツァイの退任記者会見の場で私は、モリス・チャンがリック・ツァイの何が悪かったのかといった話には一切触れず、リストラ事件についてだけ「悲しく残念に思っている」と表明したこと、何度も「リック」のことに触れ、ＴＳＭＣにとってリック・ツァイは非常に重要な人材だと何度も強調していることに気がついた。

モリス・チャンは**リック・ツァイにTSMCの取締役の席を残して報酬も据え置いた**だけでなく、**新事業の社長の椅子まで用意**した。そしてさらに、自分が次に退任する際の後継者候補のなかに、リック・ツァイも入っていると言った。その後、ＴＳＭＣが新事業をＴＳＭＣソリッドステート照明とTSMC太陽光発電に分割した際に、リック・ツァイが会長に就任した。

新事業といえば聞こえはいいが、実際には苦労の絶えない仕事になることをご存じの方も多いだろう。しかも半導体ファウンドリーに匹敵するような大きな事業にはなりえない。この人事采配は、リック・ツァイの顔を立てながらそのまま会社にリック・ツァイを引き留めて、引き続きTSMCに尽くしてもらうためにモリス・チャンが用意した退任への道だったことは明らかだ。

そのあともリック・ツァイはTSMCで仕事をした。2018年11月、モリス・チャンは二度目の退任を発表し、TSMCの取締役会はマーク・リュウとシーシー・ウェイを共同CEOに就任させることを決定した。このときにリック・ツァイも取締役員の一人として会議に参加し、新CEOの就任を承認していたことは非常に興味深い。リック・ツァイがこの一票を投じたあとほどなくして、**行政院がリック・ツァイの中華電信会長就任を承認**したため、リック・ツァイはようやくTSMCを去ることになった。

リック・ツァイが数万人の社員を束ねる立場から一転して、従業員20人余りの新規事業組織の社長になったときのやるせなさは、読者にも想像がつくだろう。耐えがたい試練を耐えられるようになるには、相当の忍耐力と信念が求められる。私はこのとき、リック・ツァイがこの試練を乗り越えたら、その後の職業人生がみじめになることはないだろうと思った。案の定、**リック・**

ツァイは中華電信会長を退任後、メディアテック（聯発《れんはつ》科技）に招かれてCEOに就任し、よりハイキャリアになったビジネスライフを今も送っている。

不景期下の大胆な賭けと業界トップへの躍進

3つ目の重要なポイントは、モリス・チャンが二度目のCEO就任後、いかにして体制を立て直し、資本的支出を増やして、競合他社を引き離していったのかという点だ。

2009年6月に再びCEOに就任したモリス・チャンは、**サブプライム危機の景気低迷期に乗じて大規模な投資**を行った。このことは、TSMCがその後に業界トップ企業に一気に駆け上がって、競合他社を振り切るための重要な布石だった。

モリス・チャンは再就任後、まず最初に、すでに引退していた蔣尚義《しょうしょうぎ》を呼び戻して研究開発部門の責任者という重要ポストに就かせ、次に鶴の一声で、2010年の資本的支出をそれまでの2倍に引き上げた。だがモリス・チャンが取締役会議でこの議案を出したとき、独立役員二人が反対した。そのうちの一人が、元TIの会長兼CEOのトーマス・J・エンジバスだったが、モリス・チャンは最終的に取締役会の説得に成功した。

ＴＳＭＣが行った資本的支出の大規模な追加に、資本市場もアナリストも驚愕した。２００９年の上半期は、市場がまだサブプライム危機による殺伐とした雰囲気に包まれており、多くの企業で閑古鳥が鳴いていた時期だったため、モリス・チャンがそのタイミングで大胆な賭けに出たと知り、海外企業は度肝を抜かれた。

まさか、２０１０年が世界的な好景気に沸き、半導体業界もそれに伴って31・８％という過去最高の成長幅を記録することになるとは、誰も予測していなかったのだ。モリス・チャンの先見性のある決断によって行った、**28ナノメートルプロセスの生産能力の大幅な拡充が早くに終わってこの好景気に間に合った**ため、ＴＳＭＣは28ナノメートル市場の８割を一挙に手に入れるという、会心の一撃を放ったのだった。

80歳を目前にしたモリス・チャンのＣＥＯ復帰について、取締役会でも懸念の声がなかったわけではなく、幾度もの検討が重ねられた。だが最終的にはモリス・チャンを信頼して、資本的支出の追加を承認した。あとから考えてみると、モリス・チャンが復帰してから２０１８年に本当に引退するまでの約９年間で振るった数々の采配が、ＴＳＭＣの基盤をより堅固にし、モリス・チャン自身が安心してＴＳＭＣから立ち去るための準備にもなっていたのである。

インタビューで目立つのはタブー？

ここまでお話ししたところで、4つ目のポイントに移りたい。リック・ツァイがCEO在任中に受けた最初で最後の独占取材がある。それは2009年5月に私が行った取材だった。当時「今周刊」で仕事をしていた私はこの取材を終えると「鐵血管理蔡力行（鉄血マネジメントのリック・ツァイ）」というカバーストーリーを書き上げた。

リック・ツァイを取材する機会に恵まれ、そのときの歴史の一コマに関われたことは光栄の至りだ。だが、リック・ツァイが独占取材に応じたことが、CEOは控えめであるべきというTSMCの原則に背いているためモリス・チャンを不快にさせ、リック・ツァイがCEOを退任させられる原因の一つにもなったのではないかという話を複数から耳にした。たとえば、TSMCで長年働いているある友人は私にこう言った。

「君があのとき行った独占取材にみんな注目していた。だがTSMCの幹部が大っぴらに取材を受けたのはあれが初めてだったから、リック・ツァイがタブーを犯したんじゃないかとみんな何となく感じているようだ。だが、モリス・チャンはその後、会社に復帰してTSMCを新天地に導き、間接的にＴＳＭＣを護国神山にした。そういう角度から見れば、君の書いたあの記事の功績は大きかった」

私自身はそんなことは想像すらしなかったし、自分が手柄を立てたとも思わなかった。だが、モリス・チャンの事業継承のプロセスをつぶさに記録するなかで、企業の事業継承は非常に難しく、後継者選びでは考慮すべきことが数多くあり、就任から退任までの間にさまざまな知恵が絞られていると感じていた。モリス・チャンが二度の引退と復帰を通じて最終的にＴＳＭＣの黄金時代を確立したことは、多くの企業家にインスピレーションを与えるかもしれない。

ところで、リック・ツァイは今、当時のモリス・チャンの采配を内心ではどう思っているのだろうか。

２０１７年10月末、ＴＳＭＣの創立30周年記念式典が開かれ、その前年にメディアテックの共同ＣＥＯに就任したリック・ツァイも参加した。リック・ツァイはメディアからモリス・チャンの退任についての感想を聞かれ、**「モリス・チャンは台湾に間違いなく貢献した。非常に尊敬している。単なる尊敬という言葉では言い表せないくらい尊敬している」**と答えている。そしてモリス・チャンがマーク・リュウとシーシー・ウェイを共同ＣＥＯに指名したことについて「この二人は非常に優秀だ。会長の采配はとてもよかった」と鷹揚に答え、器の大きさを十分に示した。リック・ツァイは挫折にもめげず、メディアテックに移籍してからは同社を率いて新たな局面を突破し、クアルコムに果敢に挑んでいる。TSMCでの失敗は、リック・ツァイの人生をより実りあるものにしてくれる授業だったのだろう。

2トップ体制のヒミツ

——会長とCEOの責任と報酬を同レベルに

2018年、87歳を迎えたモリス・チャン（張忠謀《ちょうちゅうぼう》）は正式な引退を表明した。このときの事業継承は、台湾企業に大きな試金石を残すことにもなった。

かなり前にモリス・チャンを取材したとき、彼が米国のゼネラル・エレクトリック（以下、GE）のCEO交代について話したことを、私はまだ覚えている。モリス・チャンはGEの事業継承は失敗だったと言った。「20世紀最高の経営者」と称されたジャック・ウェルチが複数の候補者のなかからジェフ・イメルトを後継者に選んだが、選ばれなかった残りの幹部全員がGEを辞めてしまったからだ。モリス・チャンは、彼らのような逸材をGEに引き留められなかったのは、GEにとって大きな損失だったと指摘した。

そのため、**優秀な人材を辞めさせないこと**が、モリス・チャンの退任準備のなかでも最も大きな懸案事項になっていた。モリス・チャンは、**候補者を不毛な競争に駆り立てるのではなく、基本的には候補者に課題を与えて、誰がどのポストにふさわしいかを判断するだけでいい**と考えていた。モリス・チャンにしてみれば、彼らはすでに経験豊富で熟練したプロフェッショナル経営者である。だから誰を後継者に選んだとしても、残りの全員も会社に残さねばならなかった。

モリス・チャンは最初に、2012年にマーク・リュウ（劉徳音《りゅうとくおん》）とシーシー・ウェイ（魏哲家《ぎてつか》）と蔣尚義《しょうしょうぎ》の三人を共同COOに就任させるつもりだった。この**三人はもともと、TSMCで最も重要な3つの部門――製造、マーケティング、研究開発の責任者**だった。だから彼らに共同COOを任せるためには、彼らにとって畑違いの事業を半年で順に引き継がせる必要があった。

だが事業継承を順に進めるなかで、頻繁に問題が起きた。たとえば、もともと研究開発の責任者だった蔣尚義は、研究開発の進捗状況をスムーズに把握できたが、他の二人が研究開発事業を引き継ぐ際にはさまざまな問題が発生した。モリス・チャンは以前に雑誌「天下」の取材を受けた際、この順繰りの引き継ぎ計画は完全な成功には至らなかったと明かしている。

また、蔣尚義はモリス・チャンに、ＣＥＯになる野心はないと何度も訴えた。蔣が他の二人より年上だったこともあり、その後の選抜は、マーク・リュウとシーシー・ウェイに研究開発部門とマーケティング部門でより多くの経験を積ませることが主な目的になった。蔣尚義が２０１３年に67歳で引退すると、マーク・リュウとシーシー・ウェイの二人が共同ＣＥＯに就任して２トップ体制になった。

選抜にあたり、モリス・チャンはパラシュート人事という選択肢を早くから捨てていた。**会社のトップを外部から招くと、社内の士気が大幅に下がる**ためである。「ＴＳＭＣには濃厚な米国文化がある。幹部の多くに海外経験があるし、米国で働いていた人も多いから」と考える人もいるが、モリス・チャンは、**ＴＳＭＣの企業文化の7割から8割は台湾文化だから、外部から採用された経営幹部は慣れるのに苦労する**だろうと考えていた。

社外や海外からの招聘を排除すると、マーク・リュウとシーシー・ウェイの二人を主軸にするという構想が自然と浮上した。よって、モリス・チャンはこの二人の性格や特性を考慮して、二人が支え合えるようにし、二人の権限を同等にするという構想を立てた。TSMCで一番重要な職務は董事長（会長）と執行長（CEO）だ。二人とも会社に残すために、この二人にこの2つのポストをどう割り当てるべきかという点を、モリス・チャンは最も思案した。

モリス・チャンは雑誌「天下」の取材に対し、シーシー・ウェイはさっぱりした気質の自信家でユーモアがあり、スピーディで明確な意思決定を下す人物だと評し、マーク・リュウは思慮深い慎重派で、時間が許す限りものごとをじっくり考えるタイプだと語っている。二人の性質がまったく異なっているため、モリス・チャンは最終決定の1年前になってようやく、**マーク・リュウを会長に、シーシー・ウェイをCEOに任命する**ことを決めた。

CEOは「執行」するだけではない、「総裁」と呼ぶべきだ

CEO（最高経営責任者）は中国語では通常「執行長」と翻訳されている。だが、モリス・チャンに言わせるとこの訳は正確ではない。**CEOの役割は「執行」にとどまらない**と考えているからだ。CEOの語源について、モリス・チャンはこんな話をしている。

「CEO」という言葉の生みの親は、米国建国の父の一人、アレクサンダー・ハミルトンだ。合

衆国が独立を果たすと、ハミルトンは事業を興すことにして、ニューヨークに銀行を開いた。

ハミルトンは社長ではあったが、自分が経営に携わるつもりはなかったので、プロフェッショナル経営者を招いて経営を任せることにした。その際に、プロフェッショナル経営者にふさわしい役職名を考えていて、頭に浮かんだのがアメリカ合衆国憲法だった。

米国憲法には、米国は行政、立法、司法の三権分立国家とあり、米国大統領は「Chief Executive」である。そこでChief Executive Officerを役職名にするというアイデアがひらめいた。「CEO」にはこうした由来があった。

モリス・チャンは、台湾でCEOが「執行長」と翻訳されたのは「executive」という字面を見たときに「execute（実行する、執行する）」と似ていたため、そのまま「執行長」と訳したのだろうが、字面の意味と実際の役割はかなり異なっていると指摘している。

米国憲法で大統領はChief Executiveと呼ばれ、行政府の長とされているが、大統領は政策の「執行者」であると同時に政策の「制定者」でもある。モリス・チャンはこの点を挙げて、**CEOに「定める」と「実行する」という2つの権限がある以上、「総裁」と呼ぶ方がよりふさわしい**と言う。

モリス・チャンは、TSMCでは過去に「総裁」という役職を置いたことがなかったため（それは彼自身が実質的な総裁だったからだが）、マーク・リュウとシーシー・ウェイの役職名を「共同執行長」にしたと話している。だがモリス・チャンの退任後は、ハミルトンが想定したような役職が必要になるため、ようやくそこで「総裁」という役職名が浮上した。

とはいうものの、一般的な米国企業には通常、会長とCEOという2つの役職があって、双方の職責が明確に分かれているうえ、CEOの方が報酬面でも会長よりはるかに優遇されている。そこでモリス・チャンは、マーク・リュウを権限の少ないお飾りの会長にせず、職責分担と協力がスムーズに行われ、不和が生じないようにするために、会長（董事長）とCEO（総裁）という2つの役職の職務範囲を見直して、責任の重さが同程度になるよう調整し、報酬も同額とした。「2トップ体制」はどちらも会社に残してTSMCのために尽力してもらうことを意図している。

会長のマーク・リュウは取締役会の長で、政府や社会に向けて会社を代表する立場にある。いっぽう、**顧客やサプライヤーやグランドアライアンスの参加企業にとっては、総裁のシーシー・ウェイが会社の代表**である。

米国型企業では、重要な経営事項に対する責任はすべてCEOが負うことになっている。だがTSMCではモリス・チャンが会長のマーク・リュウに、TSMCの3つの最重要戦略会議――

資本的支出会議、価格設定会議、四半期ごとのマーケティング会議への参加を義務づけている。一般的な米国型企業の場合、会長がこうした会議に関与することはない。

モリス・チャンの「総裁」の定義は、基本的にはいわゆるCEOに近いが、モリス・チャンがCEOの職責を重視していることを強調するため、中国語の正式名称を敢えて「総裁」とした。だが会長の権限が総裁よりも小さいと誤解されないよう、重要な意思決定にマーク・リュウが参加できるようにして、マーク・リュウとシーシー・ウェイの権限のバランスを取っている。こうした手法は**二人の後継者に、自分たちは等しく重視されていると自覚させる**ためだ。西洋と東洋の特色の融合というモリス・チャン独自のアイデアは、事業継承を滞りなく行うためのものだった。

CEOの最大の責務は、外の世界を会社のなかに持ち込むこと

モリス・チャンは引退後に清華大学の講演会で、CEOを選んだ際の構想を次のように明かしている。

「技術の重要性はもちろん承知だが、セールスと市場マーケティングも重要だ。セールスしなけ

ればビジネス（商売）は成り立たず、利益も獲得できない。ビジネスこそが、企業が生きていくための大本となっている。よって、技術だけでなく、価格設定とリーダーシップについてもCEOは学ばなければならない。**CEOの最大の責務は、外の世界を会社のなかに持ち込み、それから会社のリソースを動員して、外部からの挑戦を迎え入れること**だ。CEOが会社のなかと外を繋ぐ最も重要なコネクタとなって、あらゆる面で顧客を満足させれば、株主も大喜びだ」

こうした話から考えると、モリス・チャンが二人を後継者に選んだ理由はこのあたりにありそうだ。モリス・チャンは雑誌「天下」の取材中、マーク・リユウとシーシー・ウェイの二人には非常に強い相互補完作用があるとして、シーシー・ウェイは総裁だが、マーク・リユウは会社の主な意思決定の最終確認者だと言った。つまり、資本的支出や合併、従業員の解雇、バイス・プレジデント以上の人事発令といった重要事項はどれも、熟考を重ねて取締役会で承認を得なければならないため、**シーシー・ウェイが間違った決定をしたとしても、最後の砦としてマーク・リユウがいる**という意味だ。

二人の意見が分かれた場合は？　との問いに、モリス・チャンは「もし二人の意見が真っ向から対立したら、取締役会が重要な役どころになるはずだ」と答えている。

状況がさらに悪化した場合、たとえば片方がもう片方を排除しようとした場合はどうなるのか。

会社の組織構造に基づく権限モデルから考えた場合、TSMCは「董事長制」に該当するため、法定代表者である会長には総裁を交代させる権限があるが、総裁が会長を交代させることはできない。とはいうものの、会長が総裁を更迭する場合は、取締役会の全役員を説得しなければならない。よって最終的な決定権は、取締役会にある。TSMCの現在の取締役会役員はすべて、世界的大企業の出身者や国際的な著名人が就任しており、両者の対立がもはや修復不可能なレベルに深まった場合は当然、彼らに決定を委ねることになる。

モリス・チャンはマーク・リュウとシーシー・ウェイという二人の後継者を指名して「2トップ体制」を構築すると、自分自身は会社に関係するいかなる職務にもつかない「完全退任」を選択した。つまり、**「取締役をしない」「顧問をしない」「名誉取締役をしない」、モリス・チャンの言うところの何もしないことが正しいという「3つの『しない』」の実践**である。

いかにもモリス・チャンらしい選択だ。退任後も会社の経営に介入し、経営層に干渉し、権力やメリットを手放そうとしない元起業家は少なくないはずだ。引退後の人生とかつての会社をきっぱりと分けたモリス・チャンの姿勢は、創業者が学ぶに値する［その後2023年12月、会長のマーク・リュウが2024年に退任すると発表された］。

第2章

ＴＳＭＣの経営とマネジメント

社員に宿るモリス・チャン・スタイルのヒミツ

――たかがリレーに半年前から備える

2023年3月末、TSMCに「海外オペレーションオフィス（OOO／Overseas Operations Office）」が新設された。責任者は、オペレーション担当シニア・バイス・プレジデントの秦永沛《しんえいばい》、事業開発担当シニア・バイス・プレジデントの張曉強《ちょうぎょうきょう》、そしてアリゾナ関連事業担当シニア・バイス・プレジデントのリック・キャッシディーの三人が担当し、米国工場のCEOにはTSMCのオペレーション担当バイス・プレジデント王英郎《おうえいろう》が、日本法人JASMのCEOにはオペレーション担当バイス・プレジデントの廖永豪《りょうえいごう》が任命された。この二人は新たな事業のほか、台湾にもともとある工場のマネジメント業務も担当する。

この大掛かりな組織調整は、海外オペレーション機能のグローバルな展開を加速・強化するために行われた。米国工場を担当する王英郎とJASMを担当する廖永豪は社内の事業マネジメントで目覚ましい業績を収め、昇進の速さも仕事への意欲の強さも人一倍という、社内きっての

トップのプロフェッショナル経営者である。しかもこの二人は、**ＴＳＭＣの「エンジニアガバナンス文化」の成功の背後にいる典型的な人物**だと私は捉えている。

ＴＳＭＣの運動会――米国工場を率いる男

王英郎の話からしよう。ＴＳＭＣの古参幹部のなかでも特に、数々の逸話で名を馳せた人物だ。何しろＴＳＭＣ最年少でマネージャー、部門マネージャー、副工場長、技術処長、工場長に就任して数々の昇進記録を打ち立てた。それだけでなくＪＣＩ台湾（国際青年会議所中華民国総会）主催の「十大傑出青年（十人の傑出した青年）」に選出され、経済部［日本の経済産業省に相当］の「国家発明賞」を5度獲得し、モリス・チャン（張忠謀《ちょうちゅうぼう》）会長賞も5度受賞した強者である。そして、何事も最高の結果を出さねば気が済まない性格は運動会でも例外ではなかった。

ＴＳＭＣには年に一度の運動会がある。競技の中には５０００メートルリレーがある。チームワークが肝心のこの種目は、工場ごとに男性25人と女性25人を選抜し、一人１００メートル、合計５０００メートルを走って勝敗を争う。

ある幹部は、どの工場もリレーで勝つためにいろいろな工夫を凝らしていると話す。もちろんその幹部の工場でも、コーチを呼んで足の速い従業員を選出したそうだ。そのときの100メートル走の平均タイムは男性社員が13秒で、女性社員が14秒だったが、練習の甲斐あって、最終的には前年の優勝チームより3秒も早いタイムを叩き出した。今年の優勝は手に入れたと誰もが思った。だが本番はまさかの惨敗だった。王英郎率いるチームが、2位のチームに1〜2周の大差をつけてゴールしたからだ。全員が、目を見張った。

あとから分かったことだが、実は王英郎はこのリレーに勝つための準備を、とうの昔に整えていた。競技には「TSMCでの勤務経験が半年以上の人」という出場資格があったため、運動会の半年前に台南市の長栄高級中学と話をつけて、体育専攻の生徒全員を自分の工場で雇っていたのだ。何しろ彼らは、男子生徒なら100メートルを12秒以内、女子生徒なら13秒以内で走るスポーツのエリートだから、普通の従業員に歯が立つわけがなかった。

製造や営業には何の関係もないたかがリレーに、なぜここまで本気になる必要があるのかと呆れる人もいるかもしれない。だが、**「たかがリレー」に半年前から準備するくらい熱くなれるのなら、他に熱くなれないものなんて、あるわけがないじゃないか。**

王英郎率いる南科十四工場は、このリレーだけでなく良品率向上競争、出荷競争、コスト削減競争、サイクルタイム競争などでもすべて上位に食い込んだ。体育専攻の生徒たちは足が速いだけでなく、工場内でも驚くほどよく働いた。王英郎がＴＳＭＣで出世記録を塗り替えたことには、こんなところにも理由があったようだ。

留学経験のない王英郎は清華大学物理学部を卒業後、中山大学材料科学学部で修士号を、交通大学で電子工程の博士号を取得したのち、１９９２年にＴＳＭＣに入社した。その後は南科十四工場を率いて一般的な工場の６～７倍という世界最大のファウンドリー工場に拡張させた。そして２０１５年には技術研究開発担当バイス・プレジデントに就任し、10ナノメートル、７ナノメートル、５ナノメートルというさらなる微細化に取り組む先端プロセス技術の研究開発に入り、こうした技術を生産に導入した。

また王英郎は米国で取得した１３６件を始めとして、合計２８３件もの特許を取得している。ＴＳＭＣが中芯国際集成電路製造（ＳＭＩＣ）を相手に起こした特許訴訟（２１０ページ～）では、王の４つの特許が使用され、そのうち低温プロセス技術の特許は、台湾の半導体産業を中国の特許侵害から守るためのカギを握っていた。

輝かしい業績を上げた王英郎は、ＴＳＭＣきっての精鋭と評価されている。忠誠心の塊のような３００人余りの部下と共に台南から新竹の十二工場に転属になったときは、大軍を率いて破竹の勢いで進行する武将のようだと言われた。それだけに当然、内部でもさまざまな意見が飛び交ったが、TSMCの上層部は王に従業員管理に一番手を焼きそうな米国工場を任せた。そのことからもTSMCは王に異国の地で強いリーダーシップを発揮してほしいと期待を寄せているのがよく分かる。

世界初の7ナノメートル量産――熊本のJASMを率いる男

TSMC設立2年目に入社した廖永豪も、社内で優れた業績を上げているオペレーション担当バイス・プレジデントである。廖が担当する台中のウエハー十五工場が28ナノメートル、10ナノメートル、7ナノメートルの量産を成功させたことで、**TSMCは世界で初めて7ナノメートルプロセス技術による量産に成功した企業**となった。廖はまた、ウエハー十五工場が設備設置の社内最短記録や「半導体工場に設備を設置する際はいくつもの機械の調整や校正を行う必要がある。機械を適切に取り付けなければスムーズに量産に入ることはできず、良品率も上がらないからである。設備設置の最短記録を樹立したということは、十五工場チームの能力が相当高いことを示している」生産能力向上記録を樹立させるのを支えながら、研究開発から製造までの技術移転を期待どおりのレベルまで一度で終わらせた。

廖永豪はウエハー工場を率いていたときに、ある部門マネージャーから「やることが多すぎて夜10時まで仕事しています」と言われたことがある。そのマネージャーはつまり、自分はこんなに会社に貢献していますとアピールしたかったわけだが、廖はそれを聞いて「あなたが10時まで残っていたら、エンジニアは11時にならないと帰れないのでは？　そんなことで生活の質が保てますか？　他の人が夜8時で帰宅しているのにあなただけが10時までかかるというのなら、まずはご自身の作業効率を見直す必要があるのではないですか？」と反問した。その部門マネージャーはもちろん顔から火が出る思いをしたが、それ以降、この廖工場長が実践しているマネジメントスタイルを、より深く理解するようになった。

廖永豪が担当するＴＳＭＣの日本法人ＪＡＳＭは、**TSMCが共同出資によって設立する唯一の海外工場**となるため、他の工場とはかなり状況が異なっている。廖はソニーとデンソーという日本側のパートナーと協力しながら、日台の文化の違いをすり合わせていくことになるが、マネジメントの手法が比較的穏やかな廖永豪は、ＪＡＳＭのリーダーに最もふさわしい人材だろう。

王英郎と廖永豪から、ＴＳＭＣの極めて特殊なエンジニア文化が見て取れる。一人ひとりのエンジニアが職責を果たして実績やパフォーマンスの向上に努めれば、最後には大きな力を蓄積できるのだ。**ＴＳＭＣの６万５０００人の従業員のうち、５万人がエンジニアで、修士と博士がその９割**を占めている。この集団がＴＳＭＣの中核であり、台湾半導体の「シリコンの盾（シリコン・シールド）」を構成するためのカギとなる力であり、ひいてはＴＳＭＣ米国工場でこれから、不可能な任務《ミッション・インポッシブル》を可能にする主力部隊なのである。

社内にポジティブな循環をつくるエンジニアガバナンス文化

ＴＳＭＣの海外転勤については台湾でも意見が分かれており、人材の流出を懸念する声もあれば、逆に海外投資する企業にとっては通常の配置転換だから、そう心配することはないという意見もある。だが**「ＴＳＭＣと台湾の産業にとって最も大切な財産はエンジニアだ」**という一点について、異議を唱えるものはいないはずだ。

元人的資源担当バイス・プレジデントの張秉衡《ちょうへいこう》がかなり前に、「ミクロ的に見るとＴＳＭＣの幹部一人ひとりがまったく違った個性を持っているように思えるが、マクロ的に見るとＴＳＭＣはモリス・チャンのようだと感じている。ＴＳＭＣと言われればモリス・チャンが頭に浮かぶし、**一人ひとりにモリス・チャン・スタイルがある。**これこそが企業文化が持つ、最も強い浸透力である」と語っている。

ＴＳＭＣの成功はモリス・チャンの企業統治とリーダーシップに負うところが大きいのは確かだが、私は常々、ＴＳＭＣの日常的な企業統治においては、王英郎や廖永豪といった優れたエンジニアによって構成されるチームの功績を無視することはできないと考えている。

ＴＳＭＣにはエンジニアガバナンス文化が息づいている。社内で一番地位が高いのもエンジニアだし、他社であれば巨額の利益に関わる設備購入のようなことも含め、ＴＳＭＣでは「設備購入選定委員会（ＮＴＳＣ／New Tool Selection Committee）」が最終決定している。ＮＴＳＣはＴＳＭＣのマネージャー以上の幹部で構成されており、評価報告と判断材料は各工場のテクニカルエンジニアが提供する。

半導体業界で取材するなかで私は、設備調達を管理職が主導している会社の中には、実際にその設備を日々使う立場にいるテクニカルエンジニアから、設備やブランドが現場のニーズに合っていないと声が上がったり、設備調達の責任者がキックバックやわいろを受け取ったりするケースもあると聞いたことがある。

だがＴＳＭＣの場合は、設備調達の決定権をエンジニアが握っており、商務や調達部門の責任者にその権限はない。これを実現するために、設備に関するあらゆる情報を長い時間をかけて記録し、最適な設備や機器、材料やプロセスをすべて共有ノウハウとして蓄積して、それらの知識や情報を新工場に速やかに移植している。そうやって顧客がＴＳＭＣのどの工場に発注しても、同じ品質を提供できるようにしている。

こうして、世界最強の工場の知識がＴＳＭＣのＮＴＳＣのアーカイブに蓄積された結果、設備調達がはるかに簡単になった。**設備のあらゆる情報に標準作業マニュアルが用意されているため、業界では「ＴＳＭＣの設備調達はすべてエンジニアが決定している」と言われている。**

「一番重要なのはエンジニア」と言われる理由は、エンジニアはすべてのことを専門的に判断する必要があるからだが、それはエンジニアが日々行っていることだ。とはいえ、エンジニアは重要な分プレッシャーも大きく、毎日のようにさまざまな困難に直面する。だがこれもＴＳＭＣのエンジニアに言わせれば、日常の風景だ。

たとえば、ＴＳＭＣは社内で競争と比較をさせるために、一つの受注を三つの工場に分けて製造させることがある。社内の工場同士で競争させることによって、どこが一番いい結果を出したかが視覚化され、後れを取っている工場の尻を叩くこともできる。顧客にとっても、どこかの工場で何か問題が起きたとしても納品が遅れることがなく、いいことずくめだ。

ある従業員は、ＴＳＭＣの従業員一人ひとりが、一つの設備を構成するねじの一本一本のようなもので、小さいけれどもどれ一つ不要なものなどないのだと話している。ある従業員に何か問題が起きたら、他の従業員はその人の遅れを取り戻そうと手を貸しながら、自分自身も別の従業員に置いていかれないようにしなければならない。プロジェクトは一人では進められないので、他の人の足を引っ張らないよう、自分の置かれた環境に自分自身を一刻も早くなじませて、チーム全体に影響しないようにしなければならない。

そのため、**従業員全体に責任感が行き渡ると、その責任感も一つの圧力に変わる。熾烈な内部競争を生むこのマネジメントモデルによって、各工場の工場長や責任者は常に緊張感を持たなければならない。**

会社の統治をエンジニアに委ねるという企業文化は、熾烈な内部競争を奨励し、エンジニアの昇進意欲を掻き立てるにはもってこいの環境も提供する。そして企業文化が形成されると、従業員はそれを誇りにし、努力して実行するため、企業にポジティブな循環が生まれる。「企業文化が成功のカギ」という言葉に半信半疑の人も多いだろうが、ＴＳＭＣのなかでは、この言葉は企業統治と企業文化において、非常に核心的かつかけがえのない部分なのである。

会議のヒミツ

——意味のない会議で終わらせないための厳格なルール

多くのＴＳＭＣ幹部や一般社員にとって、会議は日常だ。だから一日のうち会議がかなりの時間を占めているが、一体何を話し合っているのだろうか。頻繁に開かれている会議は効率的に行われているのだろうか。会議では何に気を付ければよいのか。タブーはあるのか。

ＴＳＭＣの会議の進行方法に会議の効率化のヒントがあるかもしれないなんて考える人は少数派かもしれないが、ＴＳＭＣの製造部門で8年間働いたというある幹部から、こんな話を聞いたことがある。

ＴＳＭＣの会議で重要なことは、前回の会議の内容を未解決の事柄も含めてレビュー（再確認）するところから始める点。前回の会議後にすべきだったことを関係者に報告させて、その問題が解決しているかを確認してからでないと、その日の議題に入れないことになっている。

だがこの幹部にとって一番印象深かったのは、レビューが終わって正式な会議に入ると、責任者が**報告者に先に結論を言わせ、なぜそうしたかはあとから説明させることだった。しかもそれには約1分という時間制限がある。**この1分間の内容で、報告者のその後の運命が決まってしまう。

「会議ではまず結論から述べる」ことについては、TSMCでかつて研究開発に関わり、社員から親しみを込めて「蒋爸（蒋父さん）」と慕われていた蒋尚義《しょうしょうぎ》が、自身の経験を次のように語っている。蒋は入社したてのころ、報告のやりかたがよく分かっていなかったため、持ち時間30分の簡易報告を、問題点の提起、実験方法、データ、結論という紋切り型でしか話せなかったという。

「モリス・チャン（張忠謀《ちょうちゅうぼう》）にこんな報告をしたら、大変なことになりますよ」

蒋は当時を振り返りながら、モリス・チャンなら報告者を怒鳴りつけて報告書を破り捨てたあと、部屋から叩き出すくらいのことはするだろうと笑った。

蒋は最初に結論を話すという報告方法を何年もかけて身に付けて、ようやくモリス・チャンに「蒋の話は30分かけて聞くに値する」と認められるようになった。モリス・チャンも話の詳細にまで根気強く耳を傾けてくれるようになり、態度も和らいだという。

報告者が結論を示せなかった場合、1分後には会議室から追い出されるかもしれない。**報告者の上司は一度だけ次の会議で報告するチャンスをくれるが、そのときには必ず何らかの結論を持っていかなければならない。つまり上司がくれる報告の機会は2回だけで、3度目はない。**2回目の報告でも結論を出せなかった場合は、その問題が上司でも手を焼くような難題だった場合を除き、さっさと机の上の私物を片付けに行った方がいいだろう。

また、**簡易報告の内容はすべて、自分の部門の上司にあらかじめ目を通してもらっておく必要がある。**その報告書が分かりづらいと、他部門の責任者から間違いなく「君は自分の上司にこの報告書を見せたのか？」と突っ込まれてしまうからだ。もし答えが「いいえ」ならえらいことになる。上司への報告をすっ飛ばしていた場合、報告者は間違いなくボコボコにされるだろう。そして、その上司も悲惨な目に遭う可能性がある。部下がひどい報告をしたのに、上司がそれを把握していないということは、上司の怠慢の証だ。一発お見舞いされても仕方がないのだ。

他部署への根回しは会議の前に済ませる

TSMCの会議にはほかにも、**報告者が会議で他部門の問題を指摘する場合は、会議の前にその部門に知らせておかなければならない**というちょっと変わった決まりがある。つまり、議題にしたい問題を起こしたのが他部門だった場合は、会議中にいきなりその話を持ち出すのではなく、会議の前にその部門の責任者に問題点を伝えておかなければならないのだ。そうしないと、その部門は問題を解決する猶予すら与えられないことになり、会議の焦点もぼやけて、責任の押し付け合いになってしまう。そして時間だけが無駄に過ぎ、建設的で前向きな議論もできなくなる。

ウエハー製造はTSMCの核心部門であり、社内一の従業員数を誇る部門でもある。この製造工程を大まかに分けると、リソグラフィー、エッチング、成膜、拡散、イオン注入の5つになる（15ページ）。良品率や納期、品質等に対する要求には終わりがないため、製造部門ほどプレッシャーにさらされ、高い要求を突き付けられている部門はほかにない。この部門の会議に対する要求がどれほど高く、どれほど緊迫した空気のなかで会議が進行しているか……ここはTSMC

で、最も恐れられている部門なのである。

だが研究開発部門の会議はちょっと違う。大きな緊張感はなく、通常は和やかな空気のなかで進行する。だが研究開発の進捗と効率については、製造部門と同様、厳しい要求が突きつけられている。

工場では従業員の間に明確な上下関係があって、工場のエンジニアは責任者を「○○長官」と呼ぶ。だが研究開発部門ではこうした区別が曖昧で、バイス・プレジデントも含めて互いの名前をファーストネームで呼び合っている。もちろん、呼び方が違うだけでどの部門も会議の進捗と効率については高いレベルが求められている。


エンジニア1年生から下級管理職を経て、たとえば部門マネージャー以上の中間管理職あたりまで昇進したら、通常はある程度の仕事を任せても大丈夫だとみなされるようになる。もし会議のスキルをうまく使えるようになったら、仕事を進めるうえで大いに役に立つだろう。たとえば、プラットフォームや部門を横断する何らかのプロジェクトを一つに統合する際に、その責任者となるプロジェクトマネージャーが、会議のときにその他の部門の責任者にうまく説明できたら、自分のAR（action required：しなければならないこと）をその部門の責任者に快く引き受けてもらうこともできるからだ。こうした会議文化を通じて、非常に有機的な阿吽《あうん》の呼吸が実現できるようになったら、この責任者の成功は目前だ。

進捗報告と解決方法の提示――言い訳はいらない

ここまでで、ＴＳＭＣの会議で守るべき原則と方法を紹介した。

先に述べたのが「すべきこと」なら、当然「してはいけないこと」もある。ＴＳＭＣの会議では何をしてはならないのだろうか。おおまかには次のようなことだ。

まず、進捗と方向性、そして問題の解決方法を報告し、目標と方向性の結論を出す際に、**「詳細を長々と説明しない」**ようにしなければならない。

ましてや、報告者がどんな取り組みをして、誰に質問し、どれだけ苦労して、どんなに頑張ってきたかを話す必要はない。責任者はそんな話を聞きたいと思っていないし、聞く暇もない。誰もが寸暇を惜しんで仕事をし、会議は山のようにある。報告者の貢献度を知りたければ、仕事の成果を見ればよく分かる。

なかでも、その問題のなかで最も解決困難なところを説明する必要はないということを、頭に叩き込む必要がある。問題の所在を長々と説明せずとも、進捗状況と解決策を報告するだけでよい。**TSMCは社員に問題解決を望んでいるのであって、愚痴を聞きたいわけではない。**

そうだ、TSMCの会議は結局、多いのか少ないのかという話をしたかったのだ。

普通の社員であれば、会議の回数が減ることはない。社内会議は非常に効率的に行われてはいるものの、工場の製造フローは煩雑で、細かい話になることが多いため、密にコミュニケーションを取らなければ、よりよいマネジメントができないからだ。

だが、不要な会議を減らしたいなら、まずは上司が手本を示すべきだ。2009年にモリス・チャンがCEOに復帰した際、開かなくてもいい会議は中止するか会議の回数を減らすこと、出席する必要のない人は出なくてよいこと、特に前に出席した会議で人の話を聞くだけで自分では何も発言しなかった人は次からは出なくてよく、会議が終わってから結果を聞くだけでよいといったことを、自ら実践してみせた。その結果、不要な会議にわずらわされることが減って、他のことに充てられる時間が増えた。

また、TSMCの社員にとっては、毎日の会議で顔を合わせ、親しくしている同僚たちもまた、年末の勤務評定の良しあしを左右する人たちだ。冗談で言っているのではない。その勤務評定で「分紅（賞与として社員に支給される株式。299ページ～）」も決まるのだ。

つまり、製造部門で勤務評定を行うのは直属の上司だけではない。リソグラフィーやエッチング、成膜、拡散、イオン注入といった関連する他部門の責任者や従業員も、評価者になる。

とはいえ研究開発部門に限っては少し事情が異なっている。研究開発部門で勤務評定をするのは主に直属の上司（長官）だ。というのも研究開発は専門性が高いため、他部門の社員には、この部門の社員を評価できる専門知識がないからだ。だが昇進競争になると、部門間の相互評価が導入されるため、状況がもっと複雑になる。専門分野での成果に加えて、部門の垣根を越えて他部門と連携できるかどうかが、より重要な評価ポイントになるからだ。

いちばん大事なのはコミットメント——TSMCの経営理念

会議についてはもう一つ重要なことがある。会議そのものと直接関係しているわけではなく、どちらかというと仕事に対する姿勢に関わる話になるが、それは**一人ひとりが、自分がやると約束したこと（コミットメント）を徹底的に実行し、実現させなければならない**ということだ。つまりは有言実行だ。自分が設定した目標を、全力で果たすことが求められている。

別の半導体メーカーからＴＳＭＣに転職した友人がこんなことを話していた。以前の会社では管理職も一般社員も高い目標を掲げたが、たいていはやり遂げることができなかったし、できなくても過ぎたこととして咎められなかった。だがＴＳＭＣでは、上司を含め誰もが自分の言ったことを必ず実行している。そしていったん口にしたコミットメントが実行できなかった場合、たいていは「大目玉を食らう」ことになると。

友人はまた、ＴＳＭＣで働くということは、適当が許されなくなることだと言う。同僚全員が有言実行しているのだから、自分も努力して変わらなければならないし、目標を立てる前に、自分がそれを本当に実現できるかを最初に考えておかなければならない。そしていったんコミットメントしたら、それを実現するために全力を尽くさなければならないと。

「有言実行」はＴＳＭＣの企業文化のなかでも最も重要な特徴ではないだろうか。ＴＳＭＣには10の経営理念があるが、それらは、次の二つの「ＩＣ」にまとめられている。

Ｉ：Integrity（誠実）

C：Commitment（コミットメント）
I：Innovation（イノベーション）
C：Customer trust（顧客からの信頼）

「誠実」「イノベーション」「顧客からの信頼」を重要視する企業は多い。しかし、「コミットメント」を重んじる会社は少ないのではないか。どの会社もどの責任者も毎日のように会議を開いているが、その会議にどれだけの実りがあるのだろう。ただ開くだけで実質的な議論は行われていない、議論はしても何も決まっていない、決まっても実行していないといったことはないだろうか。**最も重要なのは「実行すること」**だ。ＴＳＭＣでは会議を通じて従業員にコミットメントすることを学ばせ、そのうえで従業員にコミットメントの実行を徹底的に求めてくる。

友人は、ＴＳＭＣのやり方に完全に慣れるまでに、かなり時間がかかったと言った。だが、一つの企業の文化が従業員の行動に間違いなく大きな変革をもたらすということを、彼の実体験が物語っている。

台湾半導体業界、「レジリエンス」のヒミツ

——921大地震からのスピード復活

「921大地震」は台湾史に深い悲しみのページを残した。100年に一度といわれる大地震が2000人以上の命を奪った。台湾の産業のなかで一番の国際競争力を誇る半導体工業もまた、揺れと停電と生産ラインのダメージのなかで過去最大の試練に直面した。

1999年9月21日の午前1時47分、南投県集集鎮を震源地とするマグニチュード7・6とも言われる大地震が発生した。世間はミレニアム前の好景気に沸き立ち、ハイテク業界も出荷の最盛期を迎えていた。新竹のウエハー工場もほぼフル稼働していた。台湾経済部産業技術情報サービス普及計画のデータによると、1998年の台湾ファウンドリーの生産額938億新台湾ドルは世界全体の53・9%に相当し、DRAM〔↓DRAM〕の生産額は世界全体の10・3%を占めていた。つまり、この二つの分野で世界的にも重要な役割を担っていた。

地震発生時間がちょうど米国株式市場の取引時間中だったため、TSMCの米国預託証券

（ＡＤＲ）はその日のうちに９％も急降下した。またエヌビディアやアルテラ、ＡＤＩ（アナログ・デバイセズ）、ザイリンクスといった、ＴＳＭＣやＵＭＣ（聯華《れんか》電子）と取引のあるＩＣ設計企業の株価も、軒並み下落した。

またこのころ、台湾のほとんどすべてのＤＲＡＭ工場は日系企業の主な委託先になっていたため、ウィンボンド・エレクトロニクス（華邦電子　以下、ウィンボンド）と戦略的提携関係にあった東芝の株価も４％急落した。

逆にマイクロン・テクノロジーズ、サムスン、ヒュンダイといった競合他社は漁夫の利を得て、市場ニーズが急上昇した。ファウンドリーへの発注が韓国やシンガポールに移ると市場でささやかれたため、業界1位のＴＳＭＣと2位のＵＭＣに次いで第3位だったシンガポールのチャータード・セミコンダクター・マニュファクチャリング（以下、チャータード・セミコンダクター）［現在はグローバルファウンドリーズと合併］の株価は急上昇した。

大地震とその後の停電で、超精密加工を行う半導体工場が激しく損傷したため、台湾の操業再開はいつになるかと各国が憂慮した。日本のあるメディアは「操業再開まで1カ月はかかるだろう」と報じた。

だからこそ、台湾の工場が発揮した緊急時の対処力に世界中が目を見張った。

地震発生後、多くのエンジニアが取るものもとりあえず深夜の工場に駆けつけて状況を調べ、調達部門の責任者は石英炉心管の多くが破損したはずだと見抜いて、海外のサプライヤーに特急の発送を依頼した。こうして、**発生から約2週間でほぼすべての工場が生産を再開させて、1カ月後にはフル稼働させ、一部メーカーは年末の繁忙期に対応できるほど回復した。**

雑誌「Far Eastern Economic Review（現在休刊中）」は当時、台湾の半導体工場の迅速な対応力によって、損失が最小に抑えられたと報じている。あの大地震で、台湾半導体業界の底力が確かに証明された。

当時は東アジア情勢も安定的で、米中対立や半導体戦争も起きる前だったため、台湾が迅速な操業再開を果たしたあと、台湾の安全問題について深く考える人は出なかった。

台湾が世界のファウンドリー生産能力の7割を占め、ＴＳＭＣが先端プロセスの9割を占めている今、９２１のような大地震がもしもう一度起きたとしたら、「ブルームバーグ・ビジネスウィーク」に「Why Taiwan Matters?（なぜ台湾が重要なのか）」といったカバーストーリーが掲載されるはずだ。台湾で地震が発生したら、世界経済がストップしてしまうからだ。

あの夜、サイエンスパークは車でいっぱいになった

台湾半導体産業はなぜ、あの未曽有の大災害のなかから迅速に復興できたのか。台湾のエンジニアたちはあのとき、何をしていたのか。そしてわずか2週間でいかにして操業を再開させ、顧客の繁忙期に間に合わせたのだろうか。

そこには3つの理由があったと考えられる。**1つ目は、台湾企業の危機管理がしっかりとできていたこと**だ。

どの会社も日ごろから、火災や停電に備えて緊急時対応訓練を行っていたため、地震が実際に起きたときに、各社の生産ラインにいた従業員は速やかに避難できた。

「地震が発生した瞬間に工場内が大きく揺れて、生産ラインのウエハーがバラバラと床に落ちた。工場内の地震計はマグニチュード5・3を指していた。普段の避難訓練の経験が私に『すぐにここから逃げろ！』と告げていた」

これは、当時工場内にいた従業員の体験談である。

また、台湾は地震帯に位置するため、工場には地震計が設置されており、マグニチュード4以

上を検知したら警報システムが作動して、全従業員に避難を促す仕組みになっていた。さらに地震発生と同時に工場内の各種ガス弁も遮断されたため、有毒ガスや化学物質が漏れることもなかった。そして非常用予備発電装置が起動して、炉心管を始めとする重要な精密機器を動かし続けてくれた。

地震は深夜に発生したため、夜勤中の従業員を除き、設備エンジニアも工場管理エンジニアも不在だった。夜勤の従業員らが工場から避難すると、いつもなら24時間体制で稼働しているはずの工場が静まりかえり、建屋内の自家発電装置だけが唸りながら、通常の2割から3割の電力で工場を維持した。

夢から叩き起こされたエンジニアにとって、非常に深刻な事態が起きたことは明白だった。あの夜、製品を救う手立てを話し合うために部門内のエンジニアのほぼ全員が工場にかけつけたため、深夜の新竹サイエンスパークの道路が彼らの車で埋まってしまった、とある工場管理エンジニアは回想している。

当時、台湾の半導体企業のほとんどが新竹サイエンスパークに集中し、パーク内には26もの工場があった。震源地は台湾中部の南投県だったため、最も被害が大きかったのが中部と新竹の工場だった。ウエハー以外にも多くの製品がダメになり、石英炉心管の多くが砕け散った。そして数多くの高精度機器も破損したため、設備や部品を直ちに買い直さなければならなかった。

サイエンスパーク第3期分譲エリアのマクロニクス・インターナショナル（旺宏電子）第2工場を例に挙げる。この年の11月に雑誌「遠見」に掲載された記事によると、この工場ではまず、地震による水道管の破裂を応急処置して、午前4時に冷却機を起動させた。空が白んだころにクリーンルームの環境が正常に回復し始めたため、安全確認を終えたエンジニアたちが現場に入って片付けと検査を行った。そして設備メーカーのエンジニアに電話をかけて設備の調整を依頼し、各国のサプライヤーに交換部品を発注した。

多くのエンジニアが一睡もせず、日が昇る前にここまでのことを終えた。台湾メーカーの臨機応変な対応やスピードや効率は、どれも称賛に値するのではないだろうか。

困ったときはライバル会社でも助け合う

地震そのもので被った損失のほか、半導体工場にとっての最大の脅威は電力供給の寸断だった。台湾の工場が地震後に速やかに操業再開できた**2つ目の理由は、台湾電力が即座に応急処置**

をして、予定よりも早く電気を復旧してくれたからだ。当初、台湾電力の施設も大きな被害を受けたため、サイエンスパークへの電力供給の再開は何日もかかると言われた。しかし、サイエンスパークの同業組合が台湾電力と政府に掛け合ったのだ。

台湾の半導体メーカーは、平時は互いにしのぎを削っているが、災害時には助け合っている。工場が最短で復旧できた**３つ目の理由は、この同業他社との協力体制**だと私は思う。

たとえば地震の翌日、サイエンスパークはまだ停電中だったが、自家発電装置を長時間使用したために、午後４時半ごろに世大積体電路《せだいせきたいでんろ》（ＷＳＭＣ　以下、世大）［まだＴＳＭＣとの合併前］で出火した。このとき、世大から一番近かった力晶から人がかけつけ、続いて他社の工場の従業員や消防隊も相次いで到着し、一同が力を合わせて一時間後に無事火を消し止めたということもあった。

サイエンスパーク内の従業員は所属する会社が違っても、もともとは同僚や同級生や同窓生同士だ。何か起きた時には自然と救いの手を差し伸べているため、こういうことも起きるのだろう。

１９９７年にＵＭＣ（聯華《れんか》電子）グループの聯瑞《れんずい》で火災が起きて、ＵＭＣがつぎ込んだ１００億新台湾ドルがパアになった。そのときＵＭＣはウィンボンドとの訴訟の真っただ中だったが、ＵＭＣの董事長だったロバート・ツァオ（曹興誠《そうこうせい》）は記者会見を開いて、ウィンボンドに対する訴訟を取り下げると発表した。火災のときにウィンボンドが、両社の間のわだかまりを超えて、火災に見舞われた聯瑞を助けに行ったからだ。

日本の半導体産業も1995年の阪神淡路大震災では、相当のダメージを負った。京阪神はパナソニックや三菱電機、シャープといった電機メーカー各社のお膝元だったため、付近にはいくつもの半導体工場があった。**当時、この地域で世界のウエハー生産量の約1割を生産**しており、日本が世界の生産額の2割近くを占めていたLCDパネルも、神戸とその周辺で製造されていた。主なメーカーはDTI［かつて東芝と日本IBMが共同出資して設立した液晶表示装置製造会社。姫路に生産ラインがあった］とホシデンで、そこにシャープ天理工場を合わせると国内生産の3割にも達していた。

台湾の主要産業は受託製造で、委託元はすべて日本や欧米のトップメーカーのため、世界シェアも当然大きくなる。そのため、921大地震が台湾と世界のハイテク産業に与えた衝撃は、阪神淡路大震災のときをはるかに超えていた。加えて日本は国土が広いため、震源地から遠く離れた工場は地震の影響を受けずに済んだ。しかし台湾は狭い地域に工場が密集しているため、より深刻なダメージを負った。

振り返ってみると、この**地震で台湾が発揮した速やかな復興力は、「サプライチェーンのレジリエンス（逆境から立ち直る力）」と呼ばれるもの**ではなかっただろうか。当時の市場は、海外メーカーが委託先を台湾から別の国や地域に移すと予測していたが、実際にはそうはならなかった。それも台湾に堅固な製造基盤があり、臨機応変な対応力が備わっていたからだろう。

20年後の今、台湾の半導体技術の先進性や世界シェア、クリティカルマスによって生み出される優位性や影響力は、当時よりもはるかに大きくなっている。ここで一つの疑問を投げかけてみたい。

「今、台湾で921と同レベルの地震が起きたら、どうなるだろう」

もしそれが現実になったとしても、このチップアイランドは速やかな復興を遂げると私は信じている。復興に必要な力はすべて、台湾企業が数々の戦いのなかから手に入れているからだ。

ところで、実は天災は怖くない。本当に恐ろしいのは人災だ。もし台湾有事が起きたら、台湾海峡の上空をミサイルが飛び交い、間違って工場に落ちる可能性がある。もしそうなったとしたら……。台湾企業が今よりも力を付けて、もっとレジリエンスを養っていたとしても、工場を救うことはできないかもしれない。

価格戦略のヒミツ
——価格以外のすべてで競合他社を圧倒せよ

ＴＳＭＣの価格戦略には、深く掘り下げる価値があるとずっと考えていた。30年前に半導体産業の取材を始めたときから、半導体業界の価格競争や価格設定、値上げや値下げに関する話を数多く耳にしてきた。ここではＴＳＭＣが価格設定をどう捉えているのか、そしてモリス・チャン（張忠謀《ちょうちゅうぼう》）はなぜ、ＣＥＯ（つまりモリス・チャンの言う「総裁」）の一番重要な仕事は価格設定だと考えているのかを説明したい。

実は**TSMCは、ほぼ毎年のように受注価格を引き下げている。**各プロセスを**平均すると1年で4％ほど値下げ**する理由は、半導体製造の学習曲線が年々向上して良品率や効率、コスト管理の成熟度が増しているため、値下げ戦略を毎年維持できるからだ。

価格を毎年引き下げても、ＴＳＭＣの成熟プロセス部門には依然として高い収益性がある。先端プロセスをリリースした直後は学習曲線がまだ完成していないため、ある程度の間は資金をつぎ込まざるを得ないのは確かだ。しかし、**TSMCの減価償却期間は業界最短の5年間**が採用されているため、減価償却を終えたら6年目には粗利率と純利益が一挙に跳ね上がり、先端プロセス導入初期に利益が上がらなかった分を十二分に回収できるようになる。

TSMCの価格が競合他社よりも高く設定されるようになって久しいが、その理由は単純である。業界のリーディングカンパニーであり市場シェアの過半を占めているため、価格決定権を握っているからだ。だから業界第2位のUMC（聯華《れんか》電子）は通常、1位のTSMCの価格を基準として、製品販売価格をその7割から8割に設定している。これは業界では周知の価格「倫理」であり、ファウンドリー市場が認めた価格秩序を確立するためのものでもある。

異例の値上げに踏み切ったわけ

だが3年前から、TSMCの年4％の価格引き下げモデルに微妙な変化が生じている。特にコロナ禍の間に、半導体業界に想定外の好景気が到来したこと、加えて各国のロックダウンや港での荷下ろしの順番待ち、ウクライナ戦争などを発端とする世界的なインフレが起きたことで、

ＴＳＭＣが異例の値上げに踏み切ったのだ。１回目は２０２１年で、２回目は２０２３年の初頭である。

パンデミックが２０２０年初頭に始まってから、巣ごもり需要が世界的に広がって、半導体産業も好景気に沸き立った。そこで力晶積成電子製造（ＰＳＭＣ）やＵＭＣ、グローバルファウンドリーズ、中芯国際集成電路製造（ＳＭＩＣ）といった競合他社〔以上は全て世界的なファウンドリー〕が次々と値上げし、一部の企業はＴＳＭＣよりも高い価格を提示するようになった。そこでＴＳＭＣは市場秩序を維持し、二流メーカーとの価格差を保つため、そして自社に注文が殺到しないようにするため、値上げに踏み切った。

２０２２年の後半にはインフレと米国の金利引き上げが起きたため、世界の半導体業界の好景気が一変して顧客も在庫調整を始めた。その時点ですでに、競合他社の多くは受注が減って価格競争に疲弊していたのに、ＴＳＭＣは逆に、２０２３年の第１四半期に値上げして、８インチの価格を６％、12インチの価格を３〜５％上げた。

ＴＳＭＣの値上げには、さまざまな要素が考慮されている。その一つに、**原材料や資材の価格の上昇というインフレ要素を製品価格に反映させたこと**が挙げられる。次に経営陣は、ＴＳＭＣ

には現在、技術的な優位性があるため、将来の不確実性に備えて利益率を上げておきたいと考えた。もちろん、TSMCが値上げをしたいと言っても、顧客にはまだ価格交渉の余地がある。

さらに、TSMCの値上げにはもう一つの大きな理由があったと思われる。5ナノメートル以降の微細化に必要な最先端のEUV露光装置［↓**露光装置**］が値上がりを続け、学習曲線も難易度も影響を受けてウエハー製造コストが以前のようには下がらなくなってしまったのだ。つまり「半導体の集積度は約2年で2倍になり、価格は半分に下がる」という**ムーアの法則が通用しなくなって、先端プロセス技術の技術開発が頭打ちになっていることが明白となった。**

エヌビディアCEOのジェンスン・フアン（黄仁勳《こうじんくん》）が「ムーアの法則は死んだ」と嘆息した背景にはこうした事情があった。プロセス技術の微細化が進み、ICの機能が向上しているにもかかわらず、価格を下げることができないのだ。もちろんウエハー製造もインフレの影響をもろに受けているが、こうした状況は原材料等のコストの上昇という理由だけで起きたのではない。技術的に限界に達してボトルネックにぶち当たってしまったのだ。

むやみに値上げしない――価格決定の原則

価格設定は簡単そうに見えるが、実は非常に複雑な要素がからみ合っているため、いくつかの原則に沿えば決定できるといった単純な話ではない。そこで、これまで述べたTSMCの過去の価格戦略に続き、ここからは一歩進んで、TSMCの価格はどんな原則に基づいて決定されているのか、そしてTSMCにはどんな価格戦略があるのかを掘り下げていきたい。

まず、TSMCの価格設定は複雑なモデルに基づいて算出されており、当然ながらそれは、**各国の生産コストと密接に関係**している。TSMCは中国、米国、日本に進出しているが、国が違えばその生産コストも変わる。

また、顧客から大口の発注や工場の貸し切りを打診された場合、**製造コストとリスクも計算**しておく必要がある。たとえばTSMCは2020年、インテルからの大量発注計画に対応するため、わざわざ新竹宝山にインテル専用生産ラインの設置計画を立て、価格モデルも算出した。だが、インテルCEOにパット・ゲルシンガーが就任すると、戦略が変わって発注量が減らされたため、TSMCも新竹宝山への投資額と価格の見直しを強いられてしまった。

次にＴＳＭＣの価格は、**先端プロセスも成熟プロセスも競合他社より高く設定**されている。先に述べたようにＴＳＭＣはリーディングカンパニーとして、競合他社よりも高い良品率と早い納期と手厚いサービスを提供しているため、それに見合うだけのプレミアム価格を設定できるようになっているからだ。特に7ナノメートル以降の先端プロセスの競合他社はサムスンとインテルしかいない。サムスンはよく値引きして受注をもぎ取っているので、ＴＳＭＣの提示価格はサムスンよりもかなり高くなっている。

とはいえ、ＴＳＭＣが法外な価格を吹っ掛けたり、好景気に乗じた大幅な値上げを行ったりしていないことは、特筆せねばなるまい。**TSMCが景気の良しあしに関係なく毎年の値下げ戦略を維持してきたのは、TSMCのオペレーションの効率化が常に進化しており、値下げが顧客のメリットになるだけでなく、社内のパフォーマンスを高める効果もあるから**だ。そしてもっと大切なことは、毎年の価格の引き下げによって、**顧客と長期的な関係を結び、顧客のTSMC離れを防ぐことができる**点だ。好景気のときに目一杯価格を釣り上げてＴＳＭＣよりも高い価格を提示する企業もある。しかし、こうした足元を見るようなやりかたは良い顧客対応ではないし、パートナー企業とのウィン・ウィンの関係を維持することもできないだろう。

また、ＴＳＭＣは一流顧客としか取引していないため、受注も比較的安定している。通常、ライバル社が発注のかなりの部分をキャンセルされるような場合でも、ＴＳＭＣの顧客は大きく発注量を減らしたりはしない。

ウエハー生産工程には数百ものプロセスがあり、設計や受注から生産まで最低でも1年はかかる。そのため、顧客にとって価格とは、発注を決める際に考慮すべき数ある項目の一つに過ぎない。よって、わずかな値上げを理由に長年の付き合いのあるサプライヤーを変更することはあまり起こらない。またＴＳＭＣはリーディングカンパニーとして良品率の高さと優れた技術とサービスを提供しているだけでなく、価格の引き下げによっても顧客に利益を還元しているため、顧客が増えない理由がない。

確かに過去には、ＴＳＭＣの顧客が別の会社に鞍替えすることもあったが、競合他社の品質がＴＳＭＣよりも劣っているため、通常は顧客が後悔することになるようだ。

まさにそれが、ＴＳＭＣとクアルコムとサムスンの間で起きたことである。クアルコムとサムスンとの提携には特殊な理由があった。サムスンの携帯端末にはクアルコム製のチップが採用されていたため、サムスンはクアルコムに発注することを条件に、クアルコムからの受注を獲得しようとした。クアルコムはもともと、サムスンの見積価格をTSMCに見せて値下げ交渉をしようと考えていたが、TSMCから値下げを断られたため、サムスンに発注することになった。だがサムスン製チップの良品率が低かったため、クアルコムは当初期待していたような利益が得られなかった。

TSMCが競合他社との競争において一番の強みとしているのが、7ナノメートル以降の先端プロセスだ。これらはすべて高単価のラインアップで、競合他社がいなかったり、いたとしてもうまく作れないからだ。競争相手が少なければ価格決定権がTSMCの手に落ちるため、こうした**先端プロセスからの営業収入が、TSMCの営業収入全体の半分以上を占める**ようになった。貢献利益については良品率と効率とコスト管理の進捗に左右されるため、収益が爆発的に増加するのは、学習曲線が完成してからになる。

不敗を誇るTSMCの価格戦略の裏には、もう一つの大きな要因があった。米国企業アップルの貢献である。**アップルは現在、TSMCの最大の顧客**であり、アップルからの受注がTSMCの営業収入の26％を占めている。アップルはパソコン、スマートフォン、パワーマネジメント、マイクロコントローラなどに使用するすべてのICをTSMCに発注しているだけでなく、アップルと提携している他の（コンパニオンチップの）ICサプライヤーにもTSMCから調達するよう求めている。

アップルのこの要求は、サプライチェーン管理のなかでも重要な部類にあたる。アップルが1年に出荷できるiPhoneの数は、TSMCがアップルに供給できるスマホ用ベースバンドチップの数と、他のサプライヤーがアップルに提供できるチップの数で決まる。このどれか一つが欠けてもスマートフォンを出荷できなくなる。だからアップルは、他のサプライヤーのチップ生産量も管理する必要がある。この管理をしやすくするために、アップルはわざわざチップサプライヤーにTSMC製品を使用させている。そうしなければ生産能力の調節をTSMCと連携して行うことができないからだ。

業界トップになる前の価格戦略はどうだったのか？

以上がTSMCのおおまかな価格戦略である。だがこの戦略はTSMCの市場シェアと技術が業界トップになってからのものだ。では、それ以前はどうしていたのかと疑問に思う人もいるだろう。創業初期にはどんな戦略を立てていたのだろうか。

ＴＳＭＣの設立当初のプロセス技術は２マイクロメートル（２０００ナノメートル）だったが、当時のインテル、ＴＩ（テキサス・インスツルメンツ）、モトローラ、フィリップスはすでに１マイクロメートルを手掛けていたため、２・５世代から３世代も後れを取っていた。だが、ＴＳＭＣは２マイクロメートルの**成熟プロセスでも、前述した台湾の人材の強みを生かして他社を上回る良品率と効率を実現できたため、価格が魅力的で、「値段以上の価値がある」と顧客が納得する製品を提供できた。**ＴＳＭＣは、こうした低価格製品でも十分な収益を上げることができ、年に一度の値下げ戦略を維持することもできたのだ。

こうしたことが起こるのは、**ＴＳＭＣのコスト削減力が他社よりも優れているから**だ。だからＴＳＭＣの最初の安定株主だったフィリップスは、ＴＳＭＣの提示価格を見て自社工場で生産するよりもコストダウンできることに早い段階で気が付いた。これにより、ＴＳＭＣの専業ファウンドリーというビジネスモデルがＩＤＭ（垂直統合型デバイスメーカー）よりも価格競争力をつけるようになる時代が到来した。フィリップスはＴＳＭＣに大量委託するようになり、自社工場を徐々に閉鎖させていった。

本書の初めにご紹介した、台湾半導体産業の成功のカギとなった３＋１の要素の話で（30ページ

〜）、台湾のエレクトロニクス産業の1つ目の競争優位は、勤勉な従業員と、残業と低賃金、そしてマネジメント・マーケティング・研究開発等の営業コストの低さであると述べた。欧米や日本の企業には粗利率40％を切る製品は作れないが、台湾メーカーなら薄利になるどころか多くの利益を生み出すことも可能だ。これは台湾メーカーの最大の防壁であり、台湾エレクトロニクス産業の台頭期の重要なよりどころでもあった。

「価格以外のあらゆる分野で、競合他社をリードせよ」——モリス・チャンの最高機密

価格設定の実践経験が豊富なモリス・チャンはかねて、**CEOは価格設定に定見を持ち、その決定権を握っていなければならない**と再三強調している。各種技術やサービスの受託を行う際には価格を設定しなければならないが、TSMCには価格計算と価格戦略を専門に手掛ける部門がある。この部門は社内の企業計画組織の直属で、副社長が責任者となって、週に1回モリス・チャンに報告していた。

モリス・チャンは1999年に、11項目からなるTSMCの戦略を一通だけ自筆で書き記している。この自筆書を見せられたのはわずか十数人の幹部のみで、これが企業統治の最高機密だっ

た。このなかで最も重要な項目が、**「TSMCは価格以外のあらゆる分野で、競合他社をリードしなければならない」**だった。

別な表現をすると「TSMCの価格は競合他社より常に高く設定し、技術、良品率、納期、サービスといった価格以外のすべての分野で競合他社をリードしなければならない」となる。価格以外の全てで競合他社よりも優位に立てば、価格設定でも主導権を握ることができ、顧客はTSMCの提示価格を受け入れるしかなくなるからだ。

アップルのスマートフォンは他社製品よりも高いのに消費者が欲しがるのと同じで、TSMCの顧客はTSMCのファウンドリーサービスに対して、価格はほかより高いがそれを補って余りある価値を感じているのだ。

モリス・チャンは会社の人事構造を例に挙げて「価格設定」の重要性を説いている。CEOの報酬は通常、一般的なエンジニアの50倍、作業員の400倍だが、そもそもCEOはなぜエンジニアの50倍もの報酬を得られるのか。会社の利潤は販売価格からコストを差し引いた額になるが、仮にここで、1%のコストを削減するためにエンジニア1000人をリストラしなければならなくなったとする。この場合、価格設定に長けたCEOなら価格を1%上げて、1000人をリストラしたのと同じ効果を生み出すはずだ。CEOがもっと値上げしても製品を売ることができれば、CEOが高額の報酬を受け取ってもいいはずだ。

もちろん、市場競争が激しくなると従来価格の維持すら難しいのだから、簡単に値上げできない。だがモリス・チャンは、**差別化されていない製品を売るときは、販売価格の決定権は販売者ではなく市場と競争相手にあるが、オーダーメイド製品を製造する場合は、価格設定の余地は大いにある**と語っている。

サムスンのメモリーが汎用品であるのと対照的に、TSMCが受託する製品はオーダーメイド品が多いため、TSMCの方がより大きな価格決定権を持っている。しかもTSMCは業界のリーディングカンパニーでもあるため、むしろ積極的に価格決定権を行使できる立場にある。

価格設定の能力はCEOの能力である

モリス・チャンはCEOを退いたあと、新CEOのシーシー・ウェイ（魏哲家《ぎてつか》）には価格設定に常に目を光らせておくように言い、会長のマーク・リュウ（劉徳音《りゅうとくおん》）には資本的支出会議、価格設定会議、マーケティング会議に参加させ、最終決定をシーシー・ウェイと共に行わせた。価格設定でミスが起こらない仕組みを作ったのだ。多くの企業には馴染みのない方法だろうが、モリス・チャンが価格設定をいかに重要視していたのかが、よく分かる話である。

価格戦略は熟慮を要するだけでなく、ＣＥＯの能力を測るものさしでもある。モリス・チャンの最初の禅譲がうまくいかなかったのは、私の知る限り価格戦略が関係していた。

２００８年のサブプライム危機で資金循環が世界的に寸断されて景気が急速に冷え込んだために、ＣＥＯのリック・ツァイ（蔡力行《さいりきこう》）は値下げを積極的に進めるしか打つ手がなくなった。だがモリス・チャンはこのとき、値下げに同意していたわけではなかったと言われている。モリス・チャンはＣＥＯに復帰すると、逆に価格設定で強気に転じて価格を据え置いたほか、資本的支出を大幅に増やして、よりハイエンドなプロセスを急ピッチで整備し、景気回復後にＴＳＭＣを再び首位に立たせた。

ＴＳＭＣが毎年、平均４％の値下げ戦略を維持しているのは、ＴＳＭＣの製造コストが下がり続けているため、その分を顧客に利益還元して、ＴＳＭＣが進歩した成果の見返りを顧客も受けられるようにしているからだと先に述べた。しかし、ＴＳＭＣが過剰な値引き戦略でライバルを追い詰めたことはない。これはおそらく、ロジックＩＣがオーダーメイド製品であることと、

ＴＳＭＣの創業時から現在までファウンドリー事業一筋で急成長を続けているため、値下げを競争手段にする必要がなかったことからだろう。

だが、モリス・チャンもＴＩ（テキサス・インスツルメンツ）の半導体部門のバイス・プレジデントだったときは、過剰な値下げ戦略で競合他社を追い詰めていた。モリス・チャンは以前に講演会で、１９７４年の新聞の切り抜きを見せたことがある。タイトルは「TI continues cutting prices on TTL: Chang（モリス・チャン：ＴＩがＴＴＬの値下げを継続）」だった。

ＴＩがその年に生産したＴＴＬは汎用品に近かったため、大幅な値下げを行えば競合他社を市場から締め出すことができたはずだ。モリス・チャンがこのときに採用したこの手の戦略は、サムスンがメモリー等の汎用品で取っている価格戦略に近いが、現在のＴＳＭＣのやり方とは違うようだ。

ＴＩ時代から一貫してモリス・チャンは価格設定を重視し続け、自身の価格戦略に対する理念についても根気強く語り続けてきた。台湾の企業家の中で、価格戦略に最も明るい経営者はモリス・チャンだろう。

どの業界にも価格設定は存在する。だがほとんどの企業に馴染みがあるのは、値下げや大量発注を条件とした割引価格の提供といったお決まり戦略だろう。だが私はどの業界であっても、価格設定に対するモリス・チャンの姿勢から多くの気付きが得られると信じている。

最強マネジメントチームのヒミツ

――モリス・チャンの厳しい要求に応える幹部たち

２００３年のなかごろ、世界先進積体電路《せかいせんしんせきたいでんろ》（ＶＩＳ　以下、世界先進）会長（当時）の簡學仁《かんがくじん》は文鎮を受け取った。送り主はモリス・チャン（張忠謀《ちょうちゅうぼう》）である。

このときすでに、モリス・チャンが世界先進のＤＲＡＭ事業からの撤退（１１７ページ〜）を発表してから2年余りが過ぎていたが、ファウンドリーに移行してからの世界先進は2年連続で赤字を出し、モリス・チャンは我慢の限界に達していた。そんな折、モリス・チャンは２００３年の株主総会で、世界先進の会長を退いてその椅子を社長の簡學仁に譲ると発表し、簡學仁に文鎮を送った。文鎮にはこんな言葉が刻まれていた。

「學仁兄、拿出辦法來！（學仁さん、手立てを出してくれ！）」

この文鎮は長い間、簡學仁のかたわらにあった。この言葉を目にするたび、モリス・チャンがいつでもそばにいるような気がしたという。

簡學仁は世界先進で苦心しながら構造転換を進めていて、**安定株主のTSMCから多くの制限を課せられるという難しい立場**にあった。というのも世界先進はDRAM事業から徐々に撤退しながらも、ファウンドリーでTSMCと競合するわけにはいかなかったため、12インチ工場などにも進出できなかったからだ。世界先進が独自のニッチ戦略を打ち出せるようになったのは、それからさらに数年後、世界先進の基盤が固まってからである。

モリス・チャンと仕事をしたことがある人なら、彼の下で働くことがどれだけ大変か痛いほど知っている。モリス・チャンは非常に厳しい人で、常にハイレベルなパフォーマンスを求めているからだ。モリス・チャンがTSMCの青写真を描いて目標に向かって進めと呼び掛けているときに幹部が下手なことをやろうものなら、大声で叱り飛ばしてパイプを叩いたり、報告書をビリビリに破って投げ捨てながら、部屋から叩き出したりするだろう。

強いプレッシャーと高度な要求に常にさらされながらも管理職でい続けられるということは、その人物に一定の能力があるという証左だ。ましてや上級管理職まで昇進した人物ともなればエリート中のエリートである。TSMCの上級幹部の多くは、TSMCを退職してから他社に移籍したり別の分野に進出したり起業したりして、大きな成果を上げて活躍している。たとえば、TSMCでバイス・プレジデント以上の役職に就いていた面々は退職後も目覚ましい活躍を遂げ、退職後もそれぞれの業界で重要な役割を担っている。

過去にTSMCでグローバル業務マーケティング、情報長などを歴任してきたシニア・バイス・プレジデントの林坤禧《りんこんき》は、TSMCの企業文化のなかでも最も重要なものは「アカウンタビリティ」、つまり**「結果に対する責任を持ち、それに対する説明責任を果たすこと」**だと述べている。責任者たるもの、コミットメントしたら逃げることなく、言ったことは最後まで責任をもってやり遂げなければならないからだ。

アカウンタビリティは先に述べたTSMCの二つの「IC」（誠実、コミットメント、イノベーション、顧客からの信頼　176ページ）のなかのコミットメントに近く、TSMCで上級管理職まで昇進した人ならみな、コミットメントの完遂を重視しているはずだ。

補完し合う2トップ、マーク・リュウとシーシー・ウェイ

マーク・リュウ（劉徳音《りゅうとくおん》）とシーシー・ウェイ（魏哲家《ぎてつか》）という二人の後継者の行動やマネジ

メントスタイルについて、2013年12月号の雑誌「遠見」にいくらか記述がある。

TSMC現会長のマーク・リュウは1993年にTSMCに入社後、下級管理職を経て世大積《せだいせき》体電路《たいでんろ》（WSMC　以下、世大）で経験を積み、共同COO、共同CEO、会長へと昇進した。どの職務でも東奔西走しながら業績を上げたが、なかでもTSMC初の12インチ工場の建設や、先端技術事業などを引き継いだことで知られている。

マーク・リュウには工場を円滑に運営して社内の最重要任務を果たすことができる手腕があったため、TSMCの幹部たちはリック・ツァイ（蔡力行《さいりきこう》）がCEOに就任した時点で、マーク・リュウがリック・ツァイの後継者候補になると思っていた。現在、7ナノメートル以降の先端プロセス技術が、TSMCが世界をリードするキーポイントとなって会社の成長と収益を牽引しているのも、マーク・リュウの多大な貢献があったからだ。

「遠見」には、マーク・リュウには**運営手腕があるだけでなく責任感も強く、感情的になっている姿を誰も見たことがない**うえ、マーク・リュウと一緒に働いたことのある部下は「いつもモリスに怒鳴られていたが、すべて一人で受け止めて、部下に責任転嫁することなどなかった」と話しているとある。

ユーモアに富んだ総裁（CEO）のシーシー・ウェイは、慎重派が占めているTSMC幹部の中では異色の存在だ。彼は1998年にTSMCに入社するまではシンガポールのチャータード・セミコンダクター〔現在はグローバルファウンドリーズと合併〕でシニア・バイス・プレジデントを務め、TSMCに入ってからは8インチ工場と主流の技術事業部門を担当し、事業開発部門に異動し、その後はマーク・リュウと同じく共同COOと共同CEOを経て、CEO（総裁）の地位を引き継いだ。

シーシー・ウェイがメインの技術事業を複数担当していたころ、成熟プロセスにはビジネスチャンスがないと誰もが考えていたのに、シーシー・ウェイは8インチ工場をアップグレードさせて指紋認証やマイクロメカトロニクス、ウェアラブル、光検出ユニット、自動車用IC等の分野に参入し、新たな営業収入を獲得した。モリス・チャンがその後、経験を積ませるためシーシー・ウェイを事業開発部門に異動させたときも迷うことなく承諾し、モバイルコンピューティング用プロセッサ市場を積極的に開拓してクアルコムやエヌビディアといった大手メーカーからの受注獲得に成功し、モリス・チャンに自身の臨機応変で柔軟な姿勢を見せつけたのだった。

シーシー・ウェイのウィットに富んだ性格は、人を元気にする力がある。「遠見」には、シーシー・ウェイが何かで失敗してモリス・チャンに呼びつけられ、状況説明をしなければならなくなったとき、とっさに「会長、私の知性を疑うのは構いませんが、ＴＳＭＣへの私の忠誠心を疑わないでくださいよ」とポロリと口にしたことで、その場の雰囲気を和ませ、そこにいた全員にシーシー・ウェイの人柄と聡明さを印象付けたと記されている。

海外組と国内組の垣根を壊してＴＳＭＣを次のステージへ

モリス・チャンの類いまれなるリーダーシップのもとで、彼らのような優秀なバイス・プレジデントたちが誕生し、ＴＳＭＣを牽引してきた。そのなかでもう一人、忘れてはならないキーパーソンがいる。それが、モリス・チャンと共にＴＳＭＣを創業した曾繁城《そうはんじょう》である。

曾繁城の最大の貢献は、**工研院生え抜きの人材を率いてＴＳＭＣの基盤を整え、それが終わると海外から多くの優秀な人材を招聘**して、ＴＳＭＣを次のステージに上らせたことだ。

あの年、海外組と国内組の間にあった垣根を壊してわだかまりを解消してからＴＳＭＣを次の段階に押し上げるまでの道のりは、決してたやすいものではなかった。

まず、創業当初のＴＳＭＣは求人すら難航していた。ＴＳＭＣは設立が比較的遅かったため、最初の2年はあまり収益が上がらず、エンジニアが他の会社に引き抜かれることもあった。だから海外から人材を探してくるのはもっと難しかった。もし分紅（２９９ページ〜）によるボーナスの支給がなかったとしたら、ＴＳＭＣの待遇面での競争力はないに等しかった。

海外経験者の登用が増えるにつれ、工研院出身の「国内組」が内心で不満を感じるようになった。だが曾繁城には、ＴＳＭＣがこれから成長するためには、海外からの人材を増やすしかないと分かっていた。曾は海外のシンポジウムに頻繁に参加して最新技術に触れながら、いっぽうではもう一つの任務のため、つまり優れた人材をスカウトするために、あそこにいいエンジニアがいると聞けばあらゆる手を尽くして会いに行った。１９８９年になると、ＴＳＭＣの海外人材の獲得が勢いづき、リック・ツァイらが続々とＴＳＭＣに入社した。折しも第2工場に着工することになったこの年を境に、ＴＳＭＣは10倍速の大成長を遂げていくことになる。

もちろん、ＴＳＭＣの社員が競合他社に引き抜かれることもある。２０１８年にモリス・チャンが退任記者会見を開いた際に、あるメディアが中国の半導体業界からの引き抜きに対する見解を求めた。そのときモリス・チャンは、人材の流出など起きておらず、あったとしてもほんの数人に過ぎないと前置きして「彼らは我々のなかでは、重要なエンジニアではなかったのだろう」と答えた。

人材をつなぎ留める3つの方法

モリス・チャンはTSMCでの経験から、人材を会社につなぎ留める3つの方法を語った。**1つ目は、まずは報酬を手厚くすること、2つ目は従業員一人ひとりに、自分の仕事を好きになってもらうこと、3つ目は、すべての従業員にこの会社で働くと前途が開けると感じさせること**である。

モリス・チャンが引退してから5年が過ぎた今、TSMCのバイス・プレジデントに新しい顔ぶれが続々と加わっている。そこには台湾出身者もいれば、中国や東南アジアからの人材もいる。

事業継承を重視するモリス・チャンは、以前にTI（テキサス・インスツルメンツ）で働いていたときに、会長のパトリック・E・ハガティは社内の6人から10人に特に目を掛け、メンターとして彼らによく話しかけていたと語っている。当時のモリス・チャンもまた、ハガティが特に気に掛けていたうちの一人だった。

優秀な人材が絶えず加わっている会社で事業継承がやりやすいのは当然だ。TSMCには今、優秀なバイス・プレジデントがそろっているため、会長のマーク・リュウや総裁のシーシー・ウェイのもとにも多くの人材が集まっている。この二人もきっと、モリス・チャンのように頭のなかに何ページもの人材リストがあって、後継者候補を気に掛けているのだろう。TSMCには、後継者が見つからないという心配はなさそうだ。

特許侵害訴訟、勝訴のヒミツ

――世界中が見守った台湾対中国のゆくえ

2009年末にTSMCと中国のファウンドリー中芯国際集成電路製造（SMIC　以下、中芯）との間で和解が成立して、7年に及んだ情報漏洩事件の訴訟が終結した。中芯創業者でCEOの張汝京《ちょうじょきょう》は辞職し、中芯はTSMCに賠償金2億ドルを支払うほか、中芯の株式の8％をTSMCに譲渡し、さらにTSMCに3年かけて1株1・3香港ドルで株式の2％をワラント（株式購入権）で付与することとなった。つまりTSMCは中芯の株式の10％を取得して、最終的には上海実業、大唐電信に次ぐ三番目の大株主になった。

この訴訟は、**TSMCが知的財産を守るために初めて起こした係争だったが、台湾と中国の半導体メーカーの間で起きた初の営業秘密侵害訴訟でもあった**ため、台湾と中国はもとより、世界中の半導体業界も注視していた。だが勝訴したとはいえ、TSMCで諸手を挙げて喜ぶ者は誰もいなかった。

第1段階：中芯による人材引き抜きと技術盗用

この訴訟は大きく2つの段階に分けられる。最初の段階は2003年から2005年である。

TSMCが2000年に世大積体電路《せだいせきたいでんろ》（WSMC　以下、世大）を買収すると、世大の元CEO張汝京がかつての従業員100人余りを連れて中国に渡り、中国初のファウンドリー中芯を上海で設立したことは先に触れたとおりだ（95ページ〜）。そのとき、中芯はTSMCの技術者の引き抜きだけでなく、大量の技術盗用も行っていた。TSMCの元プロジェクトマネージャー劉 芸茜《りゅうげいせん》が、辞職とともに大量の資料を持ち出していたのだ。

TSMCは当初、中芯がTSMCの技術者を大量に引き抜いていることは知っていたが、営業秘密の侵害については、はっきりとは把握していなかった。このころ、中芯は中国初の8インチ工場に着工して、中国政府肝煎りのモデル企業となっていた。そして中国が台頭するにつれ、多くの台湾の人材も続々と中国に渡り、さまざまな事業を手掛けるようになっていた。

ＴＳＭＣはその後、中芯がＴＳＭＣの営業秘密を不正に持ち出した可能性があると顧客から知らされた。特許侵害の証拠を掴むため、ＴＳＭＣはまず、元プロジェクトマネージャーの劉芸茜が12インチ工場の配置と設計図、ウエハーのプロセスと技術を中芯に漏洩した疑いがあるとして、台湾の裁判所に対し劉芸茜に対する差止命令を出すよう請求した。

検察官が劉芸茜の自宅を捜索したところ、押収した劉のパソコンのハードディスク内のデータやＥメールから、当時、中芯イタリアにいた首席ＣＯＯのマルコ・モーラが、劉芸茜にＴＳＭＣの12インチ工場のプロセスと設備リストを提供するようはっきりと要求していたことが分かった。だが、**中芯はＴＳＭＣからの営業秘密の不正入手を否認**した。

ＴＳＭＣ最高法務責任者（ＣＬＯ）の杜《と》東佑《とうゆう》は雑誌「天下」の取材に対し、ＴＳＭＣが米国で中芯製の半導体製品を集めてリバースエンジニアリング分析「製品を分解分析し、仕組みを明らかにすること」を行ったところ、中芯の製品はＴＳＭＣのものと酷似していることが分かり、中芯の特許侵害とＴＳＭＣの営業秘密の不正使用が確認されたと話している。２００３年冬、**ＴＳＭＣはカリ**

フォルニア州連邦地方裁判所で中芯を正式に提訴した。

1年後に米国国際貿易委員会は中芯に対し、資料を提出するよう言い渡し、2005年には両社が1回目の和解に合意した。和解協定によると、中芯は6年かけてTSMCに1億7500万ドルの賠償金を支払うことで合意したが、2003年の中芯の営業収入はわずか3億6000万ドルに過ぎなかったため、この**賠償金が中芯の重い負担となった。**

第2段階：和解したものの再び

2005年の最初の和解の際に、両社は特許に関わるライセンス契約も結んだ。もちろん和解したからといってTSMCが中芯に何らかの営業秘密の使用を許可したわけでも、中芯に技術支援を行ったわけでもない。にもかかわらず、和解後も中芯がTSMCの営業秘密を不正使用し続けたため、次の訴訟が始まった。2006年、**TSMCは米国の子会社 WaferTech と共にカリフォルニア州アラメダ郡高等裁判所において中芯を再び提訴**した。

訴訟中にTSMCは、中芯がヘッドハンティングしたTSMCの元従業員を通じて1万5000件の文書と50万ページもの資料を入手していたうえ、「TSMC-like」を謳って顧客からの注文を取り付けていたことを知った。3年にも及ぶ格闘の末、**TSMCが勝訴して両社は2009年に最終的な和解契約書に署名**した。最初の裁判を含め、7年間続いた訴訟がようやく幕を閉じた。

「TSMC-like」とは、ライバル社が「技術面では完全にTSMC製品と互換性があるが、価格は安い」とアピールして営業することを指す。中芯はTSMCの0・13マイクロメートルや90マイクロメートルといったプロセス技術をそのまま盗用して技術開発にかかる投資を抑えたほか、TSMCから一部の顧客も奪い、巨額の研究開発費を投じているTSMCに少なからぬ損害を与えた。

TSMCの勝訴は、中芯にとって苦い教訓となっただけでなく、中芯と同様の手段を講じようとしているライバル社に対する厳しい警告にもなった。

他社が類似の手段に出られないよう、**TSMCは勝訴後、より厳しい盗用防止措置を構築**した。TSMCはこれ以降、次世代プロセスを開発する際に製品を更新するようになっており、たとえば28ナノメートルや16ナノメートルといった重要プロセスについては、少なくとも毎年1回は新製品をリリースしてさらなる高機能化と一層の低電力消費化を進めている。よって競合他社は新プロセスの良品率を上げたとしても、続々と登場する新技術に合わせて、アップグレードし続けなければならなくなった。これでは技術盗用を目論んだとしても、いつまでたっても追いつけず、差は開く一方である。

このことで私は、以前インテルとＡＭＤ（アドバンスト・マイクロ・デバイセズ）の間で起きたＣＰＵ（マイクロプロセッサ）をめぐる競争を思い出した。インテルは当時、大口顧客の要請を受けてＡＭＤやナショナル・セミコンダクターなどに技術供与を行ったが、インテルはその後も研究開発に投資し続けたため、競合他社はインテルに追いつくことができなかった。このことは、その後インテルがトップランナーでい続けるためのカギとなった。

ＴＳＭＣが中芯を生かしたかった理由

この訴訟を起こすにあたり、モリス・チャン（張忠謀《ちょうちゅうぼう》）は元ＴＩ（テキサス・インスツルメンツ）の杜東佑をわざわざＣＬＯに指名し、リバースエンジニアリングによって中芯の特許侵害の全貌を徐々に明らかにしたほか、法的にもさまざまな策を講じた。杜東佑は雑誌「天下」の取材に対し、この訴訟で、ＴＳＭＣには特異な戦略と思惑があったと述べている。

「我々にとって最も重要であり、第一に考えていた原則は、我々のハイテク技術と知的財産権を保護して、市場競争の公平性を保つことだった」

杜東佑は、過去にＴＩやＩＢＭが積極的に訴訟を起こしたときの主な目的は、特許使用料の取得とライバル社の淘汰だったが、ＴＳＭＣの目的はそうではなかったと強調している。

というのも、**TSMCは中芯を破産させたくはなかった**からだ。中芯が破産すると工場が売却されてＴＳＭＣのプロセス技術が外部に流出することになる。そして中芯を買収した企業が先に価格競争を仕掛けてきて、市場秩序を破壊するはずだ。これはＴＳＭＣにとって最悪の結末である。

加えて中国政府は半導体産業を強く支援しているため、ＴＳＭＣが中芯を訴えて破産させたとしても、間違いなく次の一手を講じてくるだろう。そうなった場合、ＴＳＭＣを取り巻く状況が一層悪化するため、それを回避する方法を講じなければならなかった。

杜東佑の話から、ＴＳＭＣが訴訟の前に、起こりうるあらゆる結果をシミュレーションしていたことが窺える。**TSMCが中芯を和解に応じさせることを訴訟の目的に据えた理由は、TSMCのプロセス技術を中芯に保護させ、技術盗用をやめさせることさえできれば、TSMCにとっては十分だったからだ。**

「窮寇《きゅうこう》は追うことなかれ」ということわざもある。中芯を追い詰めるとＴＳＭＣの中国事業の計画に不確定要素が生じたり、中国のファウンドリー産業の発展に拍車がかかったりする可能性もあったが、ＴＳＭＣはそれらもすべてシミュレーション済みだった。

中芯にとってこの訴訟は、経営陣の刷新につながり、中芯の発展史に残る大きな分岐点となった。というのも、中芯が創業以来9年連続で赤字を出していたため、安定株主は張汝京に言いたいことを山ほど抱えており、張汝京が中国に半導体産業を根付かせて工場建設を終えると、張の役目は終わったと判断してその退任を計画していたからだ。このときは敗訴に乗じて経営陣を入れ替え、よりプロフェッショナルな経営者を招いて中芯を発展させるほうが得策だった。

張汝京に代わってＣＥＯに就任したのは順に王寧國《おうねいこく》、邱慈雲《きゅうじうん》そして梁孟松《りょうもうしょう》である（梁孟松は趙《ちょう》海軍《かいぐん》と共に共同ＣＥＯに就任）。この三人は台湾出身で、王寧國の古巣はアプライド・マテリアルズ（ＡＭＡＴ）［世界最大の半導体装置メーカー］だったが、他の二人はＴＳＭＣで働いていた。

ＴＳＭＣが保有することになった中芯の株式は、賠償金の一部として中芯が自発的に申し出たものだった。もちろん中芯には、ＴＳＭＣに安定株主になってもらって技術供与を受けたいという思惑があった。だがＴＳＭＣの側からすると、中芯の株式はなりゆきで手に入っただけで、当初から中芯に長期的に投資するつもりはなく、ましてや中芯の経営に参画する意図など毛頭なかった。そのため、TSMCは中芯の株式を徐々に手放し、中芯が2019年に米国株式市場で上場廃止になるころには、TSMCの株式保有率はすでに0・03%まで下がっていた。

TSMCと中芯の7年間にわたる営業秘密盗用訴訟は結果的に、台湾と中国、そして世界の半導体業界に対しメルクマール的な影響を大いに及ぼすことになった。中国の悪意ある人材引き抜きや技術盗用といった悪しき習慣に対する一定の抑止作用を果たしたほか、TSMCが知的財産権や営業秘密を積極的に保護するために取った方法や訴訟のノウハウも、他社の参考になったからだ。

「梁孟松事件」のヒミツ

――台湾の営業秘密法を変えた企業対個人のゆくえ

中芯国際集成電路製造（SMIC　以下、中芯）との営業秘密漏洩訴訟が終わると、TSMC

は２０１１年にＴＳＭＣの元シニア研究開発担当の梁孟松《りょうもうしょう》を、サムスンに営業秘密を漏洩したとして提訴した。最高裁は２０１５年にＴＳＭＣ勝訴の判決を下したが、４年に及ぶこの係争も、国内で知的財産権を保護するためのもう一つの指標的意義のある事件となった。

中芯の特許侵害を「企業対企業」の機密漏洩訴訟の代表事例だとすると、梁孟松事件は「企業対個人」の裁判の代表例である。このときの裁判は従業員個人の行動規範を明確にしただけでなく、台湾に営業秘密法の改正を促したという意味でも、一歩踏み込んで分析すべき重要な事例である。

現在は中芯で共同ＣＥＯを務める梁孟松は、台湾と中国の半導体業界で最も有名になった人物の一人だ。カリフォルニア大学バークレー校で電子工学博士号を取得し、１９９２年に40歳でＴＳＭＣに移籍した。その後の17年間はＴＳＭＣの研究開発部門で奮闘し、２０００年には０・13マイクロメートルの開発に成功して「研究開発の六騎士」の一人となった（３１６ページ～）。

２００９年２月、梁孟松はＴＳＭＣ研究開発処長を辞め清華大学電子工学研究所で一学期だけ教壇に立ったが、妻が韓国人であることから、同年９月に岳父の紹介で韓国の成均館大学校に招かれることになった。２０１１年２月にはＴＳＭＣと結んだ競業避止義務期間が満了したため、梁はこの規定を守った対価としてTSMCから4600万新台湾ドル相当の配当を受け、同年7月にサムスンのファウンドリー部門に副社長兼技術長として入社した。

だがTSMCは、梁孟松はサムスンに入社する前、つまり成均館大学校で教鞭を執っていたころからTSMCの営業秘密をサムスンに漏洩していたとの疑いを抱き、2011年に訴訟を起こして次の3つを主張した。

①梁孟松はTSMC在職中に知った営業秘密を漏洩してはならない
②TSMC研究開発部門の社員に関連する情報を韓国サムスン電子に漏洩してはならない
③梁孟松は2015年12月31日まで、就業又はその他の手段によるサムスンへのサービス提供を行ってはならない

知的財産裁判所で行われた裁判の様子を、「工商時報」の張國仁《ちょうこくじん》記者が詳細に報じている。このとき、梁孟松は自身がTSMCで感じた悔しさを30分にわたり吐露した。

「私は信用ならない人間ではないし、敵陣に寝返った叛将《はんしょう》でもない。このことは私の人格や家族を大いに傷つけた」

感情を高ぶらせた梁孟松は、法廷で声を上げて泣いた。

梁孟松の訴えとＴＳＭＣの勝訴

ことの発端はこういうことだった。２００６年7月、ＴＳＭＣ研究開発担当バイス・プレジデントの蔣尚義《しょうしょうぎ》が退職することになったため、ＴＳＭＣで先端プロセスモジュールを確立した梁孟松は、その業績を買われて自身に昇進話が来るのではないかと期待した。ところがその後の人事発令で昇進したのは、「研究開発の六騎士」の一人だった孫元成《そんげんせい》で、梁孟松はインフラストラクチャー担当を命じられ、蔣尚義の後釜には座れなかった。

梁孟松は、別の部署に配属されてから8カ月もの間、何の仕事も与えられなかったと訴えた。「私に打診することもなく人事発令を行った」、「どんな顔をして人と接したらいいかも分からなかった」、「あるとき海外から帰ってきたら、私の執務室がエンジニア4人の執務室になっていた」

さらにこうも言った。「以前、6階の執務室のドアはいつも開けっ放しで、エンジニアが好きなときにやって来ては議論していた。だが私は以前の執務室を追い出されてからは、もうドアを開けたいとは思わなくなった。彼らは私をすべての情報や資料からシャットアウトした」、「あのころ、ほとんどの人が私と会うのを恐れていた。私も誰かが訪ねて来るのが怖かった。彼らが（私の側の人間だと）レッテルを貼られるのが怖かったからだ」

また梁孟松は、自分はＴＳＭＣのために17年間コツコツと働いてきたのに、最終的には退職を強いられて尊厳を傷つけられ、本当に耐えがたい思いをしたと訴えた。「あの8カ月間、私は一度も社員食堂を使わなかった。人に合わせる顔がなかったからだ」、「経歴を積んだ私が、力をまったく発揮できない部署に行かされた」、「騙され、侮辱されたと感じた。上層部は私のことをまったく重視しなかった」

張國仁記者の記事によると、感情を抑えきれなくなった梁孟松は大声でこう言った。「私を本社の研究開発から外して欧州に放り出そうとした」、「私にはとても受け入れられなかった」、「ＴＳＭＣにたくさん貢献してきたのに、こんなことになって、私のメンツが立たない」、「君は何をやらかしたんだと人は聞くが、私はそんな人間じゃない。とても冷静ではいられない」、「もし私に嘘偽りがあるなら、私は会長とバイス・プレジデントに手紙を書いてもいい。私はそんな人間ですか？」

梁孟松は、ＴＳＭＣと交わした競業避止義務契約を破ってなどいないとして、「ＴＳＭＣに人生を捧げてきた人間に対して、なぜこんなにも冷たいのか。私はただ、もう一度ユニフォームを着てTSMCのために尽力したいと願っただけだ。だが返事はなかった」と語気を強めた。そして当時、TSMCのCLOが手紙をくれたことにも触れ、「私を引き留めたいと思っていたのはCLOだけだった」と懐かしむように言った。梁孟松は当時、CLOに「競業避止義務は絶対に守る」と伝えたとも話している。

「裁判長、8カ月の間彼らの誰も、私に仕事をくれなかったのです」と訴えた梁は最後に、「私は心から、誠意をもってお話ししたいと思っている。私は彼らの言うような信用ならない人間ではないし、メディアで言われているような敵陣に寝返った叛将でもない。このことは私の人格や家族を大いに傷つけた」と先の言葉を述べたのだった。

TSMC側の弁護士を担当した陳玲玉《ちんれいぎょく》は、「あなたはTSMCの機密をあまりにも多く知っていたため、あなたから秘密が漏れるのを防ぐには、ある程度のことをするしかなかった」と言った。TSMCのバイス・プレジデント兼CLOの杜東佑《ととうゆう》も、「社長には新たな計画があって、梁孟松が一番よく理解していた」、「本当に彼に辞めてほしくなかった。彼は良き友人だ」、「彼はかつて私に、サムスンで仕事をすることはないと言った。私は彼のこの約束を信じていた」と言った。

2時間余り続いた法廷尋問で、張國仁記者は重要なすべての陳述を書き留めていた。法廷尋問が終わると、淡い色のワイシャツにライトブルーのジーンズというい で立ちの梁孟松は、無言で足早に法廷を出て、取材を拒否した。

TSMCの3つの主張に対し、梁孟松は営業秘密漏洩の事実はなく、サムスンへの入社は競業避止義務期間が満了したあとだったため、契約違反にも当たらないと考えていた。

知的財産裁判所は最終的に、TSMCの3つの主張のうち、①と②についてはTSMCの訴えを認めたが、③については梁孟松の競業避止義務期間がすでに満了していたため、憲法で保障された勤労の権利に基づき、梁孟松はサムスンまたは他社への就労のいずれも選択できるとの判決が下された。だが、不満があれば控訴することも可能だった。

このときの判決について、TSMCは表面的には勝訴と捉えていたが、TSMCが17年間で梁孟松に支払った給与とボーナスだけで6億新台湾ドルを超えており、さらに2年間の競業避止義務期間が終了したときにも義務を果たした報酬としてさらに4600万新台湾ドル相当の株式を支払ったのに、梁孟松がそれを受け取るや否やサムスンの副社長に就任したため、後足で砂をかけられたような気持ちになっていた。

TSMCはその後最高裁に控訴

し、2015年8月に台湾最高裁判所は、TSMC元シニア研究開発担当の**梁孟松が、韓国サムスン電子に「業界機密を漏洩した」としてTSMCの勝訴を確定**した。知的財産裁判所が一審で退けたTSMCの3つ目の主張も最高裁が認めたため、梁孟松は2015年末までサムスンで働くことができなくなった。

最高裁はTSMCが外部の専門家に作成させた「TSMC、サムスン、IBM製品の重要プロセス構造分析比較報告」を採用し、報告書に記載のサムスンの45、32、28ナノメートル世代はTSMCとの差が急速に縮まっており、サムスンの28ナノメートルプロセスのP型半導体の電極のシリコンゲルマニウムもTSMCのひし形構造の特徴に類似しているほか、双方が量産している16ナノメートルと14ナノメートルのFinFET製品はもっと類似している可能性があるとし、「指紋のように独特かつ模倣が困難な技術的特徴」がすべてサムスンに模倣されたと判断した。

民事責任から刑事責任へ——営業秘密法の改正

競業避止義務期間を満了した梁孟松が、間髪を入れずにサムスンからヘッドハンティングされたことは海外も騒然とさせ、台湾に営業秘密法の改正を急がせることにもなった。改正版は2013年1月30日に施行され、盗用や無断複製といった不正な方法で営業秘密を取得、使用、漏洩した場合は刑事責任が追及され、国外の使用者にはより重い刑罰が科されることになった。**営業秘密法の改正前は、営業秘密を侵害しても民事責任しか問われていなかった**のである。

実際、梁孟松のサムスン在籍中にサムスンの技術は確かに急速に発展しており、モリス・チャン（張忠謀《ちょうちゅうぼう》）も2014年に、16ナノメートル技術がサムスンに先行されたことを認めている。このときさらにTSMCの株価が大暴落して格付けも下がってしまった。

とはいえ、TSMCが最終的に勝訴したことは、司法史においても営業秘密保護事件においても、画期的な判決となった。TSMCが台湾半導体産業のリーディングカンパニーとして、営業秘密法をいかに利用して台湾ハイテク産業を保護していくかは、非常に重要だ。適切な保護が行われなければ、台湾の知的財産が空洞化する恐れがあるためだ。

この裁判では双方とも著名な弁護人を立てている。TSMCの弁護人はベーカー&マッケンジー法律事務所の陳玲玉、梁孟松の弁護人は、のちに金融監督管理委員会［台湾の金融監督当局で、日本の金融庁に相当］主任委員と国家安全会議［台湾の安全保障政策を決定する、総督府直属機関］秘書長に就任することになる顧立雄《こりつゆう》だった。二人とも凄腕の弁護士である。また、私自身も証人として法廷に立った。2012年に上梓した『商業大鱷SAMSUNG（ビジネスの大物サムスン　※未邦訳）』のなかで私が、梁孟松がサムスン傘下の成均館大学校で教壇に立っていたことに触れていたため、その取材で知ったことを法廷で証言するよう求められたのだ。

梁孟松は現在、中芯の共同CEOとして7ナノメートルの壁に挑んでいるが、サムスンでも同社の技術の急速な発展に大きく貢献した。そのためウォール・ストリート・ジャーナルは**「チップの魔術師」**という言葉で梁を形容し、**梁は今や中国の半導体開発における重要人物**と評されている。

かつて法廷に立ち、会社からの理不尽な処遇を涙ながらに訴えたTSMCの元幹部は、自分を「叛将」とは認めなかったのに、今はTSMCのライバル社の技術の向上を支援し、過去に自分を見下した人間を後悔させることに全力を注いでいる。

梁孟松は不思議な人だ。多くの同僚や幹部の目には、能力や才能にあふれているだけでなく、複雑な地政学的環境のなかで中芯のCEOという椅子にこれほど長く座っていられるほどの生きる道を持った人物だと映っている。TSMCのかつての戦友の多くが、今はそれぞれの持ち場で、台湾や中国の産業のため、もしくは米中半導体戦争のため、あるいは自分の信念のために力を尽くしている。

取締役会のヒミツ

——前日のミーティングにはステーキとお酒

どこの会社にも取締役会があり、上場企業では四半期ごとに1回以上の取締役会が開かれている。だが、具体的にはどんなふうに開かれるのだろうか。どんな要点を把握しなければならないのだろうか。役員と取締役会の力を発揮させるにはどうしたらいいのだろうか。役員から反対意見が出た場合には、どう対処すべきだろうか。

TSMCは、取締役会の開催の詳細や運営を外部公開している数少ない企業である。モリス・チャン（張忠謀《ちょうちゅうぼう》）も過去に、取締役会で出された意見や異論にどうやって対処しているかを外部にも何度も説明しているが、確かに他社が学べるところも多いだろう。

ＴＳＭＣの取締役会は年に4回、通常は月曜日の終日と火曜日の午前に開催されている。取締役会の2週間前になると、役員らは分厚い資料を受け取る。読み終えた資料に何か疑問があれば、会長と直接話し合ってよい。

取締役会の前日、つまり**日曜日の夜は、まずモリス・チャンが役員を食事に招く**ことになっている。そしてこの食事の席で、翌日から始まる取締役会の議題を説明し、各理事に内容を把握してもらう。つまり、ＴＳＭＣの取締役会の議題についての討論や意思疎通は、日曜夜の3時間におよぶ夕食会からすでに始まっている。

夕食会は台北と新竹で交互に行われており、台北ではグランドハイアット台北のレストラン「ベル エア」、新竹ではホテル・ロイヤル・新竹が定番の会場だ。役員たちはそこでステーキとアルコールをお供にして、さまざまな意見を交わしている。

翌日の**月曜日には、まず午前中に監査委員会**が開かれる。会長は出席せず、ＣＦＯ（最高財務責任者）とＣＬＯ（最高法務責任者）が加わる。**午後は経営陣の業績を評価する給与報酬委員会**が開かれる。会長の報酬を検討するときには、本人は席を外さなければならない。月曜日の夜は役員が夕食会を開き、仕事以外で得た経験を語り合う。

正式な**取締役会は火曜日**だ。ここで資本的支出や人事のほか、競争戦略なども俎上《そじょう》に載せ、議論した内容はすべて公式記録として残される。

モリス・チャンは取締役会の運営と意思決定の透明性をことさら重視しているため、会社の発展状況や将来的な投資についてもすべて取締役会で報告される。だから**取締役会の開催時間は台湾のどの上場企業よりも長くなる。**ＴＳＭＣの事業規模の拡大に伴い、設立当初は1日だった会議も、一同がもっと時間をかけて理解し、よい決断を下せるようにするため、2日半に延びている。

会長と役員の意見が違ったときの解決法

読者の方々が一番気になるのは、ＴＳＭＣの役員の意見と会長の意見が分かれたらどうなるのか、という点ではないだろうか。

モリス・チャンは、２００９年にＣＥＯに復帰したときに資本的支出を大幅に増やそうとしたが、当時の景気が悪かったため、ＴＩ（テキサス・インスツルメンツ）のＣＥＯだったトーマス・J・エンジバスから反対されたと明かしている。反対した独立役員がいたため、長い時間をかけて説明してようやく予算を通した。

モリス・チャンはこのとき、反対した独立役員にこう言った。「今、私が君を説得できないのは明らかだし、君も私を説得できない。**だが結局のところ、この会社の責任者は私だということを**

理解してほしい。私の言うことを聞いてくれ」。

モリス・チャンは、ＴＳＭＣの最初の10年は確かに、取締役会で役員から反対されたことが何度もあったと明かしている。大抵は役員を説得できたが、説得できなかったときはまずは議案を取り下げて、間を置いて提起していた。過去二十数年のうち、最初の10年間で議案の取り下げが2～3度起きたが、最後の5年間になると、役員から異論が出ても、最終的にはモリス・チャンが説き伏せていた。

ＴＳＭＣの役員名簿には、経験豊富な世界的企業家が名を連ねている。モリス・チャンが引退する前は、モリス・チャン、曾繁城《そうはんじょう》、マーク・リュウ（劉徳音《りゅうとくおん》）、シーシー・ウェイ（魏哲家《ぎてつか》）を始めとするＴＳＭＣの経営幹部と行政院国家発展基金管理会（国発基金）の代表が固定メンバーで、そのほかＡｃｅｒ（エイサー）創業者のスタン・シー（施振榮《ししんえい》）、元ブリティッシュ・テレコムＣＥＯのピーター・ボンフィールド、元ＴＩ会長兼ＣＥＯのトーマス・Ｊ・エンジバス、元アプライド・マテリアルズ（ＡＭＡＴ）ＣＥＯのマイケル・スプリンター、元ＨＰ（ヒューレット・パッカード）ＣＥＯのカーリー・フィオリーナといった独立役員がいた。

ＴＳＭＣ取締役会の**役員のうち、産業界の代表は半導体業界の関係者が最も多い**が、パソコンや電気通信、工業等の分野からの代表もいる。彼らは各業界トップレベルの専門家であり、モリス・チャンの方から声をかけたとはいえ、そこはやはり自身の専門と判断に基づいて、取締役会の重要議案を議論して最善の決断を下している。

2023年現在、TSMCの取締役会には10人の役員がいる。そのうち過半数に相当する**6人が独立役員だ。**

たとえばスタン・シーは、TSMCが2000年にTI－Acer半導体を買収するまで同社の会長を務めていたが、モリス・チャンから役員就任を打診されてTSMCの取締役会に入り、それ以来2021年まで、役員としてさまざまな重要事項の決定に関わってきた。スタン・シーは、「TSMCではどの投資プロジェクトも数百億新台湾ドルから数千億新台湾ドルにも上る。これほどの大企業になると**実際の経営はすべて社員が行うため、役員が干渉することはないが、意見は出せる。**意思決定ではさまざまな点を考慮する必要があるからこそ、その多くが十分に用意周到に、そして慎重に行われている」と話している。

Acerが台湾の産業の発展に関係する法令や人的資源、分紅等の分野に比較的明るかったことから、スタン・シーは半導体の情報産業への応用についてだけでなく、取締役会で多くの意見を出し、給与報酬委員会の委員長を長年にわたり務めてきた。

スタン・シーは、TSMCの設立当初の独立役員は、自分以外はほぼ、海外から招聘された役員だったと話している。スタン・シーもかつて、モリス・チャンの同意を得て、米国のアプライド・マテリアルズの独立役員に就任し、米国の上場企業の監査委員会や給与報酬委員会のノウハウを学んだことがある。

スタン・シーはTSMCの給与報酬委員会の委員長時代を振り返って、2008年は政府が新政策「員工分紅（社員持株）費用化政策」を施行した年でもあったため、半導体業界のトップ企業としてのTSMCの動向が、世間から大いに注目を集めていた時期だったと言う。検討を重ねた結果、株主と従業員を考慮し、また産業界に与える衝撃も加味して最終的な落としどころを見つけ、員工分紅費用化政策に円満に対応した（299ページ〜）。

独立役員制の導入と米国式の企業統治基準

モリス・チャンは、取締役会の前日夜の食事会では自分自身は絶対に私情を持ち込まず、全員に忌憚なく話してもらっていたと言う。米国のビジネス界やハイテク業界に影響力のあるカーリー・フィオリーナがカリフォルニア州の上院議員選挙に立候補するため、TSMCの独立役員を辞すことになったときのことである。フィオリーナは最後の夕食会で、モリス・チャンにこう告げた。

「こうした非公式の役員同士の交流はとてもいいですね。一番勉強になりました」

TSMCの設立当初の安定株主フィリップスは、2008年にTSMCの全株式を売却するまでの間、政府系ファンドを除きTSMCにとって最大の大株主だった。モリス・チャンはこの安定株主のことも非常に重んじていて、TSMC設立から20年の間、CLOの任命はすべてフィリップスの意向を尊重していた。だから1997年にモリス・チャンが張孝威《ちょうこうい》をCLOとして招聘したときも、まず張孝威をオランダのフィリップス本社に行かせて、当時のフィリップス半導体部門の最高財務責任者（CFO）のJ・C・ロベズーと面会させ、同意を得てから人事を発表したほどだった。

ロベズーは取締役会で訪台するたび、前日の午後に張孝威と会って、取締役会の議案について張孝威から簡単な報告を受けるようにしていた。もし解決できないことがあれば、夕食会に持ち越して合意できればよい。ロベズーは正式な取締役会の席で、TSMCチームとフィリップスとの間に見解の相違が起きないようにしておきたかった。

ＴＳＭＣの取締役会制度とその運用は多くの場合、台湾では先駆的な取り組みになっていた。**監督官庁が独立役員の設置を義務付ける前の２００２年に、ＴＳＭＣは独立役員制を導入**した。その後も独立役員の数を増やし続けて、現時点で10人の役員のうち６人が独立役員であることは前述した通りだ。またＴＳＭＣは**１９９７年に米国で米国預託証券（ＡＤＲ）を発行し、米国の規程に準拠した企業統治基準を長年推進**している。

ＴＳＭＣの元ＣＦＯで現在は人的資源担当シニア・バイス・プレジデントのローラ・ホ（何麗《かれい》梅《ばい》）も、モリス・チャンは取締役会に対する要求が高かったため、独立役員は現地参加しなければならず、よほどのことがない限りビデオ会議には変更できなかったと言う。たとえ海外で名士と呼ばれていようが独立役員は通常、取締役会に出席するために台湾に集結する。

取締役会の運営については、モリス・チャンが実際に、世界的企業の慣例を非常に慎重に参考にしている。たとえば２００1年12月、モリス・チャンはゴールドマン・サックスの取締役会からの招聘に応じて、ただ一人のアジア系独立役員に就任した。このときのゴールドマン・サックスの会長は、のちに米財務長官に就任するヘンリー・Ｍ・ポールソンだった。

ゴールドマン・サックスの取締役会で、モリス・チャンは役員らに一度、取締役員の報酬について提言したことがある。

モリス・チャンは、エグゼクティブは非常に大きな権限を持っているため、彼らに対するチェックアンドバランス（抑制と均衡）と監督メカニズムを設ける必要があり、取締役会の責務の一つがまさにエグゼクティブに対する監督とチェックアンドバランスだと言った。そしてCEOの任命や更迭を行うのが役員である以上、その日当は少なくともCEOと同額にすべきだ、と。

モリス・チャンは以前にポールソンにこう提案した。「だが彼は頭をかかえて、だめだと言った。彼は役員の責任はCEOのように大きくはないと考えていた。これにも一理ある」とモリス・チャンは言う。

では、TSMCでは会長の報酬をどうやって決定しているのだろうか。モリス・チャンは「TSMCの1日目の取締役会では、朝9時から正午まで監査委員会の時間だが、私は参加しない。彼らは会計監査をしているからだ。午後2時に給与報酬委員会が始まるが、私は投票しない。まず人的資源部門が報告し、すべての人事構想について20分ほど話し合う。それから私は18人のシニア・バイス・プレジデントの報酬と分紅について一つひとつ委員会に提案する。そして私の報酬と分紅を決める段になったら、私は退席する」と話している。

モリス・チャンから会長職を引き継いだ現会長のマーク・リュウはモリス・チャン路線を忠実

に踏襲しており、あまり手を加えていない。モリス・チャンがTSMCの取締役会のために確立した多くの制度や方法は、国内外の多くの企業にとって重要なベンチマークになるかもしれない。

台湾企業、東進作戦のヒミツ

――これからの海外展開は先進国を視野に

2021年10月、モリス・チャン（張忠謀《ちょうちゅうぼう》）は玉山科技協会で講演を行った。講演会が終わると鈺創《ぎょくそう》科技（イートロン・テクノロジー）会長の盧超群《ろちょうぐん》がモリス・チャンに質問した。

「TSMCは米国で工場を建設するそうですが、台湾人が米国人社員をどうやってマネジメントするのですか？」

モリス・チャンは、かつてTI（テキサス・インスツルメンツ）で働いていたときには海外進出は当然のことだったと答え、**「台湾人がアリゾナで、インテルのような工場管理ができないのは確かだ」**と言った。米国は第二次世界大戦の戦勝国だから、米国が世界を管理するのは当然のことかもしれないが、台湾人が米国に建設した工場で、当時の米国が採った海外進出方法で米国人をマネジメントするのは不可能だ。

モリス・チャンの言った「インテルのように米国工場をマネジメントすることはできない」の意味はおそらく、単に「米国人従業員」をマネジメントすることだけでなく、全体的な運営（オペレーション）も含めてのことだろう。**TSMCが台湾で採っている方法をそのままアリゾナ工場に当てはめることはできない。**労働法やEHS（環境・衛生・安全）管理、税制、福利厚生といったあらゆる面で、米国工場は米国の法律に準拠しなければならないからだ。

米国企業のインテルには、米国での事業経営に関する経験や知識がすでに豊富に蓄積されているが、その蓄積のない台湾企業が米国の産業環境や条件のもとで事業展開するとなると、コスト面でも業績でも、インテルのアリゾナ工場よりいい結果を出せるとは限らない。米国人従業員の仕事上での習慣や文化もまったく異なる。台湾のマネジメントをそのまま導入できないのは確実だ。TSMCは新たなマネジメントモデルを打ち出さなければならない。

モリス・チャンが指摘したことは、TSMCが今まさに直面している課題でもあり、すべてのアジア企業が米国に進出するときにぶつかる試練でもある。TSMCの米国投資はもちろん一筋縄ではいかないだろう。こうしたことはすべて、経営幹部の能力を試す試練だ。だが私には、技術でリードし、粗利率が6割にも達しているTSMCでも海外投資や海外事業の展開がままならず、クロスボーダー投資という試練を乗り越えることもできないのであれば、これを成功させられる台湾企業など、もう存在しないと思えるのだ。

モリス・チャンが1996年に抱いた、米国でWaferTechに投資するという夢は、その後悪夢に変わった。だが今と昔では状況が違う。TSMCは当時の何百倍も強大になり、研鑽を積む範囲がライバル社よりも増えた。私は、TSMCの経営幹部が各自のマネジメントの手腕を磨き、米国や日本、欧州といった先進国で事業とマネジメントをうまく進めていくことで、先進国において台湾の産業の足場をより一層固めて真のグローバル経営を実現できるものと期待している。

長い目で見れば、台湾のハイテク・エレクトロニクス業界の発展は、事業転換とアップグレードにもっと力を入れさえすれば、台湾の経済成長と発展のかたちに大きく貢献できるだろう。よって、**アリゾナ工場の建設はまさに、台湾の産業と経済の変革にとって重要な出発点になる**はずだ。

というのも、台湾の産業はすでに全く新しい姿に変容する段階を迎えているため、低コストを主戦力としてきたかつての時代に別れを告げて、付加価値のより高い方向に舵を切り、欧州や米国、日本といった先進国で資金投入しなければならないからだ。

米国に進出し、台湾で最も重要な産業転換とアップグレードを受け入れる

過去30年の間、台湾エレクトロニクス業界は、中国の安い労働力と土地使用料を利用して西へと進出し、10倍速の驚くべき成長を遂げた。中国が世界の工場へと変貌するなかで、最大の推進力を提供したのが台湾企業である。中国において、輸出による外貨獲得額が最も多い企業上位10社のうち、しばしば台湾企業がその6~7社を占めている。そこには、ホンハイ（鴻海精密工業）傘下のフォックスコン、クアンタ・コンピュータ（広達電脳）、ペガトロン、コンパル・エレクトロニクス（仁寶電脳工業）、ウィストロンという、台湾電子業界の五大企業が入っている。

台湾企業がマネジメント能力と中国の低労働コスト、そして無尽蔵の人口ボーナスを運用した例として、ホンハイが数百万人もの従業員を使って、アップルのiPhoneを何億台も組み立てていることや、台湾メーカーのノートパソコン生産ラインが世界市場の8割を握って、驚異的な利益と成長を生み出していることなどが挙げられる。

つまり、**過去の台湾企業が中国に投資した目的は、効率化の進んだマネジメントによって、コ**

ストの削減と利益の創造を実現することだった。だが長期的な成長を続けてきた中国で人口ボーナス期が去り、米中間の貿易戦争やハイテク戦争が暗い影を落としたことで、中国で製造する優位性が徐々に失われてしまったため、**台湾企業は生産ラインを東南アジアやインド、東欧などに移転せざるを得なくなってしまった。**

各地の持つ低生産コストという優位性を利用する方法は、台湾メーカーが過去に最も熟知していた海外展開モデルだったが、エレクトロニクス産業においてすでに成長を遂げた今、このことが逆に台湾エレクトロニクス業界の大きな欠点――粗利率が低い加工賃でしか稼げず、大部分の企業が技術革新分野で競争力がなく、技術面でリードして、価値を生み出し、大きな利益を得る力もない――になってしまった。

中国大陸に工場を建設するメリットが消滅した今、企業は欧州や米国、日本といった先進国での投資に本腰を入れていかねばならない。だがこうした国々の生産コストは決して安くはなく、どこをとっても台湾より高くつくことばかりである。どうすればよいのか。つまり、ＴＳＭＣが米国への投資を発表したときに意味していたのは、台湾のエレクトロニクス産業が今、大きな転換期を迎えているということだったのだ。

台湾でEMS、つまり電子機器の受託生産を手掛けている五大メーカーと比較すると、TSMCも彼らと同様「受託生産」企業と呼ばれてはいるが、その粗利率は6割にも達し、粗利率が一桁台に留まっている五大メーカーよりもはるかに高い。外資系企業も、TSMCの2024年の営業収入は1000億ドルを突破して、台湾エレクトロニクス業界で営業収入1000億ドルに達した2番目の企業になる可能性があると予測している。その1社目はホンハイだが、TSMCの粗利率はホンハイの粗利率6~7%の約10倍にあたるため、生み出される純利益はホンハイのそれを大きく超える。

とはいえ、いくらTSMCが高い付加価値を創造できる企業だとはいっても、別の見方をすれば、TSMCの繁栄を支えているのもまた、台湾の「コストパフォーマンスの高い」――つまり能力が高く、多くのスキルがあり、給与がそれほど多くない――エンジニアなのである。メディアテック（聯発《れんはつ》科技）会長の蔡明介《さいめいかい》が言ったように、台湾の半導体メーカーの強さは、孫臏《そんぴん》が田《でん》忌《き》に教えた「競馬」の必勝法［「上等の馬」を別な人の「中等の馬」と走らせて相対的に優位な状況を作り出す］と同じなのだ。

しかし、中国の人口ボーナスがボトルネックに直面し、深刻な労働者不足が追い打ちをかけている今、企業は海外展開しなければ、事業の拡大を支える人材を確保できなくなっている。TSMCのような台湾のトップ企業でさえも、やはり海外進出のニーズがあるうえ、そうせざるを得ないというプレッシャーもある。

よって、台湾社会もそのための準備を整えるべきであり、**政府はグローバル経営へと向かう企業を支援して、インフラや財務会計、税制や人材誘致に存在する悲観的要素を減らし、そのほかのことは企業の自主性に任せるべき**ではないだろうか。

米国が各種科学研究への投資とインフラ整備に巨額の資金投入をすればするほど、台湾のエレクトロニクス企業が米国に投資する機会も増えていくだろう。半導体以外にも電気自動車、サーバー、メタバースや低軌道衛星といった分野にビジネスチャンスがあり、台湾には米国への投資や、構造転換やアップグレードができそうな産業があふれているからだ。

また、エレクトロニクス業界の東進に伴って、台湾からは餃子やタピオカティー、台湾産コーヒー、小火鍋（一人鍋）や旅行、食品、アパレルといった各種生活サービス会社も一緒に北米市場に参入して事業展開するだろう。かつて台湾企業と共に中国に渡った数々の飲食店チェーンが、今度は米国市場を舞台に挑戦していくはずだ。**このことは、台湾のサービス業界にとっても構造転換やアップグレードのチャンスだ。**

エレクトロニクス産業やサービス業のほか、今後の東進は多くの既存産業にも変革のチャンスをもたらすだろう。工場管理や設備、工場の自動化から、電子産業の川上・川下に存在する化学、材料、電子部品等はまた、鉄鋼、機械、石油化学、自動車、繊維といった多くの既存産業にもチャンスをもたらすだろう。それらの産業はより切実に構造転換を必要としており、再度アップグレードする機会を渇望している。

熊本工場JASMのヒミツ

――日台連携、成功のカギを握るのは

熊本県菊陽町《きくようまち》は人口4万人ほどの小さな町だ。2022年の春、半導体工場の建設がこの地で始まったことで、菊陽町は一躍脚光を浴び、工業用地の地価の値上がり幅が日本一になっただけでなく、商業用不動産の価格もそれと共に急騰した。新工場の建設はほぼ24時間体制で進められ、夜の9時を回ってもトラックや作業員が現場を出入りし、静かな地方都市だった菊陽町が眠

らない街へと一変した。

工場とはTSMCとソニー、デンソーが共同出資したJASM（ジャパン・アドバンスト・セミコンダクター・マニュファクチャリング）だ。投資総額約86億ドルのうち、日本政府からの補助金は最大4760億円で、日本で最先端の半導体工場になると同時に、過去最大の半導体投資プロジェクトでもある。

九州はかつて日本の半導体産業にとって重要な場所であり、自動車産業のサプライチェーンもあるため、TSMCと日系企業の合弁会社JASMが熊本に誕生したことが、日本の半導体産業と自動車産業を奮起させている。

JASMは現時点で月産5万5000枚、プロセス技術は28〜10ナノメートルの間を予定している。TSMCアリゾナ工場の投資プロジェクトと違うところは、TSMCがJASMの全株式を保有するのではなく、株式保有構造上、**TSMCが50%超、ソニーが20%未満、デンソーが10%超**となっている点だ。

TSMCは現在、中国と米国と日本で大型工場を建設しているが、**JASMは現時点でTSMCが顧客と共に設立した唯一の合弁会社**である。この点から、このプロジェクトに特別な意義があることが分かる。というのも、この工場が生産するのはソニーやデンソー向けの

CMOSイメージセンサー［↓CMOS］や車用チップで、全量が特定の顧客に供給されることになっている。これには日本側と共に出資して、双方の結びつきを保証する意味合いがある。

TSMCが日本でJASMに投資するのは、一つにはもちろん地政学的な理由があるからだ。日本は安倍政権の時代からTSMCに対して積極的に工場誘致を働きかけてきた。TSMCの工場を誘致することで、後れを取っている日本の半導体製造技術をキャッチアップさせ、より即時的な現地供給を実現できるようにしたいという期待が日本側にはあるからだ。だがTSMCの側からすると、JASMへの投資と米国への投資は少し様相が異なっている。TSMC総裁のシーシー・ウェイ（魏哲家《ぎてつか》）は以前に、TSMCが各国で工場に投資するのは主に顧客のためであり、日本工場の建設もそれと同じだと話している。

シーシー・ウェイは、日本は生産コストが低い場所ではないと言う。その日本に工場を設置する理由は「ある顧客をどうしても支えなければならない」からで、この日本の顧客とは、TSMCの主要顧客のサプライヤーでもある。主要顧客の製品が売れなければ、TSMCの3ナノメートルや5ナノメートルも売り先がなくなる。

シーシー・ウェイの言う「ある顧客」とはソニーだ。**ソニーは世界最大のイメージセンサー（CIS）サプライヤーで、アップルにCISを提供**している。そのアップルはTSMCの営業収入の26％を占める最大顧客で、アップルのスマートフォンやタブレットには相当数のＣＩＳが使用されているため、もしＣＩＳが手に入らなくなったらアップルはこうした製品を販売できなくなる。つまり、**ソニーを支えるために日本に工場を構えるということは、アップルを支えるのと同じ**ことなのだ。ＴＳＭＣ最先端の３、４、５ナノメートルというハイエンドなプロセス技術は、アップルという大顧客にしか売ることができないからである。

ＴＳＭＣが米国や日本に工場を建設したのは、日米両政府から要請があったからだと考える人もいる。この点についてシーシー・ウェイは、ＴＳＭＣが各地で行っている投資は、日本や米国の政府のためではないし、ＴＳＭＣにも政府と対立するような力はない、すべては顧客のため、顧客が永遠に一番だと述べている。

シーシー・ウェイはすでに、ＴＳＭＣが表明できる立場を非常にはっきり伝えているように見える。顧客第一主義はＴＳＭＣの受託製造業を長期的に成功させるためのカギだ。政治に関しては、政府への不満を公然と口にしたり、政府と直接対立したりするような愚かな企業がどこにあるだろうか。トップ企業は変化する世界情勢の流れに乗って、自分の最高のポジションを見つけ出すものだ。

日本は米国より生産コストが低く、利益獲得のチャンスが多く、全面的にレイアウトできる

とはいうものの、TSMCの日本での工場配置は、米国での工場建設と2つの点で異なっている。1つは、**日本の生産コストは米国ほど高くはなく、日本人従業員の企業文化や仕事に対する姿勢も台湾人と似ている点**、もう1つは**TSMCが日本で行う投資はウエハー製造に加え、日本のIDM企業向け設計サービスや、3次元ICのパッケージング**〔↓パッケージング〕**などが含まれて、より包括的**になっている点だ。

日本の生産コストが米国より低いことは、一人当たりGDPを見ても分かる。2021年の日本の一人当たりGDPは3万9600ドルだが、米国は7万ドル以上に達しており、台湾は約3万3000ドルだった。とはいえ台湾の一人当たりGDPはここ数年で急成長しているため、2023年か2024年には日本に追いつくだろうと多くの専門家が予測している。日本の生産コストが米国よりも低いとお話しした理由はここにある。

日本の一人当たりGDPが増えないため、日本人の給与も少しずつしか上がらない。そしてその傾向はハイテク産業でより顕著だ。TSMCの現在の給与水準は日本の水準に近づいただけで

なく、日本のほとんどの大企業を上回っている。JASMが提示した初任給は大卒が28万円、修士が32万円、博士が36万円だが、熊本県が2021年4月に地元企業を対象として行った調査によると、大卒エンジニアの平均初任給はわずか19万円で、JASMの給与が地元水準を大きく上回っていることが分かった。

JASMの給与に多くの日系企業が衝撃を受けたという。**TSMCが高給によって人材を独り占めしたら我々が生き残れなくなると多くの企業が愚痴をこぼしたが、この衝撃がソニーや三菱、ルネサスエレクトロニクス、東芝、ロームといった半導体メーカーの採用に影響を与えるのは間違いない**だろう。

もちろん給与は為替レートとも関係している。日本円の為替レートはこの数年で大幅に下落したうえ、その下落幅も新台湾ドルを上回っていた。またTSMCもはっきりと、熊本で提示した給与は台湾の従業員の7割だから、大金を積んで人材を引き抜いているわけではないと説明した。しかしこのことも、台湾のハイテク業界はすでにこれだけ実力をつけていて、日本の半導体企業の給与はTSMCにここまで差を付けられているのかと日系企業をハッとさせた。

次に、TSMCが日本に対しては、熊本の12インチ工場以外にも、横浜と大阪へのIC設計センター（ＴＳＭＣジャパンデザインセンター［ＪＤＣ］）の設置と、茨城県への３次元ＩＣ先端パッケージング研究開発センター（ＴＳＭＣジャパン３ＤＩＣ研究開発センター）の設置というかなり包括的な投資を行っている点だ。この**３つの戦略的投資プロジェクトによって、ＩＣ設計とウエハー製造と後工程のパッケージングという、サプライチェーンの川上と川下の垂直統合が実現する**ことになる。

ＩＣ設計分野では、ＴＳＭＣは２０１９年からすでに東京大学と先端半導体の技術提携を行っており、２０２０年には横浜に最初のＩＣ設計センターを、２０２２年末には大阪に２つ目のＩＣ設計センターを設立した。この２つのＩＣ設計センターは台湾本社の研究開発センターと直結しており、３ナノメートル先端プロセスの研究開発に参加すると同時に、顧客である日本のＩＤＭ大手の設計サービスを支援することにもなっている。

パッケージングと検査の分野については、**日本は昔からパッケージング技術大国であり設備大国でもある。**そして**ＴＳＭＣも数年前から先端パッケージング分野への投資に非常に力を入れている。**またソニーが生産しているＣＩＳは典型的な３次元パッケージング技術の応用例であり、ＪＡＳＭのプロセス技術は最先端ではないものの、チップレットの３次元実装技術を大きく飛躍させるものだ。よって茨城県に３ＤＩＣ研究開発センターが開設された暁には、横浜と熊本にも

3DIC先端パッケージングの生産ラインが導入されて試験生産が行われることもあり得るだろう。

ウエハー製造分野について日本の業界筋は、TSMCは今後、熊本工場に第2工場を設立して、より先進的な7ナノメートルプロセスを導入する可能性があるという［2024年2月6日に正式決定。トヨタ自動車も出資し2027年の開業を目指す］。

これらを総合すると、TSMCの日本での生産コストは比較的低く抑えられ、利益獲得の機会は大幅に増え、より包括的なレイアウトが行われたということになる。日本の顧客とより深いパートナーシップを結ぶだけでなく、TSMCは日本を、設計やパッケージング・検査、より高度なプロセス等を研究開発し、人材を増員するための重要な海外拠点とみなし、特に半導体材料開発と人的資源における日本の優位性を吸収して、台湾の先端プロセスと先端パッケージングの量産能力をさらに向上させようとしている。

補完し合える日本の自動車と台湾の半導体

TSMCが日系企業との提携範囲を拡大しているだけでなく、UMC（聯華《れんか》電子）やウィンボンド・エレクトロニクス（華邦電子　以下、ウィンボンド）やヌヴォトン・テクノロジー・コーポレーション（以下、ヌヴォトン）も日本で積極的に事業展開している。

UMCはかなり前から日本に進出している。1998年には新日鉄の半導体子会社を買収して8インチ工場をファウンドリーにシフトさせ、2001年には社名をUMCジャパンに変更した。残念ながら2012年に事業の停止と清算を決定したが、2019年に今度は富士通セミコンダクターの12インチ工場を買収してUSJC（ユナイテッド・セミコンダクター・ジャパン）を立ち上げ、日本のファウンドリー市場に参入した。また2022年4月にはデンソーとの協業を開始し、USJCに12インチウエハー絶縁ゲート型バイポーラートランジスタ（IGBT）を製造する生産ラインを設置した。これは車用特殊プロセスを提供する新たなビジネスモデルで、8インチ成熟プロセスの深刻な生産能力不足に悩む顧客を支援するためのものである。

また、ウィンボンドの子会社でマイコン（MCU）とファウンドリーを手掛けるヌヴォトンも、2019年末にパナソニック子会社のPSCS（パナソニックセミコンダクターソリューションズ）を、6インチ工場と8インチ工場を含めて2億5000万ドルで買収した。PSCSのイメージセンサーや車載用MCUの制御用チップは高い世界シェアを誇り、ヌヴォトンは主に車載装置市場でオーディオ関連のチップのサプライヤーとして欧州の自動車メーカーへの供給実績がある。PSCSの買収は、ヌヴォトンの技術の向上と車載分野の市場シェアの拡大に寄与するだろう。

TSMCとUMCとウィンボンド、そしてヌヴォトンの日本投資計画を見ると、どのプロジェクトも自動車産業と深く結びついていることが分かる。日本の産業のなかでも最も高い競争力を備えているのが自動車産業であり、輸出に最も貢献しているのもこの分野だ。だが世界が続々と電気自動車分野の競争に加わっているのに、自動車大国日本の開発速度は非常に遅い。その理由は各社の戦略の違いもさることながら、半導体の供給不足にも関係している。

たとえば、日本の自動車産業は2021年と2022年にコロナの影響を受けたため、いずれの年にも100万台近い減産を強いられた。2022年の日本国内の新車販売台数は420万台余りだったが、これは過去45年で最低の水準である。主な理由はコロナ禍によるサプライチェーンの混乱で、とりわけ半導体の供給不足が最も大きな影響を与えた。

また、テスラからBYD（比亜迪汽車工業）まで、米中両大国が電気自動車分野の急成長を積極的に推進するなか、日本の自動車業界は明らかに焦りを感じている。2022年末にTSMCがサムスンに代わって、テスラの次世代完全自動運転（FSD）用チップの生産を請け負うことになった。その量産が4ナノメートルと5ナノメートルのプロセスで行われるため、テスラがTSMCのトップ7の顧客に躍り出るのではないかともみられている。技術経営コンサルタントで微細加工研究所所長の湯《ゆ》之《の》上《がみ》隆《たかし》は「テスラはすでに半導体の『バカの壁』を乗り越えた」「日本のクルマメーカーは、まるで歯が立たないだろう」と警告している。

したがって、日本の自動車産業を後押しするには半導体が絶対的に不可欠の要素だ。台湾の半導体業者は数年前から、自動車応用市場を積極的に開拓しているが、**台湾の自動車ブランド力はそう高くないため、自動車用半導体と部品市場の発展に全力を注いでいる。こうしたことから、日本と補完的産業関係を結ぶことが、将来の日台協力の重要な基盤となる**ことが分かる。

20年後のヒミツ
——TSMCの隆盛はいつまで続くのか

2011年にアップル創始者のスティーブ・ジョブズが世を去ったあと、ティム・クックが

ＣＥＯに就任したときのことをまだ覚えておいでだろう。あのとき多くの人が、ジョブズを亡くしたアップルは、顧客の心をあと何年掴み続けられるだろうかと思ったはずだ。

２０１８年にＴＳＭＣ創始者のモリス・チャン（張忠謀《ちょうちゅうぼう》）が引退してマーク・リュウ（劉徳音《りゅうとくおん》）とシーシー・ウェイ（魏哲家《ぎてつか》）が後継者に立ったとき、人々の頭に同じような疑問が浮かんだはずだ。つまり「モリス・チャンが抜けたＴＳＭＣは、あとどれくらい先行していられるのだろう」と。

いい質問だ。ジョブズが物故してからもアップルはハイレベルな成長を維持し、クックが会社を引き継いだときの時価総額は３４６０億ドルだったが、２０２２年には3兆ドルを突破して、８・５倍近く成長した。ジョブズ時代のイノベーションパワーが削がれたと感じている人もいるものの、アップルは十数年経った今でも顧客に愛され続けている。

ＴＳＭＣはどうだろうか。引退したモリス・チャンがインタビューに応じて、ＴＳＭＣの未来について話しているのを目にしたことがある。**モリス・チャンは「これからの20年もTSMCは成長を続けるはずだから問題ない。だが、その次の50年となると、TSMCは存続しているに違いないが、成長を維持しているかどうかは分からない」と言った。**

モリス・チャンの言った「あと20年は問題ない」という言葉には私も同意する。だがこのことを考える前に、まずは2022年の世界の大手ハイテク企業の財務報告を見てみよう。

この年は景気が世界的に低迷し、欧米では大規模なリストラの潮流が起き、多くの企業が業績不振に陥ったが、TSMCの第4四半期の純利益は2959億新台湾ドル、つまり100億ドルに迫り、前年比77・84%増という高成長を見せた。各社をランキングすると**TSMCはアップル（約300億ドル）、マイクロソフト（約164億ドル）、アルファベット（約136億ドル）に次いで世界第4位**となった。いっぽうで、アマゾン（2億7800万ドル）やメタ（46億5000万ドル）、テスラ（37億ドル）といった有名企業に対しては大いに水をあけた。

時価総額で見ると、TSMCは現在、世界ランキングで第10位から12位のあたりに位置し、純利益は第4位に食い込んでいる。また1年間の純利益の総額が初めて1兆100億新台湾ドルを超え、前年比70・4%増となった。

同業他社はというと、インテルは第4四半期が6億6400万ドルの赤字となり、サムスン電子は純利益約18億ドル、AMD（アドバンスト・マイクロ・デバイセズ）は純利益2100万ドル、エヌビディアは純利益14億5600万ドル、中芯国際集成電路製造（SMIC）は純利益3億8600万ドルで、やはりTSMCと大きく差がついた。

企業の成長と収益を比較した場合、ＴＳＭＣは高成長を維持しているだけでなく、半導体業界で主導的立場も保っており、業界の景気が陰った２０２２年と２０２３年も、ＴＳＭＣの収益と成長の勢いは影響を受けなかった。長期的に見ても、モリス・チャンが引退した２０１８年から現在までの5年間で、ＴＳＭＣの収益は過去最高を更新し続けている。

モリス・チャンがＴＳＭＣの未来はあと20年は大丈夫だろうと言う理由を、３つの角度から分析してみたい。１つは**TSMCの米国での投資プロジェクト**、２つ目は**ムーアの法則のボトルネック**、３つ目が**AI時代のイネーブラー《力を与える人》としてのTSMCの役割**である。

ＴＳＭＣの投資プロジェクトが足かせにならない理由

まず、ＴＳＭＣの米国工場建設プロジェクトが、ＴＳＭＣの今後の成長の足かせになることはないのだろうか。ＴＳＭＣの業績にどんな挑戦をもたらすのか。このテーマは重要だ。というのも、市場はＴＳＭＣの米国投資プロジェクトに対し多くの疑問を抱いており、先端技術の流出を危ぶむ声もあれば、米国での高コストがＴＳＭＣの業績の負担になるのでは、という声もあるからだ。

私自身は、ＴＳＭＣは確かに米国工場の運営で大きな挑戦を強いられるうえ、経営管理能力を高めるうえで困難にもぶち当たるだろうが、大局に関わるマイナス要素にはならないと楽観的に考えている。というのは、**米国工場のコスト高という問題は、ＴＳＭＣだけでなくインテルやサムスンといった、米国にウエハー工場を建設する競合他社にも共通すること**だからだ。ＴＳＭＣのビジネスパフォーマンスは世界最高、粗利率は6割に達しているという点から考えても、仮に米国工場のせいで粗利率が下がったとしても、ＴＳＭＣは他の企業より持ちこたえる力があるはずだ。

また、米国は半導体製造の世界シェアを現在の11％から30％以上にしたいと考えているようだが、この目標を達成できるかどうかはさておき、米国政府が政治的手段によって新しい市場を形成しようとしているのは明らかだ。そして、その新市場の獲得に最も意欲的な企業がＴＳＭＣである。よって米国のウエハー製造ニーズを満たすため、**米国政府はＴＳＭＣの顔色をいくらかうかがいながら、ＴＳＭＣ米国工場がスムーズに運営できるように支援する必要がある。**

競争状態から見た場合、米国工場への投資をスピーディに進めているのはＴＳＭＣだけで、サムスンやグローバルファウンドリーズ、インテルは業績不振やその他の要因によって工場建設が遅れている。TSMCは財務体質が健全で、工場の建設速度が速く、良品率も最も高いため、工場が完成したら景気が回復に転じるかもしれない。**景気の低迷時には投資を続け、景気が好転したら量産を開始するのが半導体業界の必勝パターン**で、TSMCはそうやって自分の居場所を確保した。

ドイツ政府が今、焦り出したのはそのせいもある。TSMCは米国と日本へ順調に投資し、どのライバル社よりもスピーディに建設を進めているのに、インテルやグローバルファウンドリーズは会社の業績不振のせいでドイツ工場の建設計画を遅らせているからだ。ドイツはこれから米国と日本にTSMCの強大な工場ができて製品の現地供給が始まるのを懸念し、TSMCに一刻も早くドイツに投資してほしいと考えている［その後、2023年8月8日、TSMCが欧州初となるドイツ工場（ドレスデン）の建設を発表した］。

各社の財務データを比較すると、TSMCが半導体業界のなかでも白眉だということが見て取れる。2022年の景気の悪化で多くの企業が赤字を出したが、TSMCは純利益を7割以上伸ばして最高の業績を上げた。TSMCのように企業経営で創出した利益で巨額の工場建設費を賄い、そのうえで株主に現金配当を出す余裕のある企業は皆無だった。

ムーアの法則の限界と半導体の今後のトレンド

次に、ムーアの法則から考えてみたい。2000年にはすでにムーアの法則は限界を迎えたという声もあったが、現在のところ一般的には半導体が1～0・5ナノメートルに達するまでは技術的なボトルネックは発生しないと考えられている。これから先の技術の進歩を考えた場合、7、5、4、3ナノメートル、それから2、1、0・5ナノメートルまでの間で各世代を2～3年として計算すると、少なく見積もってもあと10数年から20年はかかる。つまり別な言い方をすると、**今後20年間はプロセス技術が進化できるため、ムーアの法則もTSMCにとって大きな脅威にはならない。**

さらに、TSMCが過去にこれほどの成功を収めてこられたのは、ポストムーア時代の課題のなかでさまざまな問題解決策を打ち出して、困難を乗り越えながらプロセス技術を進化させ、先端パッケージング技術を向上させるための革新的手段を見つけ出して、チップの高性能化と低価格化を継続させる力を持っていたからだ。これからの20年でも**ムーアの法則というジレンマに何度も見舞われるだろうが、TSMCが大きなミスを犯さない限り、次の20年の繁栄も難しくはな**

いだろう。

最後にもう一つ、半導体市場の成長は、末端市場にキラーアプリがどれだけ登場するかにかかっている。コンピューターやスマートフォンは半導体製品を大量に消耗してくれるキラーアプリだったが、現在では5G、AI、電気自動車、自動運転車もキラーアプリである。特にChatGPTが出現したことで、AIにとって最も具体的なイノベーション市場が形成されたため、半導体業界にさらに巨大なビジネスチャンスがやってくるだろう。

ChatGPTが突如として現れたことで、グラフィックス用チップ（GPU）［↓GPU］を生産するエヌビディアやAMDなどが直接的な恩恵を受けたが、最終的に最大の受益者となったのはTSMCだ。エヌビディアやAMDがTSMCに発注してくれたおかげもあったが、それよりも大きかったのは、マイクロソフトとChatGPTをリリースしたオープンAIが提携して、Googleの独占状態にある検索エンジン分野の商機を奪い、同時にメタ広告やアマゾン広告といった大手の広告分野に割って入ったことだ。つまり**これから、インターネット企業の間で新たな戦局が始まる**ことになる。

ChatGPTからの挑戦状に答えるように、Googleは生成AIのGoogle

Bard（グーグルバード）を発表し、メタは大規模言語モデルLLaMA（ラマ）をリリースした。こうした新製品はどれも、外部調達するか自社設計するかしてチップを確保する必要がある。よって、TSMCの半導体プロセスと技術によって一つのプラットフォームが確立されると、チップ設計専業メーカーも、マイクロソフトやGoogleといった大企業も、アップルのようにAI用チップを自社設計して生産しなければならなくなった。**彼らはみな、TSMCに発注しなければ戦力を増強できない。**AI技術が百花繚乱に咲き乱れる環境では、より多くの半導体を使う必要があるため、武器のサプライヤーを演じるTSMCが最大の恩恵を受けることになる。

別の角度から見ると、TSMCは設立から一貫してファウンドリーの先端プロセスを通じて、AMD、インテル、エヌビディア、アップル、そしてメディアテック（聯発《れんはつ》科技）、クアルコム、ブロードコムといった企業にハイパフォーマンス・コンピューティング（HPC）能力を提供してきた。そして今、ここにさらにアマゾンやメタ、アルファベットといったインターネット大手の数々が加わったのである。彼らはチップを自社設計し、TSMCを通じて先端プロセス技術をリリースすることになる。テクノロジープラットフォームをリリースする過程でも、TSMCが最大の勝者となる「TSMCが受託製造に使用する先端プロセス技術は、それ自体がテクノロジープラットフォームになっている。顧客はこのプラットフォームで、自社が設計した製品の機能を最大にしたり、コストをさらに下げたりできる。TSMCも自社のテクノロジープラットフォームを市場にリリースし、全ての消費者が恩恵を受けられるようにしている」。

モリス・チャンは以前に、TSMCの30数年間を3つの時期に分けている。最初の10年は米国市場の開拓に費やした時期で、次の10年は主にGPUなどのPCコンポーネントを提供するエヌビディアのような顧客に力を注いだ時期、その次の10年はクアルコム、ブロードコム、アップル等の企業のモバイル機器に力を注いだ時期である。

マネジメント研究者で経営コンサルタントのジム・コリンズは、著書『ビジョナリー・カンパニー』シリーズ（山岡洋一訳、日経BP社）のなかで「フライホイール・エフェクト」という組織変革の概念を提唱している。彼は変革を「フライホイール（弾み車）」にたとえて、最初にフライホイールを動かすときには大きな力が必要だが、同じ方向に回転し続けると時間の経過とともに運動エネルギーが蓄積されて、フライホイールがより速く回るようになると言った。

モリス・チャンがTSMCのために築いた基礎は、大きな運動エネルギーを蓄えて高速回転するフライホイールになったため、TSMCがあと20年、顧客から求め続けられる企業でいることに何の懸念もないと私は考えている。**TSMCの唯一の敵は、TSMC自身だ。**しかし、従業員が天狗になり始めたり進歩を止めたりしなければ、競合他社に敗北することはないだろう。よって私は「ＴＳＭＣがあと20年、トップを走り続けるのは、難しいことではないはずだ」というモリス・チャンの言葉に同意する。

第3章

TSMCの文化とDNA

細やかなサービス精神のヒミツ

——来客記録簿をクリップで挟む理由

ＴＳＭＣの競争優位という言葉を聞くと、５ナノメートルや３ナノメートルをはじめとするプロセス技術が、サムスンやインテルよりどれだけ先行しているのかといった話を思い浮かべる方が多いだろう。確かにこうした先端プロセスがＴＳＭＣの重要な競争力の源泉だ。だが私はあえてここで、20年以上も前にＴＳＭＣの取材に出向いたときに気付いた、ほとんどの人が見過ごしてしまうような小さなできごとについてお話ししたい。

「経済日報」の記者として半導体関連のニュースを追っていた１９９０年代の中ごろのことだ。ＴＳＭＣを訪ねたときに、ある配慮がなされていることに気が付いた。

他の会社と同様、ＴＳＭＣの受付には来客記録簿が置いてあり、来訪者は氏名と連絡先と所属する会社の正式名称の記入を求められる。このときに私はいつも、記入済みのページをパラパラとめくって、どんな人の名前があるかチェックしている。特に、私のライバルである「工商時報」

の某記者の名前があるかどうかが、気になってしかたがないのだ（笑）。

こんなことをしても普通、咎められることはない。だがＴＳＭＣの来客記録簿は記入済みのページが頑丈なクリップで挟んであって、見られないようになっていた。私はそのクリップを外そうとしたが、どんなに力を込めても外すことができなかった。

そこで当時の広報担当者になぜこんなことをするのですかと尋ねたところ、プライバシーに配慮し、**ＴＳＭＣにお越しになる方の情報はすべて第三者の目に触れないようにして、余計なご迷惑をおかけすることのないようにしている**、と言われた。

今から四半世紀以上も前に、半導体業界が躍進する直前の新竹サイエンスパークでふと気付いた、ＴＳＭＣの小さな取り組みである。だが私は、吹けば飛ぶような会社だったＴＳＭＣが今のような大きな影響力を持った**大企業に成長した理由が、この小さな配慮から分かる気がする。**

多くの企業にとって、来客記録簿は昔からある、用が済んだら捨てるだけの書き付けに過ぎない。日々忙しく働いている従業員が、こんな些末なことにひと手間かける時間はないし、私だって他社でこんな工夫は見たことはなかった。

こうした工夫が生まれるのも、ＴＳＭＣが自分たちは単なるファウンドリー業者だから、製造技術や良品率で顧客を満足させればそれで十分だと考えるのではなく、「ファウンドリーはサービス業である」と定義して、顧客に「私はTSMCから十分に尊重され、誠実に対応されている」と実感させたいと心から願っているからだろう。

私がライバル記者の動向を気にしようが、エヌビディアの社員がAMD（アドバンスト・マイクロ・デバイセズ）の社員の動きを知りたかろうが、はっきり言ってTSMCには何の関係もない話だから、放っておいたっていいはずだ。だがTSMCはこうした工夫を施している。**「顧客のためなら水火も辞せず、行き届いたサービスを全力で実践しなければならない」**というモリス・チャンの言葉のとおり、顧客によりよいサービスを提供できる方法を常に考え、顧客の利益を最も重視しているからだろう。こうやって顧客サービスに全力を注ぐなかで顧客が先に成功しなければ、TSMCも成功できないからである。

技術だけではない、ソフトパワーを最高に

来客記録簿の話も、TSMCの顧客サービスのなかにちりばめられた数ある工夫の一つだ。受付に来ただけでも、TSMCが受付の手順や細かなことにまで十分に配慮し、社員にしっかりと

した従業員教育を受けさせていることが分かった。

ＴＳＭＣの受付スタッフはたいてい容姿端麗で礼儀正しいので、顧客は自然とＴＳＭＣにも好印象を抱くようだ。

この理由も尋ねたところ、ＴＳＭＣは受付スタッフを採用する際に、美しい振る舞いができるかどうかを重要視しているという。彼らの多くは、マナーの基本を身に付け、サービス提供のトレーニングを受けている元キャビンアテンダントだ。ＴＳＭＣが製造業をサービス業と捉えていることが、この点からもよく分かる。

私はつまり、**TSMCの競争優位は、半導体の技術面や良品率だけでなく、彼らがどれだけのソフトパワーを持っているかも含めて考えるべきだ**と言いたいのだ。ＴＳＭＣの受付スタッフが顧客に礼儀正しいのもＴＳＭＣの企業文化の表れだろうし、ＴＳＭＣの成功の秘訣の一つでもあるだろう。製造業をサービス業に変容させた背景には、卓越性を追求する意欲と心がある。20年以上も前の来客記録簿に施された小さな工夫も、そうした姿勢の表れだった。

サムスンやインテルがＴＳＭＣに追いつけるかどうかについて、ここ数年で注目が集まっているのはそのソフトパワーのせいもあるだろう。私はこの2社が、プロセスや良品率、納期やコストといった当然押さえておくべきこと以外に、**ファウンドリーとは実際にはサービス業であると**

いうことを理解できるかどうか、注意深く観察している。ファウンドリーは顧客の嗜好やニーズを自社の最重要事項に掲げるべきであり、自社グループのブランド事業や半導体製品事業を、顧客よりも優先してはならないのだ。

米国企業の文化を持つ台湾企業のヒミツ

――設立したその日から世界を目指す

私の日本人の親友である野嶋剛氏があるとき、日本人はモリス・チャン（張忠謀《ちょうちゅうぼう》）氏を高く評価しており、TSMCがこれほどの成功を収めた理由にも興味を持っていると言った。私はそのとき彼に、TSMCは台湾企業だが、設立したその日から企業のDNAには米国型の文化が詰まっていたし、各種制度やマネジメントスタイルも米国式だから、本社を台湾の新竹に置いた米国型企業と考えていいだろうと話した。

だがモリス・チャンはこの見解に同意しないだろう。というのも以前にモリス・チャンは取材の席で、TSMCの企業文化は米国型であるとか、上層部の多くは米国から来ているとよく言われるが、TSMCの文化は「7〜8割が台湾文化」だと話しているからだ。モリス・チャンがこう言うのにはもちろん理由があるだろうが、私自身は、**TSMCに米国型文化があるのは否定できず、ただその上に台湾ローカルの優秀な人材が加わったことで、独特な企業文化ができあがった**のではないかと感じている。

TSMCの米国型文化は、1987年の設立一日目に確立されていた。会長兼CEOに就任した創設者のモリス・チャンは中華系米国人で、TI（テキサス・インスツルメンツ）で25年働いてシニア・バイス・プレジデントに昇進した元ナンバー3だ。そしてTSMC設立後の10年間にモリス・チャンが社長として招いたジェームズ・ダイクス、クラウス・ウィーマー、ドナルド・ブルックスの3人も、米国半導体業界で経験を積んだ専門家だった。ダイクスはかつてハリス・セミコンダクターとジェネラル・インストゥルメントで社長を務め、ウィーマーはモリス・チャンのTI時代の元部下、元同僚で、その後チャータード・セミコンダクターのCEOにも就任した人物である。ブルックスはフェアチャイルド・セミコンダクター［かつて存在した米国の半導体メーカー。世界で初めて半導体ICの商業生産を開始］の元社長とTIの元副総裁であり、やはりモリス・

チャンのＴＩ時代の部下だった。

このほか、ＴＳＭＣが再投資した世界先進積体電路（ＶＩＳ）が１９９４年に設立されたとき、最初に社長に就任したのもＩＢＭ元副総裁のボブ・エバンスだった。そしてモリス・チャン本人もＴＳＭＣと世界先進の両方で会長兼ＣＥＯに就任して、事業の成否に責任を負っていた。

社長が外国人だったことに加え、モリス・チャン自身も台湾に来た当初は中国語よりも英語の方が使いやすかったことからＴＳＭＣに米国式文化が自然に定着し、**社内文書や書類が英語で作成されるだけでなく、多くの幹部会議も英語で行われる**ようになった。また**会社の基本的なマネジメントや運営も、実績や昇進、ボーナス、賞罰などを含め、すべて米国型企業のスタイル**に倣っている。

透明性が高く、創意工夫が奨励され、健全な競争が存在するというＴＳＭＣの社風のなかで、設立者と社長から自然に生まれた米国型企業文化が全社員共通の行動基準になっているため、昇進も当然、上司との関係性で決まるのではなく、実績によって判断されている。**取締役会に至っては、台湾に独立取締役制がまだなかった時代から、ＴＳＭＣは独立役員を設けている。**

業界2位では駄目だ、1位になるためのヴィジョンを持て

米国スタイルのマネジメントが行われていることに加え、TSMCが設立当初に受託製造を新たなビジネスモデルとみなしたことが既存の半導体業界を変えるきっかけとなった。TSMCは、「世界的大企業になり、世界中から受注を獲得すること」に企業としての居場所を求めた。当時、世界の主な半導体メーカーは米国に集中していたため、**TSMCは米国の顧客を優先的に開拓**した。

TSMCが一貫して世界の一流メーカーを超えることを目標に掲げてきたことが分かる、もう一つのエピソードがある。1997年に蔣尚義《しょうしょうぎ》がTSMCに移籍してモリス・チャンと初めて対面したとき、モリス・チャンは蔣に、**TSMCはテクノロジー・リーダーになる**と言った。

蔣尚義はモリス・チャンに、そうなるには莫大な資金がかかると答えた。当時、TSMCの社員はわずか1120人で、IBMやインテルの10分の1にも満たなかったため、蔣はモリス・チャンに遠回しに「ファースト・フォロワー」、つまり業界2番手であれば、必要経費も3分の1ほど

で済みますと言った。
だが、蔣尚義はその場でモリス・チャンに叱り飛ばされてしまった。初対面でこんな話をしてしまったため「モリスは間違いなく、私のことを情けないやつだと思ったはずだ」と蔣は言うが、この話から、モリス・チャンが設立当初から、世界のテクノロジー・リーダーになることを目標にしていたことがよく分かる。

ＴＳＭＣはいったん目標を定めたら、その方向に向かって邁進《まいしん》するため、世間からの評価をあまり気にしない。ニュースを追いかけていたときに私はよく、ＴＳＭＣはほかの企業とまったく違うと感じていた。私と同様、ＴＳＭＣの米国型文化と一般的な台湾企業の違いに気付いているメディア関係者も多い。
たとえば**ＴＳＭＣは通常、記者会見や投資家向けの収支報告といった公の場で合同インタビューを行うが、**メディアが単独取材を取り付けるのは非常に難しい。私が二大新聞の一つといわれた聯合報系の「経済日報」の記者だったときも、モリス・チャンの単独インタビューは数えるほどしか実現しなかった。ＴＳＭＣには明確な情報発信システムがあって、ほかの幹部がメディアと個人的に接触することはできない。それに、多くのメディアは実はＴＳＭＣへの取材が好きではなく、一部はＴＳＭＣを偉そうな会社だと感じている。

だが**ＴＳＭＣはただ自分のペースで歩き、核心事業に集中しているだけ**だから、メディアに頻繁に対応する必要がないのである。巨大企業が自分で計画した既定の方向に向かって邁進しているのだから、ＴＳＭＣがこれほどの成功を収めたとしても、何の不思議もないのだ。

財務報告と経営パターンのヒミツ
――超短期間で減価償却する理由

「朝三暮四《ちょうさんぼし》」という故事成語をご存じだろう。昔、中国にサルを飼っている老人がいた。あるとき老人がサルに、「これからは栃《とち》の実を朝に三つ、夜に四つやろう」と言ったところ、サルが怒り出した。そこで老人は「だったら朝に四つ、夜に三つにしよう」と言うと、サルは喜んだ。朝に一つ増えたことで得をしたように感じたからだ。

これが「朝三暮四」の語源の故事である。実際には数は変わっていないのに、サルは朝にもらえる数が四つになったことで嬉しがったということの故事成語は、のちにもう一つの意味を生んだ。定見がなく、簡単に意思を曲げる人のことを指すようになったのだ。

この「朝三暮四」のシーンを半導体の資本投資のときに行う減価償却の償却モデルと比較してみると、また違う面白さが見えてくるかもしれない。

各社の減価償却

半導体産業の資本的支出は常に大きく、なかでも設備機械の支出が最も大きな割合を占めている。設備機械は通常、何年も使用されるため、1年目に全額を取得原価として計上するのではなく数年かけて減価償却している。では、各社は何年で償却しているのだろうか。

企業にとって、設備機械の減価償却年数の設定年数は、単に財務上の処理方法の違いに過ぎない。償却期間を短くして期間を繰り上げると、最初の数年間の負担が重いというデメリットがあるが、その重い負担から早く解放されるため、償却が終わるとその設備機械で生産する製品の純利益が増すというメリットがある。これは、先にしんどい思いをしてあとから楽になるという減価償却法、つまり先に大きめの負担を負うことで、将来に負担を持ちこさないようにするというやり方である。

だが、減価償却期間を長くすることによるメリットもある。毎年の減価償却費が少なくて済むため、短期的には会社の財務報告や営業成績に貢献し、特に最初の数年間の費用が低く抑えられるので、1株当たり純利益（EPS）の見栄えがよくなるのだ。だが同業者の減価償却が先に終わってしまえば、その優位性は消えてしまう。

台湾の有力な半導体ファウンドリーの場合、**TSMCの減価償却期間は5年、UMC（聯華《れんか》電子）は6年、力晶積成電子製造（PSMC 以下、力積電）は1年半から19年**と財務報告に記載されている。過去の記録から統計してみたところ、減価償却期間の平均は10年となり、比較的長めに設定されていることが分かる。

TSMCの5年という非常に短い減価償却期間は、設備購入から5年間は高い減価償却費を計上する必要はあるが、6年目には減価償却が終わるので、競合他社と比較すると、大幅な費用削減となる。力積電のような減価償却期間が比較的長い企業の場合、初期には減価償却費が抑えられるために儲かっているように見えるが、減価償却期間が10年も続くため、最後の数年間は比較的多額のコストに圧迫されることになる。ましてや、すでに減価償却を終えてこうした費用負担から解放された同業者がいたとしたら、その同業者がもっと激しい価格競争を仕掛けてくる恐れもある。

こうした状況はまさに、サルがエサを見て、朝にたくさん食べられると喜んでいるが、夜の分が減っているのに気付かないのと同じではないか。どうしたって**避けられない費用の計上を後回しにしただけ**なのだ。しかも、先に楽をしてあとから辛くなる方を選ぶと、最初のころに会社の経営や収益が一見好調に見えるため、**会社が儲かっていると錯覚し、投資や支出を過剰に楽観視して会社の運営にダメージや悪影響を及ぼす可能性もある。**

減価償却から、会社の経営パターンが見えてくる

一般的には、半導体企業の減価償却費は主に、投資する資産の性質によって区別されている。たとえば工場の建屋の償却期間は通常は20年、電気機器やクリーンルームシステムなどは10年である。これらの項目の減価償却期間は各社ほぼ同じだが、設備機器の償却期間については各社で方針が異なっている。

現在、**半導体企業の資本的支出のうち、約7~8割は露光装置**【↓露光装置】**やエッチング装置**

といった設備機器への投資である。なかでもDUV（深紫外線）露光装置やEUV（極端紫外線）装置などは一台で数千万ドルから数億ドルもする。プロセス技術の設備は先進的になるほど高額になる。減価償却に数年かける必要があるし、費用や取得原価にも相当大きな影響を与える。

TSMCの場合、初期の減価償却期間は5年だが、ハイエンドプロセスの設備機器は目玉が飛び出るほど高いため、初期の減価償却費が全生産コストの50％以上を占めることもある。だがUMCは6年を採用しているため、減価償却費がコストに占める割合は3割から4割、力積電に至っては1割から2割にしかならない。各社の減価償却費に大きな違いがあることが、お分かりいただけただろうか。

減価償却期間が違うと、初期の売り上げが好調に見えたり、その後の収益の大きさに影響したりするほかにも、**会社の価格戦略が影響を受けたり、戦略が変わってきたりする**可能性もある。というのも、他社よりも先に減価償却を終えることができたら、費用が大幅に下がって、もっと積極的な価格戦略を打ち出せるようになる企業もあるからだ。

また、初期の減価償却費が小さいと、自社製品やサービスに競争力や収益力があると経営者が錯覚して、とにかく売れば儲かると思い込む場合がある。その結果、経営陣の警戒心が薄れて会社に悪影響を及ぼす可能性もある。

最後になったが、**減価償却方法の違いは、会社の将来的な資本的支出の見通しにも影響する。**たとえば、減価償却期間を長く設定すると短期的には収益が急増するため、資本的支出がより短期的かつ積極的に行われる傾向がある。逆に減価償却期間が短く設定されると、最初の数年間は会社の財政が圧迫されるため、資本的支出により慎重になる。また、経営陣も長期資本の支出計画をより慎重に検討するようになるため、短期的な売り上げに有頂天になることもなくなる。

こうしたことから、財務上の減価償却方法がさまざまな側面に相当大きな影響を与え、企業の収益性を決定付けているだけでなく、経営管理のあらゆる側面や詳細も左右していることが分かる。企業が採用している減価償却方法から、その会社のパターンや先見性が透けて見えるのだから、CEOはどんな方法を選択するかを慎重に検討しなければならない。

そして投資家は、決して近視眼的なサルになってはならない。銘柄を選ぶ際には各社の減価償却方法をよく見て、短期的な利益を出した会社イコール収益の高い会社であると安易に判断するような「朝三暮四」の罠に陥らないよう、心しておくべきだろう。

経営者はなおのこと、サルになってはならない。「朝四暮三」と「朝三暮四」は大差ないように思えるが、結果には大きな差が生じる。**減価償却の早期終了は、長期的なビジョンを持っているCEOが行うこと**だ。取得原価や費用の計上の先送りは、経営上のミスや錯覚を生む原因になるだけでなく、経営陣を油断させて、会社に深刻な影響を及ぼす可能性もある。経営者は常に、手堅く慎重でなければならない。

熱血社員が絶えないヒミツ

――もう一人の「創業者」曾繁城ストーリー

ＴＳＭＣは１９９８年、当時「経済日報」の記者だった私を含むジャーナリスト５人を、米国のWaferTech［ＴＳＭＣの１００％子会社］の取材に招待した。何しろ昔の話だから記憶があいまいになっているが、WaferTechがとても辺鄙《へんぴ》な町にあったこと、格式のあるホテルに泊まったこと、そのホテルのメッセージノートに感想をたくさん書き残したことだけは覚えている。

今でも一番印象に残っているのは、当時のＴＳＭＣ社長の曾繁城《そうはんじょう》が、トヨタのカムリのハンドルを自分で握って我々を送迎してくれたことだ。ＴＳＭＣの顧客が所有している高級車の数々と比べると、カムリはかなり地味だったが、このことは私がＴＳＭＣの幹部に抱いている「庶民的、真摯、親切」という印象とも一致していた。

これまでにたくさんの経営者を取材して、さまざまなタイプの人に出会ってきたが、**ＴＳＭＣの幹部の多くは社会的地位が高く、人より多く貢献しているのに、一人ひとりは非常に控えめだ。**曾繁城はその典型的な人物だった。

海外から優秀な人材を引っ張ってきた男

モリス・チャン（張忠謀《ちょうちゅうぼう》）はＴＳＭＣで最も重要な創業者で、その重みを言葉で言い表すことはできないが、いっぽうで私は、たとえＴＳＭＣがそう呼んでいなくても、**曾繁城は間違いなくＴＳＭＣの「共同創業者」**と呼ばれていいと思っている。ＴＳＭＣが１９８７年に設立されたとき、当時の工研院院長のモリス・チャンと共に１１７人の仲間を連れて創業したのが、工研院モデル工場の工場長を務めていた曾繁城だったからだ。

モリス・チャンが会社のすべての戦略を立てる司令官だったとしたら、**曾繁城はＴＳＭＣのウ**

エハー製造に献身的に尽くす実行者だった。ＴＳＭＣは設立から数年間、海外にいる人材を呼び戻せるほどの条件が整っていなかったため、設計から研究開発、工場管理まであらゆることを曾繁城が引き受けていた。何しろ、製品ができあがってこないのではと気を揉んで、毎日夜半まで工場に残っていたほどだ。

曾繁城は真面目で責任感の強い人だ。米国のＲＣＡ（アメリカ・ラジオ会社）で技術研修を受けていたときには、仕事に没頭しすぎて体を壊し、胃の一部を切除してしまったが、ＴＳＭＣの設立後も変わらず懸命に働いた。創業当初、工場では頻繁に問題が起きていた。たとえばセミナーに参加するため海外出張していたとき、トラブルの発生を知らせる国際電話で真夜中に叩き起こされたこともある。もちろん曾はこのときも、すぐさま台湾に帰って問題を解決した。

その後、ＴＳＭＣの業績が伸び、従業員への分紅制度（２９９ページ〜）も始まったことで、海外経験者が続々とＴＳＭＣに加わり始めた。海外でスカウトした優秀な人材はみな、曾繁城が一人ひとり訪ね歩いた技術者たちである。１９８９年に入社したリック・ツァイ（蔡力行《さいりきこう》）や１９９７年に入社した蔣尚義《しょうしょうぎ》など、ほとんどの主要幹部が曾繁城の誠実な人柄に感銘を受けていた。その甲斐あって、ＴＳＭＣのもとに多くの優秀な人材が集まり、優れた業績を上げ続けられるようになった。

1994年のTSMC株式上場の前夜、まだ上場前だというのに注目が集まり、当時のサイエンスパーク全体が心ここにあらずで、多くの人が株で一山当てることばかり考えるようになった。

すると曾繁城は経営幹部を招集し、**株式上場を果たしてもこれまでと同じ姿勢で仕事に臨まなければならない**と説いた。金儲けのことだけを考えるのではなく、もっと先を見据えて将来的に付加価値を高められる目標を見つけ、それに集中しなければならない、と。

曾繁城は現在、第一線を退いてTSMCの役員と創意《そうい》電子など再投資会社の会長職を務めるのみである。当然ながら裕福で、何不自由なく暮らしているし、今は間違いなくカムリより高級な車に乗っているだろうが、変わらず万事控えめである。どうしても目立つところを挙げろと言われたら、服装だろうか。曾は若いころからピンク色のスーツや紫色のシャツなどを好んで着ており、ビビッドな配色が曾繁城スタイルだった。だが仕事となると黒子に徹して、モリス・チャンの寡黙なアシスタントという役割を担っていた。

自分のスタイルを貫いた点ではモリス・チャンも曾と同じで、自分の社会的イメージを非常に重視し、言動にも常に細心の注意を払っていた。何しろ妻がTSMCからプレゼントを贈られたとき、妻にその代金の支払いを求めたほどだ。

自分よりも会社の事情を優先した社員たち

ＴＳＭＣの重要な二人の創業者を模範としたため、ＴＳＭＣの社員は上級幹部から平社員まで誠実さを重んじている。言葉よりも行動で示すほうが、口だけで実際には何もしない企業よりもはるかに多くのことを伝えられるだろう。

ＴＳＭＣ社員の仕事への意気込みについては、蔣尚義が昔、一番印象に残っているできごととしてこんな話をしている。ＴＳＭＣが１９９６年にオレゴン州にWaferTechを設立したとき、業務パフォーマンスが台湾の工場の足元にも及ばなかったため、台湾から20人のチームが派遣されることになった。

このときＴＳＭＣは彼らを2年間の任期でWaferTechに駐在させることにして、３週間以内にビザとパスポートの準備をするように命じた。この業務を担当した副社長は駐在員リストを開き、一人ずつ執務室に呼んで彼らがこれからやることを指示した。最終的に、この20人は3週間後に同じ便の飛行機で無事出発し、現地では身を粉にして働いて、WaferTechの問題を解決した。

蔣尚義は、もし米国企業が海外に技術者を派遣するとなったら、人選、説得、条件の話し合いなどで半年はかかっていたはずだが、**TSMCの社員は自分の都合よりも会社の事情を優先してくれた**と話した。この20人のなかには、渡米が初めてだった者もいれば、台湾でやることが山積だった者もいた。ある工場マネージャーは新竹に部屋を借りていたが、渡米があまりにも急すぎて部屋の退去が間に合わなかった。そこで秘書に数百万新台湾ドルが入った通帳を預けて、自分の代わりに手続きしてくれないかと頼んだ。それだけでなく秘書に、誕生日がくるたびにこの通帳からお金を下ろして好きなものを買ってくれと言い置いて渡航したのだった。

蔣尚義はこうした、**俺がやらねば誰がやる**といった気概が、心に深く刻まれて忘れられないのだと言う。こんな姿勢や意気込みで仕事に向き合っていれば、TSMCが多くの競合他社を打ち負かすのも当然ではないだろうか。

この話を聞いて、昔の社員にはできたかもしれないが、今の若い世代に同じようなやる気があるかどうかは分からないと考える人もいるかもしれない。しかし、今の若者がどんな風に働いているにせよ、一部だけを見て決めつける必要もない。TSMCの設立から現在に至るまで、創業チームが見せてきた個人のスタイル、そして先達が生み出してきた企業文化は、今聞いてもやはり伝播力があるのだから。もちろん、TSMCの幹部と従業員が、過去の成功の軌跡のなかから将来もっと進歩できる方法を見つけて、さらに素晴らしいページを書き足していってほしいとも願っている。

他社に負けない競争心のヒミツ
──国内での競争が世界で強い産業をつくる

「一国の産業を強くするためには、国際市場で戦う前に、熾烈な国内競争を経験しなければならない」

マイケル・ポーターのこの言葉を台湾半導体産業の発展史に当てはめてみると、言い得て妙であるばかりか、台湾の半導体産業が国際社会の舞台で脚光を浴びるようになったのは、この熾烈な内部競争のおかげと言っても過言ではないことが分かる。

2020年末に新竹サイエンスパーク40周年記念行事が行われた。熱気に包まれた会場にエレクトロニクス業界各社の代表が続々と顔を見せ、大手メディアがこぞって現地の様子を撮影した。というのもこの日、TSMC創業者のモリス・チャン（張忠謀《ちょうちゅうぼう》）、UMC（聯華電子《れんか》）名誉会長のロバート・ツァオ（曹興誠《そうこうせい》）、Acer（エイサー）創業者のスタン・シー（施振榮《ししえい》）、メディアテック（聯発科技《れんはつ》）会長の蔡明介《さいめいかい》という台湾電子産業界の重鎮四人に「傑出成就貢献賞」が贈られたからだ。

メディアが一番欲しかったのは、すでに引退したモリス・チャンとロバート・ツァオが、再び同じフレームに収まっている歴史的ツーショットだ。かつて激しく競争し、鋭く対立しあった産業界の大御所二人が20年ぶりに同じステージに立って、いったいどんなやり取りをするのか。握手を交わし、過去の怨讐を笑って水に流すのか。これが一同の最大の関心事だった。

この日、表彰式のステージで、ロバート・ツァオの方がモリス・チャンに歩み寄って握手を求めた。二人が手を取り合った場面ではフラッシュの嵐が起こり、集合写真の撮影が終わるとモリス・チャンはふたたびロバート・ツァオと挨拶を交わした。メディアはこのときの様子を「二人が並び立って待望の世紀の和解を果たした」とデカデカと報じた。

だが、この両雄の覇権争いに関する業界ニュースを長年追い続けてきた私は、二人の間に深い確執があることをよく知っていた。そんな二人がそう簡単に和解できるものだろうか。おそらく、

40周年記念式典の晴れやかな雰囲気に合わせて、過去のことはひとまず脇に置いただけだろう。とはいえ、二人の白頭翁が和やかに談笑する姿が、特に世界が混乱して地政学的にも変化が起こり、台湾半導体業界が好景気に沸き立った2020年に伝えられたことに、とりわけ深い意義があったように思われる。

1976年に台湾が米国のRCA（アメリカ・ラジオ会社）から半導体の技術供与を受け、3年後の1980年に新竹サイエンスパークがオープンしたことはすでに述べた（54ページ）。UMCはサイエンスパークとほぼ同時に設立されて、工研院から生まれた台湾初の半導体メーカーとなった。

その7年後の1987年、TSMCが工研院から派生した2つ目の会社として産声を上げた。それから2000年ごろまで、両社は激しく競争し、あらゆる面でしのぎを削り合った。両社の間に起きた数々のできごとをドラマ化したら、韓国ドラマよりも面白いものになるのではないかと、つい想像してしまう。では、TSMCとUMCはどんなふうに競ってきたのだろうか。

ＴＳＭＣとＵＭＣの競争が台湾半導体産業を強くした

ＵＭＣは当初、ＩＤＭとして設立され、１９９６年にようやく製品設計部門をスピンオフした。メディアテック、ノバテック・マイクロエレクトロニクス（聯詠《れんえい》科技）、智原などはすべて、ＵＭＣから派生したＩＣ設計会社である。いっぽうの**ＴＳＭＣは設立当初から、自社製品を持たないファウンドリー専業会社としてスタート**したため、創業当時の両社には少なからぬ違いがあった。

台湾初の半導体メーカーとして生まれたＵＭＣは、設立当初から苦労が絶えず、自社製品もしばしば景気の波に翻弄されたため、余った生産能力を受託製造（ファウンドリー事業）に充てるようになった。ＴＳＭＣとの競争は、ここから始まった。

工研院院長を務めていたモリス・チャンがＵＭＣの会長も兼任していたころ、工研院を辞めてＵＭＣに移籍したロバート・ツァオが、ＵＭＣの副社長から社長に昇進した。だが両者の経営スタイルと理念はかなり異なっていたため、二人は火花を散らすようになった。その後、モリス・チャンがＴＳＭＣを設立してその会長に専念するようになり、ロバート・ツァオもＵＭＣ会長に就任したため、世紀の覇権争いが始まった。

半導体関連のニュースを追いかける者として、毎日のようにつばぜり合いを繰り返していた彼らを見るのが本当に興味深かった。UMCは1996年に製品設計部門をスピンオフし、次に北米のIC設計会社11社と共に工場を3つ立ち上げた（81ページ〜）。TSMCのほうはIC設計会社3社と共に米国でWaferTechを設立し、TI－Acerと世大積体電路《せだいせきたいでんろ》（WSMC 以下、世大）を合併した（92ページ〜）。2000年になるとUMCは今度は「五合一」［5＋1］の大合併を行って、すべてのファウンドリーをUMCに統合した（85ページ）。

2000年に入ると新竹サイエンスパークが手狭になったため、南部サイエンスパークと中部サイエンスパークが誕生した。**TSMCとUMCは南部サイエンスパークへの大型投資を相次いで発表**したが、片方が10年間で4000億新台湾ドルを投資すると言えば、もう片方はそれを上回る5000億新台湾ドルの投資を表明した。このときの投資規模は、台湾産業界で最高記録を樹立した。

もちろん、両社間での転職や引き抜きも頻繁に起きていた。TSMCの設立当初にCFOを務めた曾宗琳《そうそうりん》や、三代目社長を務めたドナルド・ブルックスは、TSMCを退職後、ロバート・

ツァオに誘われてＵＭＣに入った。

中国進出も、もう一つの戦場となった。ＵＭＣは政府の承認が下りる前に、ＵＭＣの元社員が上海和艦科技に投資するのをサポートした。いっぽうＴＳＭＣはこのとき「忍」の一字で、２００４年まで待ってから中国への投資を開始した。だがその後は上海と南京への投資を続け、生産規模や業績の面でも、先行していたはずのＵＭＣを徐々に追い越してしまった。

Ｍ＆Ａでは両社とも成果を手にした。ＵＭＣは早くに日鉄セミコンダクターを買収してシンガポールにも工場を建設したが、ＴＳＭＣはまず米国とシンガポールに投資し、それからＴＩ－Ａｃｅｒ（エイサー）と世大を買収した。そして世大の買収の際には両社は真っ向から対決し、ロバート・ツァオは後日、ＵＭＣは今後一切、台湾で企業買収することはないと宣言した。ＴＳＭＣとＵＭＣの激しい競争がエンドレスでニュースを提供していたため、報道する側ですら自分の生活が活気付いているように感じたものだ。

産業界での激しい競争は当然、歓迎すべきだ。というのもＣＥＯたちは毎朝目を覚ますたび、越えるべき目標のことを頭に浮かべているからだ。日々の生活に闘志がみなぎり、人生により多くの意義が生まれるのも、ライバルがいてこそである。競争は人にたゆまぬ前進を促して、お互いを世界の舞台に押し上げるだけでなく、しばらくたってふと振り返ったときに気付かせてくれるのだ。他国のライバルたちがはるか後ろに取り残されていることに。これが、台湾半導体メーカーが国際社会の舞台に上がるまでに歩んできた、本当の道のりだった。

マイケル・ポーターの言葉のとおり、**台湾半導体業界の内部で起きている熾烈な競争、特にTSMCとUMCが繰り広げてきた激しい競争は、勝敗に関わらず産業全体の競争力を大きく向上させてきた。**これらすべてが、台湾半導体企業がこれから国際市場で輝き続けるために、よって立つ柱である。

「拙」のTSMC、「巧」のUMC

先に述べたTSMCとUMCの世紀の対決は2000年ごろまで拮抗した状態が続いていたが、それ以降は徐々に優劣が分かれた。そして、そのなかで3つの重要な展開が起きた。

1つ目は研究開発と技術に関することだ。TSMCは0・13マイクロメートル銅配線プロセスを自主開発する道を選び、1年半後には開発に成功した（316ページ〜）。だがUMCのほうはIBMとインフィニオン・テクノロジーズとの共同開発を選択したものの、開発期間が数年間延びてしまった。このことが両社の差が開き始めるきっかけとなり、今ではTSMCが明らかにリードして、プロセス技術でもライバル各社を大きく引き離している。

次に、TSMCは設立当初からビジネスモデルをファウンドリーに定め、主軸と戦略を一致させて正しいビジネスモデルで努力を重ねてきた。また、ファウンドリーの意義は「技術と顧客とサービス」、つまり**技術の向上と研究開発に長期的に取り組み、顧客を勝たせて自分も勝ち、誠心誠意顧客にサービスを提供する**ことにある。TSMCは設立されたその日から、この成功モデルを非常に明確に意識していた。

UMCの場合は設立当初から、**機知に富みスピード感のある行動を重視し、柔軟な対応と配置戦略を強みとした商売の達人**だった。だがこうした特徴は完成品の生産には適していても、ファウンドリーのような長期にわたり苦労が絶えず、顧客の顔色をうかがわなければならない仕事には向いていない。そのため、UMCが自社製品を持つIDMから自社製品を持たないファウンドリーに移行するまでには、長い時間をかけなければならなかった。

この2社をそれぞれ漢字一文字で表現するとしたら、TSMCは「拙」でUMCは「巧」だ。「拙」には不器用とか下手といった意味がある。TSMCは一見不器用そうだが、地道な努力を積み重ねながら、半導体という高度に精密で、高度に進化した産業で、最終的に成果を上げることができた。

いっぽう「巧」には不意を突いて勝利を収めるとか臨機応変といった意味があるが、裏を返せば戦略がコロコロと変わり、持久力も今一つかもしれない。UMCはファウンドリーに転身してからは、親会社としての業績はパッとしない。だが「聯」の字を冠してUMCから独立した多数のＩＣ設計会社は目覚ましい成果を上げている。

最後の1つも非常に重要だ。それは「事業継承」である。ロバート・ツァオは２００５年、和艦事件に関連して背任罪と商業会計法違反で起訴され、ＵＭＣの会長職を辞任した。その後は経済界から身を引いて、古美術や仏教の研究に勤しむようになり、過去とは別次元の人生を歩んでいる。いっぽうモリス・チャンは、引退と復帰を経て２０１８年に正式に引退するまで、ＴＳＭＣの会長であり続けた。

事業継承については、モリス・チャンのほうがロバート・ツァオよりも熱心に取り組み、より慎重に行った。これもまた、モリス・チャンがＴＳＭＣに対する責任感を常に抱き、使命感に駆られた結果だ。ロバート・ツァオがモリス・チャンに比べると明らかにあっさりと事業から身を引いたのも、ＵＭＣがＴＳＭＣに追いつけなかった理由の一つだったのかもしれない。

とはいえ、あの日新竹で行われた表彰式の席で、ロバート・ツァオは屈託のない様子でモリス・チャンを祝い、モリス・チャンがＴＳＭＣを今日の境地に押し上げたことを称賛した。ロバート・ツァオはその言葉を、本当に心の底から発したのだと私は思っている。モリス・チャンは実際に、誰にもできないことを成し遂げたのだから。

韓国を強くしたメモリー市場の事例――サムスン対ＳＫハイニックス

ここまでお伝えしたところでついでにお話しすると、ＴＳＭＣとＵＭＣはマイケル・ポーターの市場競争論を考えるには格好の素材だが、メモリー市場で世界最強の韓国でも同じような状況が起きている。

サムスンとＳＫハイニックスはＤＲＡＭ業界［↓DRAM］では世界のナンバー１とナンバー２で、ＮＡＮＤフラッシュ［↓NAND型フラッシュメモリー］でも上位５～６社のうちの１位と２位だ。**この2社が世界のメモリー業界のリーディングカンパニーとして競合他社に先行できているのは、韓国国内の激しい戦いのなかで互いを不倶戴天《ふぐたいてん》の敵とみなしてきたから**だ。その徹底ぶりは従業員を雇用する際にも発揮されており、相手の会社での就労経験がある人間は絶対に雇わないほどである。サムスンとＳＫハイニックスが今、メモリー分野を制することができたのも、韓国の財閥系企業の間で激しい競争が起きて、産業競争力が養われた結果である。

メモリーだけでなく、韓国の多くの業界ですさまじい競争が起きている。サムスンのQLEDテレビはLGの有機ELテレビをコテンパンに叩きのめしたが、その結果明らかになったのは、世界最強のテレビブランドは韓国製だという事実だった。韓国ではどの産業界もこうした状況にあるが、結果的に韓国のメモリー、テレビ、スマートフォン、電池、バイオ分野から、果てはポップカルチャーや映画までもが、世界市場に参入している。

産業を強くする「官」の在り方

なお、台湾半導体業界が成功できたもう一つの理由として、**激しい内部競争のほかに、政府の産業政策がある程度の促進作用を果たしていること**も補足すべきだろう。

産業政策は言うは易く、行うは難しで、一番のキーポイントは政府があらゆる障害を排除することを厭わず、全力で後押しすることだ。RCA（アメリカ・ラジオ会社）からの技術供与も新竹サイエンスパークの設立も、当時の台湾にとってはかなり思い切った計画だったのは疑う余地もない。考えてもみてほしい。台湾人の平均所得がわずか400ドルだった時代に、国庫から

1000万ドル（当時のレートで4億新台湾ドル）を投じて行った半導体産業の育成は、間違いなく国の財政を圧迫したはずだ。当時の台湾は一党独裁時代だったから、意思決定も今より簡単だっただろうと言う人もいるが、**どの時代にもその時代にしかない、乗り越えるべき困難がある**のではないだろうか。当時の台湾には紡績やプラスチックといった昔からある産業しかなく、パソコン産業はまだ生まれる前で、国内に半導体のことが分かる人なんて一人もいなかった。よって重要な任務を任せられる適任者を探し出すのも難しく、政策を推進する際にはさらに大きな疑問や困難が待ち受けていた。

だがありがたいことに、当時の政策推進者には、想像を絶する険しい道に進んで挑む決意と気概があった。振り返ってみると、彼らは正しいテーマを選んで基礎をしっかりと固め、正しい道を40年の間、懸命に突っ走ってきたのだから、成功できないはずがなかった。

新竹サイエンスパークの40年のうち、私はその4分の3に関わってきた。正直に言うと、誰と誰の間にどんなわだかまりがあろうが、今の私にとってはどうでもいいことだ。半導体業界の二人の先達が引退したのは、もう随分前だ。過去の怨讐を捨て去って認め合い、互いの健康と無事を祈り合うことこそが、本当の人生ではないだろうか。

新竹サイエンスパークの栄光の40年の歴史に新たなページが加わろうとしている。次に重要なことは、これからの台湾にも輝かしい40年があるのかどうか、これからも輝きと情熱を持ち続けるためにはどうすべきかといったことだが、これればかりは二人のご尊老に委ねることではない。若い世代がバトンを受け取って、責任を引き受ける時代が到来している。

台湾半導体業界、報酬のヒミツ

——社員持株制度「員工分紅配股制度」の知られざる効果

台湾半導体業界が成功した理由について、かつて台湾が持っていた最大の切り札に多くの人が気付いていない。それが**「員工分紅配股制度（台湾独自の社員持株制度）」**である。**「分紅《フェンホン》」とは、社員にストック・オプションに近いかたちで支給されるボーナス**を指す。

この制度は1980年代の半ばごろから企業に導入され始め、2008年に廃止されるまで約20年にわたり運用され続けた。企業は前年度の利益に基づいて一定の割合の「分紅」を社員に支給する。最初のころは主に株式で支給し、残りを現金で補っていた。株式市場が沸き立つと従業員の収入も急増するため、従業員にやる気を出させるには非常に効果的だった。

この制度は、かつて**台湾企業が海外から優秀な人材を呼び戻したり、起業したりするときに絶大な力を発揮**した。台湾の半導体メーカーが十分な給与を出せなかった時代、海外の人材は高い報酬を得られる仕事を蹴ってまで台湾に戻ろうとは思えなかった。だがこの制度が広まると、見劣りする給料を企業が補えるようになったため、優秀な人材が数多く集まるようになった。そして台湾半導体業界は、先進国と競争する機会も手に入れた。

員工分紅配股制度にこれほど大きな効果があったのは、社員が株式によるボーナスを受け取るときの株価はその会社がより多くの利益を生み出したかどうかで決まり、利益が上がれば株価が上がるからだ。従業員は**自分に支給された株式をより高く売却するため、会社がさらに多くの価値を創造できるよう、一層努力する**ようになる。

台湾の員工分紅配股制度は欧米のストック・オプション（自社株購入権）と同じというわけではなく、以下の3つの特徴があった。

1つ目は、**分紅は現金ではなく株式で支給され、1株10新台湾ドルの金額で計算される**点だ。従業員側には2つのメリットがあった。1つは売却時の株価は間違いなく額面の数倍になることで、税額は額面で計算されるため、税金をいくら取られるかとハラハラしなくて済む。たとえば、会社が100万新台湾ドルの株式をボーナスとして支給する場合［台湾では株券1枚は1000株に相当する。額面金額を1株10新台湾ドルで計算すると、100万新台湾ドルは10万株となり株券100枚に相当する］、株式の時価評価が1株50新台湾ドルだったとすると、従業員が株式を売却すれば実質的には500万新台湾ドルの収入になるが、税額は額面どおりの100万新台湾ドルで計算される。つまりかなりの節税になったのだ。

2つ目は、**企業が従業員に株券100枚を支給する場合、会社の支出は実際の時価評価額で計算するのではなく、100万新台湾ドルで計上される**ことだ。

3つ目は、その**恩恵を社員全員に還元**できる点だ。一般的には、欧米企業のストック・オプションのほとんどはミドルクラス以上、特に上級の幹部に分配される割合が最も多くなるが、台湾の分紅が支給される対象はかなり広く、一般社員にも支給されるほか、勤続年数が数年しかないエンジニアにもメリットがあった。その場合には、支給される株式は多くはないかもしれないが、インセンティブ効果は同じだ。

まとめると、この制度はエレクトロニクス業界で働く従業員のやる気を大いに引き出し、少ない給与を補う役割を果たしてきた。**多くの場合、従業員が分紅で手に入れる金額の方が基本給よ**

りも多かった。

UMC（聯華電子《れんか》）は1985年に上場してからこの制度を導入した。すると新竹サイエンスパークのほとんどの会社がUMCに倣って導入したため、多くの「科技新貴（ハイテク業界で富を築く人）」が生まれた。そして、この制度は、台湾の半導体業界が人材獲得に使う最強のツールにもなった。

UMCがこの員工分紅配股制度を実施するまでの間にも、ちょっとしたできごとがあった。以下はUMCの社員第一号で元UMC副社長の劉英達《りゅうえいたつ》から聞いた話だ。会社の設立直後、社長のロバート・ツァオ（曹興誠《そうこうせい》）が取締役会に対し、会社の利益の25%を分紅として従業員に支給したいと提案した。取締役会はこのとき、UMCはどうせ大して儲からないと踏んでこれに同意した。

だがUMCは会社設立から4年後の1984年から利益を出し始めたため、1985年のボーナス支給時期を迎えると、取締役会はまず任意積立が先だと考えた。だがふたを開けてみると、ボーナスは給与の2カ月分にしかならなかった。そこでロバート・ツァオは今度は、従業員への分紅を純利益の10%に下げ、分紅中の現金と株式の比率を株主とそろえるよう提案した。たとえば株主の配当が株式で2新台湾ドル、現金で1新台湾ドルだった場合、社員の分紅も株式と現金を2対1の比率にするという意味だ。これ以降、UMCの社員分紅モデルはこの原則に沿って決められるようになり、新竹の半導体メーカーの多くもこのUMCモデルを採用するようになった。UMCの設立前にも、いくつかの既存の産業で従業員に分紅が支給されてはいたが、基本的には現金だったため、員工分紅配股制度を最初に導入したのはUMCといっても差し支えないだろう。

台湾半導体業界の黎明期は高度成長期にあったため、毎年の株主への配当金は主に株式を割り当てて支払われており、株式を割り当てて増資するというやり方を絶えず行いながら資本金を増やしてきた。こうしたモデルは海外の株式分割とよく似ている。よって従業員の大半が株式で分紅を受け取る場合、先に述べたように、従業員が実質的に受け取れるインセンティブが増え、会社の費用や従業員の納税額が抑えられるという大きなメリットがあった。

この制度によって、結局何が起きたのか

この制度は役員にも従業員にも歓迎され、台湾半導体業界の成功の礎《いしずえ》となったが、実際に発生する費用に基づいた計算が行われていなかったため、国際会計基準に合致せず、企業の財務報告

や収益にも深刻な歪曲や齟齬《そご》が生じた。また額面で支給された株式を従業員が後日投げ売りした場合、株価が下落して株主全体の権益も影響を被ることになった。

TSMCが米国で米国預託証券（ADR）を初めて発行したときに、この制度がはらんでいた問題が各国の資本市場で焦点となった。

TSMCは1994年に台湾で上場したが、1997年に米国でADRを発行したときに、外資企業がこの台湾独自の員工分紅配股制度に注目した。当時の台湾の会計基準はまだ国際基準を採用していなかったため、従業員への株式報酬の費用が時価で計算されていなかった。よって外資系証券会社はTSMCの財務報告を作成する際に、国際会計基準に沿った報告書をわざわざ別に作成していた。だが、従業員への株式報酬を費用に計上して財務報告を作成すると、TSMCは1株当たり純利益（EPS）が10新台湾ドル以上になるどころか、赤字企業に転落してしまったのだ。

外資系証券会社が作成したこの財務報告は、当然市場に大混乱を引き起こした。というのも、赤字企業に転落したのはTSMCだけではなかったからだ。台湾の半導体メーカーや電機メーカーが全て同じ計算方式を採用していたため、この制度を採用した**台湾企業の財務報告を国際基準で作成し直した場合、ほとんどの企業が赤字になる可能性が浮上**した。

この制度にはもう一つ、別の問題もあった。企業は分配した株式を費用に計上する必要がないため、実質的に、一部企業による分紅の無差別発行を助長してしまったことだ。つまり、企業が通常の収益しか上げられなかったとしても、**株価が急騰しさえすればその従業員は株式を売却する際に多額の現金を手にすることができる**のだ。株式の配当で得られる利益は抗い難い魅力となり、スピンオフを行っては新会社を立ち上げ、得た利益を新会社につぎ込んでまた分紅を従業員に支給するといったことを多くの会社がやり始めた。その結果、さまざまな混乱が同時発生した。

2002年、インターネットバブルが崩壊して株式市場で値崩れが起きた。米国ではエンロン事件などの不正発覚事件が起き、上場企業の上層部が新株予約権を獲得するために不正経理に手を染めたことで強烈な批判にさらされた。こうして、本来は人材獲得と従業員のやる気を高めるためのストック・オプションが、すべての元凶であると非難された。

そして外資は、台湾で長年運用されてきた員工分紅配股制度を強く批判し、台湾政府に法改正を実施して、米国と同じように自社株購入権を企業の費用とするよう厳しく求めた。

この制度が国際会計基準に違反していたのは確かで、国の税収を減らしてもいたため、**台湾政府は2008年から従業員への株式報酬の費用化を開始**し、旧制度の幕を引いた。「科技新貴」

たちの多くは、あのころのようには株式報酬を受け取れなくなってしまったが、台湾の産業基盤が確立され、高収益を誇る企業はやはり少なからぬ分紅を現金で支給しているため、科技新貴は今も羨望の的である。

ハイテク業界を30年取材してきたなかで、日本や韓国の半導体メーカーの方々とお話をする機会も多かったが、彼らはよく、台湾企業の高い競争力は謎だと首をかしげていた。彼らの疑問に対し、員工分紅配股制度がカギを握る答えになるのではないかと私は常々考えている。

日本や韓国の競合他社とは対照的に、台湾の半導体メーカーのほとんどは創業者が一から設立し、しかもすべて中小企業からスタートして徐々に強大になっているため、大企業からの出資を受けていたとしても、その会社の主導権を握っているのは創業者だ。この員工分紅配股制度は創業チームを鼓舞するには非常に効果的で、彼らの企業家精神を大いに発揮させることもできた。逆に日本や韓国の半導体メーカーのほとんどは財閥系企業が出資して主導権を握っているため、その企業グループの下で働いているのはプロフェッショナル経営者たちである。彼らの報酬はほとんどが給与で、それにいくらかの賞与やボーナスが支給されるとはいえ、基本給を上回ることはあまりなく、会社が社員に株式を支給することもそう多くはない。よって、ほとんどのプロフェッショナル経営者は職責の範囲内のことだけを考え、もっと懸命に働こうとか、もっと多くの責任を負いたいといった野心が湧くことも少ない。

従業員への**株式報酬の支給が良い結果を生むのは、従業員がある程度の株式を持った場合、会社をより良くするための努力を怠ったら手持ちの株式の値段が上がらなくなるため、従業員に仕事に励む動機ができるから**だ。また株価の上昇に上限はないため、会社が高収益を維持し続け、1株当たりの純利益が高くなれば、市場が株価を高騰させるかもしれない。創業者にとって、この制度よりも直接的に効果のあるインセンティブは存在しない。

台湾には150万社もの企業があるが、そのほとんどは中小企業である。自社のために全力を尽くしたいと願っている企業は、株式報酬制度を活用すれば、小さくても吸引力と実力のある企業になって、不可能と思っていた多くのことをやり遂げられるだろう。日本や韓国の産業形態は半導体産業も含め、財閥系企業が主導しているが、**企業家精神を必要とするIC設計業界で、日韓メーカーが台湾企業ほどの業績を上げられていないのは、多かれ少なかれ産業形態や特性に関係している**。

中国の半導体業界については、多くのモデルは台湾を真似ているようだ。中国企業も台湾と同様、役員や従業員に株式を支給しており、中国大陸の資本市場はここ数年非常に好調だ。だから中国の半導体業界の従業員も、資本市場が与えてくれるインセンティブの恩恵を受けている。

台湾の員工分紅配股制度が過去のものとなってしまった今、ここで再評価するとしたら良い制度だったと言えるだろうか。企業サイドとしては、会社の決算報告や株主利益の視点で確かに財務上の歪曲や齟齬が生じた制度であったが、台湾半導体産業の黎明期に基本的な競争力も優位性もない後進国が先進国に競争を挑もうとしたとき、いったいどんな手立てがあっただろうという共通認識が実はあったように思う。20年にわたり運用されてきた台湾の社員持株制度は、強力なインセンティブを提供して台湾の国際競争力を打ち立てた。この点を踏まえると、確かに公平さに欠けた制度ではあったが、台湾半導体産業という護国群山を確立したという面においては、肯定的な意義を見出してもよいのではないだろうか。

分紅の乱発は多くの批判を浴びた。過去に一部の経営者が企業統治を軽視して好き勝手していたのは事実だ。だが全体的に見ると、剰余の収益に応じて社員に株式を分配することによって、台湾が産業競争力の基盤を確立し、台湾経済を発展させるサポートをした。こうした観点から考えると、この制度には、もっと合理的で公平な評価が下されてもよいのかもしれない。

真の「実力主義」を貫くヒミツ

——社内政治や株主に左右されない企業統治

モリス・チャン（張忠謀《ちょうちゅうぼう》）は常々、企業統治についての考え方を表明している。**本当の企業統治とはメリトクラシー（meritocracy）、つまり優れた業績を上げた者に仕事を委ねるという実力主義を取るべき**だと。

何も特別なことを言っているようには思えない。仕事とは本来そうあるべきだろう。だが各社の企業統治や運営を実際に見てみると、たとえば会社を将来、誰に託すかと考えたとき、現実にはさまざまな要素が複雑に絡み合っているため、そのなかの一つの理由や要因だけで判断することも、純粋にその人の能力だけで決定することもできないはずだ。

一般的には、ある企業に家族が経営参加していようが法人の安定株主がいようが、あるいは株式が分散していようが特定の筆頭株主がいようが、最も有能で優れた業績を上げている人物を後継者に選ぶことは可能だ。だがこれはあくまでも理想論であって、実際には家族や安定株主、法人株主が自分の好みで人選をしたり、自分たちに反対しそうにない人物を後継者に指名したりするケースが散見される。後継者選びでは往々にして、実力や実績ではなく、コネがある人物や、株主に従順そうな、あるいは妥協してくれそうな人が候補に挙げられている。

後継者を選ぶ際、株式所有構造はもちろん重要な要素だ。たとえばある会社に大株主の一族や安定株主がいる場合は、彼らが人事権を握りたがることが多いし、持株比率が同じくらいの株主が複数いる場合は、互いに腹の内を探り合った結果、協議によって選出するしかなくなることもある。だが船頭が多すぎると最適な人選が行われなくなるばかりか、実力主義とはかけ離れた人選が行われる場合もある。

プロフェッショナル経営者が統治する企業では、台湾では端株の買収を委任状を通じて委任したり法人による代表者の任命が許可されているため、プロフェッショナル経営者が強権を振るって自分の主観で後継者を選ぶことにもなりやすい。また台湾の電子メーカーの多くがかなり前に株式上場を果たしているため、株式が分散して役員の持株比率が低くなっていることから、やはり実力主義による最適な後継者の選出が行われるとは限らない。

こうしたことから、台湾企業の事業継承文化に対するモリス・チャンの見解は、今日のハイテク業界にとって一考の価値があると私は考えている。最もパワフルな後継者に事業を継承できるのか。株主はどのように権利を行使すべきか。企業の事業継承にどう注目し、どう影響を与えるか。これらは間違いなく、台湾の企業統治における大きな課題である。

メリトクラシーが世界での優位性を守る

モリス・チャンがこれほどメリトクラシーを重視するのは、台湾に来る前に米国で豊富なキャリアを積んだからだ。TI（テキサス・インスツルメンツ）に入社した**若き日のモリス・チャンが、会社のナンバー3に上り詰めるまでのよりどころがTIのメリトクラシー**だった。モリス・チャンは実力主義に立脚した米国の競争社会の中で、企業統治や事業継承の成功モデルを肌で感じ、これを台湾に伝えたいと願うようになった。

モリス・チャンは以前に、1972年にTIの半導体事業担当グループ・バイス・プレジデントに昇進してから、企業統治と事業継承について考えるようになり、米国企業のTIやインテル、GEそして欧州各社の事業継承方法について調べてきたと話している。

かつてのIBMやGE、今でいうならマイクロソフトやアマゾン、グーグルといったメリトクラシーを重んじる企業で、**実力主義を是とするプロフェッショナル経営者が企業経営のなかで見せる臨機応変さや進化の速さは、一般的な同業他社をはるかにしのいでいる**、とモリス・チャンは言う。

またモリス・チャンは、**優れた業績を上げたCEOは次期後継者を指名できる**ことも知った。たとえばインテルCEOのゴードン・ムーアは引退前にアンドリュー・グローブを指名し、グローブはクレイグ・バレットを指名し、バレットはポール・オッテリーニを指名している。だが実績の上がらなかったCEOは後継者を指名できないため、その場合は取締役会が適時介入して主導権を握る。たとえば、オッテリーニは業績が芳しくなかったため、その後任は取締役会が指名したが、後任のブライアン・クルザニッチとボブ・スワンの業績も振るわなかったため、最終的には元最高技術責任者のパット・ゲルシンガーを呼び戻してCEOに指名せざるを得なかった。

モリス・チャンは台湾に来てから、台湾企業の統治と運営についてさらに多くを学ぶ機会を得たが、多くの会社はメリトクラシーには程遠いことも知った。雑誌「天下」の独占取材に応じた際、モリス・チャンは工研院に入ってから何度も挫折を味わい、多くの人からのけ者にされ、「上から」「下から」あるいは「横から」さまざまな圧力がかけられたと明かしている。

TSMCを設立したモリス・チャンは、メリトクラシーで企業統治するという夢を実現するため、企業文化の醸成に力を入れ、優れた業績を上げたプロフェッショナル経営者を社内から登用した。

私は思うのだが、これからの米中半導体戦争や地政学的なマクロ環境のなかで、半導体産業に影響を与え、その変革を促すことができる力の源も、モリス・チャンの言うメリトクラシーではないだろうか。

バイデン大統領は就任後、「強い立場（Position of Strength）」という言葉を何度も繰り返して、米国が強い基盤の上に立って中国と長期的な戦略競争をしなければならないと強調した。「強い立場」の核心は科学技術力であり、米国はすでに自国の科学技術力に中国とどの程度の差があるかを分析して、どんなかたちで中国と競争するかを決定している。

米国は半導体産業ですでに絶対的に先行しているため、中国に対するけん制や封じ込めを行い、あらゆる手段を講じてきた。さまざまな手段を講じ、日本や韓国、欧州、台湾などと連携して、中国の半導体産業を石器時代に逆戻りさせようとしているのではないか。

だが、たとえば電気自動車を始めとするいくつかのハイテク分野では中国が突出しており、

BYD（比亜迪汽車工業）や寧徳時代（CATL）は今や国際的メーカーだ。いっぽうで米国には、電気自動車産業で絶対的な先進性がない。だから米国は態度を軟化させ、巨額の補助金を提示して各国の自動車メーカーを北米に誘致しようとしている。実際に、米フォード・モーターには寧徳時代と提携して米国に電池工場を建設する計画があり、その目的は電池技術を中国から導入することである。

2019年のコロナ禍が始まる直前に、モリス・チャンはTSMCの運動会で、**世界情勢が劇的に変化して世界はもはや平穏ではなくなり、TSMCは地政学戦略家が争奪戦を繰り広げる舞台となってしまったため、わが社は技術を先行させ、製造で優位に立ち、顧客からの信頼を得るという三つの競争優位を維持しなければならない**と述べた。

あの時点でモリス・チャンが未来を予見していたのは明らかだ。米中対立がさらに深まり、半導体戦争が激化した今、TSMCは半導体先端プロセス技術でリードしているために、世界のハイテク業界の競争に欠かせない、武器サプライヤーとしての役割を求められるようになった。TSMCも台湾も、地政学戦略家にとって不可欠の「シリコンの盾（シリコン・シールド）」である。今日、モリス・チャンのメリトクラシーを改めて読み解いて、まったく新しい認識を得たと感じている。

第4章

TSMCの研究開発

自主開発への道のりのヒミツ

――IBMに勝利した0・13マイクロメートルプロセス

2000年はハイテク発展史上、極めて重要な年となった。ITバブルが崩壊し、株式市場が値崩れし、多くの企業が倒産したいっぽうで、TSMCが世界の半導体業界で頭角を現した年でもあったからだ。言い換えるとこの年から、TSMCの研究開発能力が国際的大企業を猛追するようになった。大きな理由はTSMCのその後の先行優位となる技術、つまり0・13マイクロメートル(130ナノメートル)銅配線プロセス技術の開発に成功したことだ。

1987年設立のTSMCが最初に手にした技術は、フィリップスから供与された1・2マイクロメートル(1200ナノメートル)プロセスだったが、これは当時の最先端技術から2〜3世代遅れていた。その後、TSMCは一流メーカーを一心不乱に追い続け、その差を徐々に縮めていった。そして2000年に入り、研究開発チームは国際的大企業に挑むという大きな野心を持ち始めた。

２０００年の０・13マイクロメートルがＴＳＭＣにとって、技術の自主開発とトップ企業への仲間入りを果たす転機になったのだとしたら、２０００年より前の技術はどこから獲得したのだろうか。その答えは、購入、ライセンス供与、そして顧客からの無償提供である。

ライセンス供与ではなく自主開発への道に進む

ＴＳＭＣの設立当初の技術は、工研院から技術移転された6インチ工場とその関連技術で、工研院の半導体技術は当時政府が米国のＲＣＡ（アメリカ・ラジオ会社）から技術供与を受けて持ち帰ったものだった。設立時のＴＳＭＣはそのほか、安定株主のフィリップスから１・２マイクロメートルプロセスのライセンス供与も受けており、ＴＳＭＣが独自開発したのは、その次の１・０マイクロメートルプロセスと０・８マイクロメートルプロセスからである。

２０００年に入ると、ＴＳＭＣはより難易度の高いプロセス技術の開発に貪欲になった。このときに見つけたのが０・13マイクロメートル銅配線プロセスである。

当時のＴＳＭＣ研究開発シニア処長（現在は副社長）の余振華《よしんか》は、ＴＳＭＣは１９９７年に、ＩＢＭが発表した０・13マイクロメートル銅配線プロセスのことを初めて知り、それまでのアルミニウム配線プロセスとはまったく異なる技術だったため、この技術に挑戦したいと思うようになったと言う。ＴＳＭＣはその後、技術ライセンスについて協議するためＩＢＭと接触した。

だが、当時のＩＢＭは提携条件にこだわり、研究開発はＩＢＭのニューヨークの工場で行い、ＴＳＭＣにはニューヨークに技術者を派遣するよう要求した。当時の社長曾繁城《そうはんじょう》と研究開発担当シニア・バイス・プレジデントの蔣尚義《しょうしょうぎ》は、研究開発を自社工場で行わなければ、研究開発と実際の製造を緊密に連携させることも、技術をＴＳＭＣに定着させることもできないと考えた。ましてやニューヨークに技術者を派遣しても、帰ってくる保証はない。そして台湾がＩＢＭの技術を移転して、それが成功したとしても、ＴＳＭＣはＩＢＭから少なくとも一年遅れてしまう。

こうして**ＴＳＭＣは最終的に、自主開発の道を選んだ。**

ＩＢＭはその後、ＵＭＣ（聯華《れんか》電子）に共同開発を打診し、ドイツの半導体メーカーであるインフィニオン・テクノロジーズにも声をかけて共同記者会見を開き、このビッグニュースを発表した。当時のＩＢＭの半導体技術はかなり先行しており、しかもＩＢＭアライアンスにはサムスンやＡＭＤ（アドバンスト・マイクロ・デバイセズ）などの大企業もいて、０・13マイクロメートル銅配線プロセスの研究開発にすさまじい意気込みを見せていた。

「研究開発の六騎士」対ＩＢＭ率いる世界的大連合チーム

ＴＳＭＣ研究開発チームには当時、蔣尚義、林本堅《りんほんけん》、楊光磊《ようこうらい》、孫元成《そんげんせい》、梁孟松《りょうもうしょう》、余振華というＴＳＭＣの「研究開発の六騎士」を始めとする優秀な人材がそろっていたが、彼らには上層部から、技術の独自開発なんてこのチームに本当にできるのだろうかと疑われているように思えた。だがかえってそのことが彼らの闘志に火を点け、そろって社長のモリス・チャン（張忠謀《ちょうちゅうぼう》）の目の前で必ず使命を果たしてみせますと宣言した。

このプロジェクトは南科工場で行われることになり、指揮官に蔣尚義が、プロジェクト責任者に余振華が指名された。余振華は新竹から20人余りを連れて南科に駐在した。余振華は台南と新竹を毎週車で往復して新竹に進捗を報告し、20人以上の技術者が一年半単身赴任してプロジェクトに挑んだ「台湾では単身赴任は一般的ではなく、家族全員がついていくことが多い」。

余振華は、研究開発中は毎日仕事に忙殺されていたので、妻が交通事故に遭っても何もしてやれなかったことを、今でも非常に申し訳なく思っている、と当時を振り返っている。

当時は技術者の誰も銅配線プロセスをよく分かっていなかったため、汚染が広がって他のプロセスの良品率に影響するのを恐れた。南科工場で研究開発を行っていたころ、彼らは疫病神のように見られていて、通常の白いクリーンウエアとはっきり見分けがつくようにピンクのクリーンウエアが支給された。クリーンルーム内の動線も厳格に定められていて、そこから出たら告発されることすらあった。

研究開発チームは期待を一身に背負って大きなプレッシャーを感じていた。彼らが当時一番恐れていたのは、ある朝目を覚ましたときに他のどこかが開発に成功したというニュースが飛び込んでくることだった。だから毎日の早朝会議や終業前会議に際しては「誰かが開発の成功を宣言してないか？　いない？　いないいな？　よし、じゃあ会議だ！」と確認するのが常になっていたと、余振華は生々しく語っている。

ライバルはＩＢＭ率いる世界レベルの大連合チームである。孤軍奮闘のＴＳＭＣチームが当時感じていたプレッシャーは計り知れない。

だが**最終的に、開発の成功を一番に宣言したのはＴＳＭＣだった。**そして技術も最も成熟していた。ＩＢＭの合同チームが開発に成功したのはその2年後だったが、さらにもっと時間がかかったライバル社もあった。

ＴＳＭＣは０・13マイクロメートル銅配線プロセスをなぜ一番に開発できたのだろうか。蔣尚義は雑誌「天下」の独占取材で、成功のカギに触れている。

蔣尚義は、ＴＳＭＣがすごかったからではなく、その前に一度大損をしたからだと言う。それより前の世代の１８０ナノメートルプロセスの研究開発中にＨＳＱ［水素シルセスキオキサン。比誘電率３・０以下の材料］という低誘電材料が新たに開発された。この材料は研究開発段階では非常に優れているように見えたが、量産に入ってから信頼性に問題があることが分かった。

このときに大損したことが逆に功を奏した。０・13マイクロメートルの開発でＩＢＭはＨＳＱに技術的に類似するＳｉＬＫ材料を使っていたが、ＴＳＭＣは低誘電材料を採用した。そうしてようやくエラーを修正し、開発の一番乗りを果たした。蔣尚義は、ＴＳＭＣが１８０ナノメートルで失敗したことをＩＢＭが知っていたかどうかは分からないが、ＩＢＭはＴＳＭＣより10年以上も前から銅配線プロセスの開発に着手していたため、もし知っていたとしてもＴＳＭＣのことは参考にしなかっただろうと推察している。

余振華は、ＴＳＭＣのこのときの成功には深い理由はなく、ただ基本に立ち返って直接的または間接的なすべてのエビデンスを詳細に分析し、計画を入念に検討し直して専門的かつ論理的な分析を行って、チームに無駄足を踏ませないようにしただけだと語っている。

0・13マイクロメートル銅配線プロセスの成功で世界の覇者になった

ＴＳＭＣの0・13マイクロメートル銅配線プロセス技術は、２０００年に研究に着手してから1年半で開発に成功した。この技術でＩＢＭに追い着くと、ＴＳＭＣは世界の半導体業界で一躍注目の存在になった。そして研究開発チームはさらに自信を深め、**ＴＳＭＣはやると決めたら何でもやり遂げられる**という信念が生まれた。そしてまた、台湾の人材と研究開発力はもう海外に負けてはおらず、国際社会で勝負できると確信した。

２００３年末、ＴＳＭＣは行政院から「傑出科学・技術人才賞」を授与された。社を代表して受賞したのはＴＳＭＣ研究開発部門でこの技術の研究開発に携わり「研究開発の六騎士」と称された6人の功臣である。

台北の円山大飯店で開催された授賞式で、私と「今周刊」の同僚は独占インタビューを行って、この6人が一堂に会した歴史に残る写真を撮影した（３２４ページ〜）。

0・13マイクロメートル銅配線プロセス技術の自主開発で成功を収めたことで、ＴＳＭＣのその後の研究開発モデルが大きく変わった。このときから**ＴＳＭＣは、技術を自主開発するかライ**

センス供与を受けるべきかを決める際は、最初に慎重に検討するようになった。他社からの技術供与が必要だと思っても、まずは自社の実力を評価することにし、もし自主開発するなら、どれだけの成果が出せるかを分析した。**その結果、TSMCはほとんどの技術を自主開発するようになった。**それが良い成果を生んでいることは、結果が証明している。

0・13マイクロメートル銅配線プロセス技術で覇者としての地位を確立したTSMCが、次に挑んだ大きなマイルストーンは何だったのか。答えは明らかで、システムインテグレーション［様々なシステムの要件定義、設計、開発、運用を行う］である。これは、ポストムーア時代に入った半導体業界にとって、最も重要なソリューションの一つだ。TSMCはその独自のパッケージング技術［半導体製造の後工程の作業↓**パッケージング**］によって、再び世界の頂点に立つことができたのである（373ページ〜）。

20年前の写真のヒミツ

――4人しか写っていない「研究開発の六騎士」

中国が半導体業界で野心をみなぎらせるなか、ＴＳＭＣ元研究開発担当の蔣尚義《しょうしょうぎ》と中芯国際集成電路製造（ＳＭＩＣ　以下、中芯）の共同ＣＥＯ梁孟松《りょうもうしょう》が引き抜かれたというニュースが世界中を駆け巡った。そんななか私は、あるテレビ番組にコメンテーターとして出演することになった。テレビ局が用意した一枚の写真を見たとき、私のなかである記憶がよみがえった。それは20年近く前のＴＳＭＣ研究開発部門にまつわる小さなできごとだった。

写真が撮影されたのは２００３年末。行政院が円山大飯店で開催した授賞式で、「傑出科学・技術人才賞」をＴＳＭＣの開発チームが獲得した。「今周刊」はこの日、ＴＳＭＣの承諾を得てチームを独占取材し、この写真を撮影した。

だがスタジオの画面にこの写真が映し出されたとき、被写体の人数が減っていた。私たちが撮影したときには全部で６人いたのに、画面には４人しか映っていなかったのだ。

あの年に撮影したのは「研究開発の六騎士」という異名を取った技術者たちで、左から林本堅《りんほんけん》、楊光磊《ようこうらい》、蔣尚義、孫元成《そんげんせい》、梁孟松、余振華《よしんか》が並んでいた。

彼らが受賞したのは、先に述べたように0・13マイクロメートル銅配線プロセス技術の開発に成功したことを評価されたからだ（316ページ〜）。なぜ今、写真に4人しかいないのか。おそらく、TSMCを辞めてライバル社のサムスンに入社した梁孟松が、営業秘密漏洩でTSMCから告訴されたからだろうと考えた（218ページ〜）。あの残念な事件があってから、TSMCが公開する写真のなかから梁孟松が消えてしまった。梁孟松はこの写真で右から2番目に立っていたので、梁孟松の部分を切り取るためには、一番右側にいた余振華も一緒に切り取るしかなかったのだろう。余振華はTSMCがパッケージング技術の開発に取り組んでいたときのリーダーで、6人のなかで唯一、今でもTSMCに残っている幹部だ。梁孟松のことでこの写真から消えてしまったのは、非常に残念なことである。

この写真を撮影したときのことは今でもよく覚えている。「今周刊」のカメラマンは被写体の配置を決めるとき、6人のなかで一番職位が高い蔣尚義を目立つ位置に立たせるつもりでいた。だが蔣尚義は、みんなで一つのチームなのだから誰か一人だけを目立たせて重要人物に見せるようにはしたくないと言った。

だが6人の身長がバラバラだったので、いい構図になるよう私たちは辛抱強く話し合って、腕を組んだりポケットに手を突っ込んだり、上着を脱いだりといった、それぞれ別なポーズを取ってもらうことにした。

このときに蔣尚義が梁孟松をわざわざ前のほうに引っ張り出して、前列の真ん中に立たせていたのをよく覚えている。当時の蔣尚義が、研究開発部門での梁孟松の貢献を高く評価していたのがよく分かる。

梁孟松が手をポケットに入れて立っている姿からは、「捨我其誰、当仁不譲（我と思わん者は、仁を行うのに遠慮はいらない）」とでも言いたげな、強い意志が窺える。

梁孟松とTSMCとの間にもともと確執があったことに加え、のちに蔣尚義が中芯の副社長に就任する際に、中芯の共同CEOを務めていた梁孟松が抗議するというゴタゴタも起きたため、メディアは彼らの間の対立を生々しく露骨に描くようになった。

だがこの写真を撮影したときのことを思い出すと私は、TSMCチームが肩を並べて戦っているような気持ちになってしまう。6人の一人ひとりが、あの困難な使命を果たすため全力を尽くし、それをいかにして乗り越えてきたかを、この写真が語り続けているようだ。あれはまさに、苦しい戦いを制したあと、チームが喜びと誇らしさを噛み締めたひとときだった。

世界を引っ張る人材を輩出した少林寺

今私がこの本を執筆している時点で、六騎士のうちまだTSMCに残っているのは余振華だけで、他の5人は引退や辞職で会社を去ってしまった。林本堅は2015年にTSMCの研究開発担当バイス・プレジデントを退いたあと、国立清華大学半導体研究学院の院長に就任した。孫元成は2019年にTSMC技術長兼副社長を引退して陽明交通大学に招かれ、産学創新研究院総院長に就任した。

楊光磊はTSMC研究開発処長を退職したあと、中芯で独立役員に就任した。だが楊光磊はその後、中芯を辞して米国で家族と暮らしながら、インテルの顧問としてそのファウンドリー事業をサポートしている。

蔣尚義と梁孟松についてはご存じの方も多いだろう。蔣尚義はTSMCの研究開発担当シニア・バイス・プレジデントからTSMCの共同COOに就任し、マーク・リュウ（劉徳音《りゅうとくおん》）やシーシー・ウェイ（魏哲家《ぎてつか》）と共にモリス・チャンの3人の後継者の一人に選ばれたが、リタイヤの道を選んだ。だがそれから中芯と武漢弘芯を経て、現在はホンハイグループに加わり半導体戦略長としてホンハイの半導体事業に貢献している。梁孟松はまずサムスンに移籍してそのプロセス技術を先端レベルに押し上げ、その後に移籍した中芯では7ナノメートルプロセス技術の確立を牽引した。

人材開発という側面から見た場合、TSMCは間違いなくファウンドリーや半導体プロセス技術における人材育成の大本山である。この六騎士の影響力だけでも世界中に波及しており、サムスンやインテル、中芯のどの会社にもTSMCの出身者がいる。**TSMCを「世界のウエハー技術者の少林寺」と呼んでも誇張にはならない**だろう。

TSMCは現在、全世界を舞台にした半導体世界戦争の火元ともいえる存在となっており、欧米日と中国という二大陣営が繰り広げる、生産能力と人材の争奪戦の核心となっている。

20年前のインタビューのあとの小さな物語がよみがえったことで、私はしばし物思いに沈んだ。歴史のなかのさまざまなできごとに立ち会うなかで、私にできることといったら、ただそれを傍観する記録者として、この世界チップ大戦争にまつわる小さなできごとの数々を、読者に忠実に届けることくらいだろう。

「夜鷹部隊」のヒミツ

――セブン-イレブン体制の研究開発部門

サムスンとインテルという巨大企業との競争に直面したTSMCは、この強大なライバルを追い越すため、あらゆる方法を慎重に考え尽くした。2016年にTSMCが10ナノメートルプロセス技術で大きくリードしたことは重要な布石となったが、この**10ナノメートルで勝利の基盤を築くカギとなったのが、研究開発部門が24時間三交代制でフル稼働した「夜鷹部隊」**だった。

ことの発端は、2014年12月にサムスン電子が14ナノメートルの量産を開始して、TSMCに半年以上先行していると発表したことだった。サムスンが20ナノメートルプロセスを飛び越えて14ナノメートルに進んでリソースをつぎ込んだことは、その行動も成果も半導体業界に衝撃を与えた。

ファウンドリー業界におけるサムスンの技術について、モリス・チャン（張忠謀《ちょうちゅうぼう》）は昔「レーダーに映った小さな点」と形容したことがあったが、サムスンがTSMCに追いつくどころか追い越す可能性すら出てきたため、このことはTSMCにとって相当大きなプレッシャーになったはずだ。

当時のTSMCの主なプロセス技術は16ナノメートルで、翌年にはサムスンが14ナノメートルでTSMCから受注を奪うと予想されていたほか、インテルも10ナノメートルに着手しようとしていた。両社との距離がじりじりと縮まるなか、TSMCは10ナノメートルという次世代プロセス技術の開発に全力で挑むことを社内に宣言した。この「負けが許されない戦い」の陣頭指揮は会長のモリス・チャンが直々に執り、世界でも類を見ない、半導体研究開発部門による三交代制「夜鷹計画」を発表したのだった。

「夜鷹計画」では研究開発スタッフが「日勤」「準夜勤」「夜勤」の3グループに分かれて24時間三交代制のノンストップ方式で働いた。つまり各グループが毎日8時間ずつ輪番で出勤して、10ナノメートルの研究開発を切れ目なく続けて学習曲線を短縮した。その目標は2016年にサムスンとインテルに完全に先行することだった。

結果、TSMCの夜鷹計画は大きな成功を収めた。アップルのiPhone 6sシリーズのA9プロセッサはもともと、半分をサムスン、もう半分をTSMCが受託製造していた。だがその後、「チップゲート事件「サムスン製のプロセッサの放熱効果がTSMC製よりも劣る」」（111ページ）が起きたため、2016年にアップルはA9の次のA10プロセッサの全量をTSMCに製造委託した。こうして夜鷹計画の成功がクリーンヒットを放った。

2022年にサムスンは、TSMCよりも先に3ナノメートルの量産開始を発表した。だがTSMCは3ナノメートルの量産開始こそ遅かったが、良品率と納期では明らかにサムスンに勝っており、もともと10ナノメートルプロセスでトップに立つつもりでいたインテルのことも、同社が数年にわたり足踏みをしている間に置いてけぼりにした。

TSMCはすでにすべてのライバルを大きく引き離していたと言っていいだろう。

生産ラインではなく、研究開発部門をフル稼働させる

かつてはどこの半導体生産ラインも年中無休の24時間体制で動いていたため、そこで働く技術者は2日出勤したら2日休むという「2勤2休」で勤務していた。よって彼らの生活は夜勤が回ってきたら昼間に眠って夜に仕事をするという、昼夜逆転の生活になる。

だが、**研究開発部門を24時間稼働させた例は、半導体業界にはなかった**はずだ。研究開発部門のエンジニアを真夜中に駆り出すなど多くの国では絵空事で、よしんばそうしたいと思ったとし

ても、一笑に付されて終わりだ。だがＴＳＭＣは研究開発部門もセブン－イレブン、つまり24時間営業にして、途切れることなく開発を続けた。つまり、人よりも早く走って、ライバルがどれだけ努力しても追いつけないようにしたのである。

日勤は通常の就業時間、準夜勤は午後2時から夜中の12時、夜勤は夜中の12時から翌朝の10時という研究開発の三交代制を導入して、ＴＳＭＣは24時間ノンストップで研究開発を続けた。ＴＳＭＣの新竹本社にあった12Ｂ工場10階の夜鷹部隊本部のあかりはこのときから一晩中こうこうと灯り続け、新竹サイエンスパークの不夜城になった。

誰だってわざわざ夜に働きたくないし、夜勤のサイクルに慣れるのも大変だ。よってＴＳＭＣは夜鷹部隊のメンバーを募集したとき、日勤よりも好条件を提示した。たとえば準夜勤の給与は15％増し、夜勤の給与は30％増しとし、年末の分紅は50％増しといった具合である。すると、ことわざにも「手厚い褒美のもとには必ず勇者が現れる（重賞之下必有勇夫）」とあるように、夜鷹計画を発表してから1カ月も経たないうちに希望者が殺到し、瞬く間に400人に達した。しかも彼らは日勤の従業員に勝るとも劣らぬ学歴やキャリアを持っており、多くの人材が不採用になって肩を落とした。

とはいうものの、夜鷹計画は少なからぬ議論や批判も巻き起こした。社員の健康を犠牲にして研究開発を優先するなんてあんまりだ、給料を2倍にしても割に合わないと批判する人もいれば、研究開発部門ですら三交代制を採用して、競争優位を時間と引き換えにしなければならないのなら、台湾のハイテク産業の競争力はすでに頭打ちになっているのではないかといった疑問の声も上がった。

だが**台湾のエレクトロニクス産業が世界の舞台に立てたのは、イノベーションと柔軟性に立脚したからだ**。だから夜鷹計画は台湾が人的資源分野で打ち出した独創的な戦略だったと捉えてもいいのではないだろうか。**私たちはよく「研究開発」と口にするが、「研究」と「開発」のうちTSMCのプロセスの研究開発は、厳密にはどちらかというと「開発」の色合いが強い。**「研究（通常は個人の創造性に拠るところが大きく、人には理解しにくく、人とのリレー方式で進めることが難しい）」よりも「開発」の方がモジュール化や分業化がやりやすい。後者は記録をしっかりと取って仕事をきちんと進め、申し送りのときにそれを分かりやすく説明しさえすれば、次のシフトに入る技術者が続きをスムーズに進めていくことができるからだ。これが夜鷹部隊の成功の秘訣の一つだった。

とはいえ、夜鷹部隊はプロセス技術の研究開発だけを行っていたわけではない。TSMCはA10プロセッサに、最先端のInFO薄型パッケージング技術も使用していた［↓InFO］。

TSMCが開発に何年も費やしたこのパッケージング技術［↓パッケージング］によって、チップの小型化が進み放熱性が向上した。最終的にTSMCがサムスンに勝ってアップルの発注を奪った際に、この技術優位が大きな役割を果たした。

1997年に蔣尚義《しょうしょうぎ》がTSMCに入社したとき、研究開発部門には120人しかおらず、1年の研究開発費は25億新台湾ドルで、技術面でも大手に2世代も遅れていた。蔣尚義は研究開発のレベルを底上げしながら、業界トップクラスの人材に声をかけて研究開発チームの実力を着実に蓄え、メンバーを着々とそろえていった。

蔣尚義はTSMCに入社したばかりのころ、同僚の「拚命三郎《へいめいさんろう》」式（『水滸伝』の登場人物「石秀」のあだ名。自分の命をなげうつことも惜しまない一本気の三男坊を意味する）の勤労精神によく驚かされていた。TSMCの社員は昼夜を問わず好きで会社にいるし、残業や徹夜にも不満を言わないため、外国人の友人に「夜鷹部隊が成功できたのは、台湾人男性に兵役の経験があり、夜中の2時や3時に立哨《りっしょう》していたからだ。TSMCで働くようになると夜勤は立哨のようなものだ。外国人よりも苦労に耐性があり、犠牲や奉仕も厭わない」などと冗談を飛ばしたこともあるという。

蔣尚義は、こうした精神の従業員に強い研究開発チームを組み合わせれば、台湾のエンジニアの頭脳が外国人に負けることはないし、TSMCが成功できないわけはないと考えている。**TSMCの研究開発チームは現時点で7000人以上**を抱えており、2022年の研究開発費は1632億新台湾ドルにも達した。また、2年遅れているといわれていた技術も今では世界をリードし、あらゆるプロセスノード〔製造技術の世代を表す〕で最先端を維持し続けている。TSMCが研究開発と技術面で世界をリードするためのカギは、24時間ノンストップ三交代制の夜鷹部隊が握っていたのかもしれない。

先端プロセスで圧勝できたヒミツ

――インテルとサムスンに差をつけた世界シェア9割の壁

TSMCの製造技術は世界をリードしているが、なかでも7、5、3ナノメートルと微細化の進んだハイエンド技術（先端プロセス技術）の独占率が高く、競合他社のサムスンとインテルにはっきりと差をつけて、**ハイエンドプロセスの世界シェアの9割近く**を握っている。7ナノメートル以降の先端プロセス技術は現在、半導体製造分野で一流メーカーと二流メーカーを分ける大きな境目になっている。先端プロセス技術の分野で他社に越えられない高いハードルをTSMCがいかにして築いたのか、記す価値があるだろう。

まず**2018年にUMC（聯華《れんか》電子）とグローバルファウンドリーズはすでに先端プロセス技術の開発を断念**している。UMCはこの先は12ナノメートル以降の先端プロセスの研究開発に投資せず、成熟プロセスと特殊プロセスに専念すると発表した。グローバルファウンドリーズのほうも、7ナノメートルプロセスの開発を一時中断して、リソースを既存の12ナノメートルプロセスと14ナノメートルプロセスの改善と拡張に回して、収益性を高めるためにプロセスと差別化の強化を図ると発表した。

UMCもグローバルファウンドリーズも、専業ファウンドリー業界で傑出した企業だ。この2社が世界を舞台にしたハイエンドプロセス競争からの離脱を相次いで表明したことで、**競争に耐え得るのはTSMCとサムスンとインテルの3社だけ**になってしまった。だが実際には、TSMCが他社を圧倒的にしのいではるか先頭を走り、ほとんどの受注を獲得している。

たとえば、2018年にグローバルファウンドリーズが7ナノメートルプロセスの研究開発からの撤退を宣言すると、世界第2位のマイクロプロセッサ［コンピューターの心臓部分にあたり、「MPU」と略される。CPU（中央演算処理装置）とほぼ同義］メーカーであるAMD（アドバンスト・マイクロ・デバイセズ）も、すべての7ナノメートル製品の生産をTSMCに委託すると発表した。AMDがTSMCに全面的に発注することによって5年間の急成長をスタートさせたことも、インテルを大きく脅かした。

先端プロセス技術への参入障壁は巨額の研究開発費

UMCとグローバルファウンドリーズが7ナノメートルプロセスから撤退した主な理由は、投資額や良品率、研究開発から人材に至るまで7ナノメートルの参入障壁が年々高くなり、ごく少数の企業しかこうした莫大な研究開発費と資本的支出に耐えられなくなってしまったからだ。

投資額については、**半導体メーカーは一般的に営業収入の5％から8％を研究開発費に充てているが、7ナノメートル以降の先端プロセスになると少なくとも20億ドルの研究開発費が必要になる。**仮にそれを5％として計算した場合、企業の営業収入は最低でも400億ドルなければ、20億ドルの研究開発費を捻出できない。現在、**営業収入400億ドル以上の半導体メーカーは**

TSMCとサムスンとインテルのほかに存在しないため、この「7ナノメートルクラブ」への参加資格が手に入るのは、この3社に限られてしまう。

2018年のデータによると、TSMCの7ナノメートルプロセス技術の資本的支出は5000億新台湾ドルを超えており、将来的には5ナノメートルと3ナノメートルがそれぞれ7000億新台湾ドルと8000億新台湾ドルに達する見込みである。だがこれは5年前の古いデータだから、今私が本書を執筆している2023年の時点で、TSMCの投資額はさらに増えている。7ナノメートルの生産ラインは、設備コストだけで6000億新台湾ドル（200億ドル）にもなり、5ナノメートルや3ナノメートルともなれば1兆新台湾ドルも目前である。2021年の台湾の税収の合計額が2兆8000億新台湾ドルであることを踏まえると、国が半導体産業に投資するとしても、ここまでの巨額の投資は現実的でないことが想像できるだろう。

目玉の飛び出るような資本的支出に加え、研究開発のハードルも非常に高い。半導体プロセス技術は日進月歩で進化しているが、7、5、3ナノメートル以降になると半導体チップに描かれる電子回路の線幅が極限まで細くなり、良品率も下がり続けて物理的な限界に近づいてくる。よって企業は研究開発で厳しい挑戦を強いられることになり、投資額も大きくなる。

また、**トップレベルの顧客からの協力やサポートを得ていることも、TSMCの勝利の秘訣**である。というのも顧客は7ナノメートルを発注するために、より高い対価を払わなければならないからだ。

今、7ナノメートルプロセス用フォトマスク［ウエハーに回路を転写するための回路原板↓**フォトマスク**］1セットを用意すると20億新台湾ドルがかかる。万が一破損してしまったら、この20億新台湾ドルは水の泡だ。そんな冒険ができるのはもはや大企業だけで、中小企業にはとても手が出せない。かつて14ナノメートル時代には、フォトマスク1セットは2億新台湾ドル、28ナノメートル時代には1セットに2000万新台湾ドルも支払えばよかったが、今や製造コストは10倍速で跳ね上がり、7ナノメートル以降の先端プロセスも大企業しか参入できなくなっている。

よって、TSMCの7ナノメートル技術が進化し、生産能力と良品率が安定すれば、さらに多くの一流の顧客から自然と注文が舞い込むようになり、一流顧客からの協力やサポートもより一層強化される。顧客の成功はTSMCをさらなる成功へと導き、好循環を生み出して、競合他社には越えがたいハードルを設置してくれるだろう。

勝利のカギとなったＡＳＭＬと先端パッケージング技術

では、ＴＳＭＣはどうやって7ナノメートルで先行して、インテルやサムスンとの距離を広げたのだろうか。そこには主に次の2つの理由があったと私は考えている。

1つ目は、ＴＳＭＣとＡＳＭＬ〔微細加工に必要な露光装置で圧倒的シェアを誇るオランダの製造装置会社〕が長年にわたり緊密な協力関係にあり、7ナノメートルのハイエンドプロセスに使用されるＥＵＶ（極端紫外線）露光装置〔↓**露光装置**〕にＴＳＭＣが多大な貢献をしてきたことだ（369ページ～）。2つ目は、3Ｄ先端パッケージング〔↓**パッケージング**〕でＴＳＭＣが行っている研究開発の進捗も、7ナノメートルが飛躍的に発展するカギを握っていることである。

ＴＳＭＣが3Ｄパッケージング分野で行っている研究開発は、元研究開発担当バイス・プレジデントの蔣《しょう》尚《しょう》義《ぎ》が2009年にモリス・チャン（張《ちょう》忠《ちゅう》謀《ぼう》）からＴＳＭＣに呼び戻されたときに、その必要性を主張したことで始まった。蔣はムーアの法則が限界に近付いているのだから、先端パッケージング技術を活用して、高性能化、低電力消費化、小型化そして伝送速度の高速化をさらに進めた製品を実現すべきだと説いた。こうして、ＴＳＭＣは2012年から第1世代のパッケージング技術CoWoS〔主に高性能コンピューティング向けの先端パッケージング技術↓CoWoS〕を導入し、次にInFO先端パッケージング技術〔主にモバイル向けの先端パッケージング技術↓InFO〕にまで発展させて生産コストを迅速に削減した。このことが、ポストムーア時代の制限を減らす一助となっただけでなく、7ナノメートル技術のボトルネックを解消する会心の一撃にもなった。

TSMCの財務データを見ると、7ナノメートル以降の先端プロセスがすでにTSMCの右肩上がりの業績のカギになっていることが分かる。TSMCの2022年第4四半期の財務報告によると、5ナノメートル先端プロセスが営業収入に占める割合は32%で、7ナノメートルが22%、16ナノメートルと28ナノメートルがそれぞれ12%と11%、残りのプロセスはすべて足しても2割強にしかならない。

別な言い方をすると、7ナノメートル以降のプロセス技術が現在のTSMCの営業収入の半分以上を占めるようになったことで、傑出したハイエンドなプロセス技術が会社の絶え間ない成長の原動力となり、TSMCと競合他社との差を広げる競争優位をも形成するようになった。

グローバルファウンドリーとＡＭＤに見る「設計」と「製造」の分離

２０１８年のグローバルファウンドリーズとＡＭＤの話に戻す。この年、グローバルファウンドリーズはハイエンドプロセスの開発から手を引き、ＡＭＤは7ナノメートルの製造をすべてＴＳＭＣに委託するようになった。この二つのできごとが、今後の半導体業界の動向を考えるうえで重要な考察点になると私は考えている。というのも、**グローバルファウンドリーズがＡＭＤから分離独立したことが、半導体発展史のなかで起きた「設計と製造の分離」という大きな潮流を象徴する重要な1ページになった**からだ。このメルクマール的なできごとは、半導体産業の研究には格好の教材だ。目下「製造地獄」に陥っているインテルも大いに学ぶべきところがあるだろう。

１９６９年に設立されたＡＭＤは当初からインテルと激しく競争し、設計から製造まですべて自社で手掛けていた（ＩＤＭモデル）。ＡＭＤを設立したジェリー・サンダースは当時「ファブ（半導体製造工場）を持ってこそ、真の男」という有名な言葉を言ったことで知られている。あのころの業界関係者でこの言葉を知らない者はいなかったし、誰もが同意していた。専業ファウンドリー会社はまだ存在していなかったため、チップをすべて自社工場で製造しなければ、ＩＣ製品を生産して理想をかたちにすることができなかったからだ。

だがそれから40年後の２００９年、ＡＭＤは専業ファウンドリー分野がこれから躍進すると確信したため、製造部門をグローバルファウンドリーズとして独立させ、アブダビとドバイから大口の出資を取り付けて、翌年にはチャータード・セミコンダクターを合併した。そして２０１１年には、ＡＭＤはわずかに保有していた株式をすべて売却して、完全なＩＣ設計会社に生まれ変わった。とはいえ、ＡＭＤはまだ多くの製造をグローバルファウンドリーズに委託していた。

２０１４年に入るとグローバルファウンドリーズはＩＢＭのウエハー製造部門を買収し、２０１６年には、重慶と成都で12インチ工場の投資合弁計画を発表した。だがこれらは最終的には計画倒れになった。すると２０１７年にグローバルファウンドリーズは、今度はサムスンとＩＢＭと共同で5ナノメートルプロセスのチップに製造したという驚きのニュースを発表した。グローバルファウンドリーズの設立当初の急成長はＴＳＭＣに圧をかけたが、ＡＭＤが２０１８年にグローバルファウンドリーズを完全に切り離して、すべてＴＳＭＣに発注するようになってからは、その脅威も目に見えて減った。

ＡＭＤで設計と製造の分離を推進したのが、台湾系米国人でＡＭＤのＣＥＯのリサ・スー（蘇《そ》姿丰《しほう》）だった。スーはＡＭＤを率いてインテルを再び脅かすようになった女傑で、幾度となく半導体業界の風雲児となり、時代の変遷の目撃者にもなった。「ファブを持ってこそ、真の男」という言葉は今なら「ファブがなくても女性の力でこのように出世できる」と言えるだろうか。リサ・スーの存在はＡＭＤが自力で業界から注目されるようになった象徴である。

ＡＭＤが世界最強のＴＳＭＣに製造委託するという現実的な選択をしたことで、マイクロプロセッサとグラフィックス用チップの世界的な版図が塗り替えられた。この影響は今も拡大しつづけている。**TSMCはファウンドリー事業で成功を収めたことで、AMDにとって提携したいファウンドリーのナンバー1になっただけでなく、エヌビディア、クアルコム、ブロードコム、メディアテック（聯発《れんはつ》科技）といった多くのファブレスIC設計会社からも真っ先に選ばれるファウンドリーとなった。**そして工場を持っていた多くの半導体ＩＤＭが自社工場の建設計画をきっぱりと諦めて、すべての生産をＴＳＭＣに委託するようになった。ＡＭＤがＩＤＭからＩＣ設計会社へと転じたことは、この大きな趨勢のなかで起きた、最も具体的な例である。

ＣＰＵ分野で起きているＡＭＤとインテルの競争も、今やはっきりと明暗が分かれている。

ＡＭＤにＴＳＭＣのプロセス技術が加わったことは、間違いなくＡＭＤに勝利をもたらすカギになった。

米国最強の半導体メーカーと呼ばれたインテルは実は、プロセス技術の深刻な立ち遅れという苦境にかなり前から立たされている。本来ならば２０１７年から量産に入るはずだった10ナノメートルは、６年が過ぎた今でもそのめどが立っていない。２０１８年６月にインテルを去った元インテルＣＥＯのブライアン・クルザニッチは当時、インテルはプロセスで後れを取ってしまったため、市場シェアの15～20％をライバルに明け渡すことになるかもしれないと認めていた。

インテルはこれまでＣＥＯを何人も交代してきた。現ＣＥＯのパット・ゲルシンガーも奮闘しているが、ＡＭＤは10年かけて会社分割を終え、会社を分割しても不死鳥になれることを実績で証明している。このことは今後、インテルが起死回生できるかどうかを測る指標になるはずだ。

営業秘密登録システムのヒミツ

――TSMCの最も価値ある資産

どのハイテク企業も自社の研究開発力やイノベーション力を説明するとき、米国や欧州、日本、中国、台湾に出願した特許の数と質を誇り、そのレベルを測る指標にしていることは、読者の皆様もご存じだろう。だが、**TSMCは大量の特許出願以外に、外部には公開せず内部だけで閲覧可能な営業秘密も重視している。**特に、2013年から運用を開始した営業秘密登録システムは、TSMCが競争力を強化するために最も重要な基盤になっている。

TSMCは、営業秘密は企業の競争力の源泉だと考えているため、年間1000億新台湾ドル以上の開発費を投じている。だが戦略的な理由から、TSMCの研究成果のなかで**特許出願されるのは彼らが開発した成果物のわずか10%にすぎず、大部分は営業秘密として保護**されている。そして社内には営業秘密登録システムが構築されている。

TSMCは社内に蓄積され続ける競争優位の整理と総括を、この営業秘密登録システムで行っている。その結果、**２０１３年の実施から２０２１年までの間に、16万件もの営業秘密が登録されてTSMCの最も価値ある資産**になった。

ＴＳＭＣの副ＣＬＯを務める謝福源《しゃふくげん》によると、ＴＳＭＣの営業秘密登録システムは28ナノメートルの先端プロセスのときから運用が始まり、その後成熟プロセス部門が加わり、さらにパッケージング・検査部門も加わった。２０１５年に研究開発担当者はこの重要性に気付き、研究開発部門の同僚に、まずシステムに登録してくれと頼んだ。つまりこのシステムは、最初から完全なかたちでスタートしたのではなく、各部門が五月雨式に参加し、何度も修正を重ねて今のようになった。内容を整えるよりも先に、まずはシステムを作ってしまったのだ。

また**このシステムでは営業秘密を管理するほか、契約管理システム、人的資源システムとの同期と串刺しが行われている。**契約管理システムを串刺し管理する目的は、ＴＳＭＣと共同でプロジェクトに関与する多くの会社は、提携契約を結んでいる。だから、そのプロジェクトの成果がどちらに帰属するかを定めておく必要があるからだ。

また人的資源システムを串刺し管理するのは、そのシステムで従業員の実績、業績評価と昇進、報酬と適切に紐づけて参照できるようにして、会社のインテリジェントマネジメントや経営のイノベーションとより密接に結びつけるためである。

インテリジェントマネジメントのピラミッド

イノベーションと競争優位には関連性があるが、この二つを一つに結び付けるにはどうしたらいいだろうか。謝福源は、経営秘密登録システムが大きな力になってくれると言う。TSMCのナレッジマネジメントとインテリジェントマネジメントのピラミッド構造は**最下層から順に知財戦略（IP Strategy）、次に競争優位（Competitive Advantage）、その次が文化のイノベーション（Innovative Culture）と続き、ピラミッドの最上層がサステナブル経営（Sustainable Operations）**である。それぞれの英語の頭文字を取るとICISになる。

謝福源は、従来型の特許管理方式にこだわると、現在の世界規模の貿易戦争のニーズには合致しなくなるため、企業にはマネジメントモデルのイノベーションがどうしても必要だと言う。

TSMCの知財管理がずば抜けて優れていることはよく知られている。従業員が業務の中で行った発明やイノベーションをいかに管理するかは、営業秘密の不正入手や度重なる引き抜きといった危機に直面したときにカギを握るうえ、企業の持続可能な発展を実現するための基盤にもなるものだった。

台湾智慧資本公司が米国の過去の特許出願数を統計したところ、その8割をたった200社が握っていた。そして、ある程度リアルな話として「特許制度とその運用はすでに、金持ちの大企業のゲームだ。イノベーションに役立てるためではなく、資本のためのものになっている」と言う。Googleは、昔は特許システムに反対していたが、自社が大企業に成長すると口をつぐんだ。今ではアルファベットと社名変更したこの巨大ハイテク企業が、多くの会社の特許を買ってその200社の一つに名を連ねたからだ。

こうしたことから、営業秘密は今や、台湾企業が必死で生み出さなければならない競争優位になっていると言う。TSMCの2020年のデータを見ると、この年の特許の出願数は5500件を超えているが、営業秘密登録数はさらにその約4倍にあたる2万件超えとなっている。ということは**TSMCの競争力のうち、特許出願数という外から見えている部分は氷山の一角にすぎず、それ以外の8割は海面下に沈んでいる営業秘密**である。そしてそれが、特許よりも強い武器になっている。

謝福源は、営業秘密の保護に関するイノベーションはすでに既定の潮流になっているため、**製造力に優位性のある台湾企業は、なおさら営業秘密によって製品やプロセスを守るべき**だと強調している。とはいうものの、営業秘密にかかる訴訟は複雑で、台湾には中小企業が多いため、営業秘密の管理や訴訟に関するリソースも経験も限定的だ。よって台湾企業が知財を持続的に管理できるよう、政府が補助する必要がある。

こうしたことから謝福源は、まずは各社が内部で営業秘密の管理を適切に行って、**自社にどれくらいの無形資産と営業秘密があるのかを知るべき**だと提案している。これらを記録し整理するには時間もかかるが、もし企業が自社の営業秘密すら把握していないなら、今後他社との間で特許紛争や訴訟が起きた場合、提示できる記録もないということになる。

また、営業秘密は理屈から言えば秘密にしておくべきだろうが、TSMCは早い段階からサプライチェーンのパートナーと「公益の共有」に取り組んできたと謝福源は言う。それはTSMCが内部の方法も経験もすべてパートナーと共有してよいと考えているからだ。謝福源はまた、台湾には金融や観光、飲食業といった優れたサービス業が数多くあり、彼らの競争力が特許から生み出されているとは限らないが、同じように内部の営業秘密を整理して登録することによって、競争力を飛躍的に伸ばせる企業も数多くあるはずだと指摘した。

謝福源は、営業秘密の登録管理ノウハウを一つでも多くの企業に伝えたいと願っていて、社外の講演を頼まれるたび、すべての参加者に自分の端末の電話番号を教えている。TSMCの営業秘密の登録管理方法を知りたい人がいたら、謝福源と彼のTSMCの同僚が喜んでシェアしてくれるだろう。謝福源はTSMCの方法を、他の台湾企業や産業にも役立ててほしいと考えている。

営業秘密登録システムは、この先特許侵害の訴訟を起こすことになったときに事実の根拠となるだけでなく、システムが会社の人的資源システムにも直結しているため、従業員に適正評価を実施できる。つまり、別の会社を辞めてTSMCに入社する従業員に対して、前の会社の秘密を持ち込むリスクがゼロになっているかをこのシステムで評価する。雇用契約にも、営業秘密は会社のものだと明記されている。特許は公権力に守ってもらえるが、営業秘密は企業や個人間の取り決めによって守る必要があるため、企業と従業員が自己管理規則を定めておく必要がある。

台湾の電機メーカーの大部分は製造業に携っているので知的財産の保護は重要な課題である。しかしながら、営業秘密登録システムを構築するためにTSMCが払ってきた数々の努力について知ると、自社の競争力を総括し、体系的に整理・集約してきたこの企業の右に出る企業はないだろうと私は考えている。

ほとんどの人はこの護国神山の外から見えるそびえたった山しか見ていないが、実はTSMC

という山の地中深くには巨大な知財ライブラリが隠されていて、自社の競争優位を守りながら競争相手からの侵害行為も防いでいる。こうした努力の背後には、卓越性を追求するメンタリティと、TSMCが世界のなかで先行優位を持つことを可能にした、重要な力がある。

技術委員会のヒミツ

——ナレッジマネジメントの徹底と学習する組織づくり

1988年、当時のインテルCEOアンドリュー・グローブは訪台したついでに、モリス・チャン（張忠謀《ちょうちゅうぼう》）の招きに応じて設立1年のTSMCを視察した。視察が終わるとグローブの部下は266カ所の改善点を指摘した。半年後、TSMCはその数を66個に減らし、さらに半年後、改善点はわずか6つを残すばかりになっていた。

TSMCは問題を一つひとつ解決してインテルからスムーズに認証され、CPUとチップセットの受注を取り付けた。設立1年でインテルから注文を取ったため、TSMCはエンジニアリング力を向上させたことだけでなく、大企業からの裏書きをもらえたことでも注目を集めた。

このように、ＴＳＭＣが不可能と思われることを可能にできるのは、絶えず更新されている高度なナレッジマネジメントフロー［知識やノウハウ、経験などの知的財産を、社内全体で蓄積して共有すること。知識管理ともいう］があり、常に世界トップクラスの企業をベンチマーキングできるようになっているからである。ベンチマーキングによって、関連分野の最高かつ最強の知識を学習し、社内のナレッジマネジメントを洗練させて、製造技術やサービス、マネジメントのすべてを唯一無二の状態にしている。

ＴＳＭＣのナレッジマネジメントとベンチマーキングのなかでも最も重要な組織のイノベーションが「技術委員会」である。

技術委員会の構成は、ウエハー製造フローに基づいて分類されている。現在のところリソグラフィー、エッチング、成膜、拡散、イオン注入という5つの委員会がある（15ページ）。各工場の関連スタッフを各委員会に入れてスタッフ同士を十分に交流させて各工場の情報とリソースを共有させる。工場横断的に分業や協力ができるような体制を整えて、顧客がＴＳＭＣのどの工場に発注しても、品質とコストと効率が同じ、最高のサービスを受けられるようにしている。

よって、簡単に言うと**技術委員会は社内マネジメントの二重機能（デュアル・ファンクション）を形成**している。工場内の社員全員に上司が二人ずついて、一人は自分が実際に働いている工場の上司、二人目は5つの委員会のなかで、自分が所属している委員会の上司である。

TSMCの技術委員会は1990年代に入ってから始まり、社長（当時）の曾繁城《そうはんじょう》とオペレーション担当バイス・プレジデントのリック・ツァイ（蔡力行《さいりきこう》）が担当していた。二人は毎月、5つの技術委員会と定例会議を開いて、各工場でどんな問題が起きたか、どんな再発防止策が立てられ、その日の会議で決定すべきことは何かといったことを評価するほか、TSMCの多くの規範文書を定期的に見直して更新し、プロセスの更新についても委員会の定例会議で最終決定していた。

TSMCが技術委員会を立ち上げたばかりのころ、工場は台湾内に5~6カ所あるだけだったが、今では中国、米国、日本、シンガポールなどに範囲を広げ、20カ所以上に増えた。たとえばTSMCの米国アリゾナ工場の社内コードはFab 21である。

工場が増えるにつれ、工場横断的な技術委員会を運営する重要性がより高まっている。各工場の従業員を職能別に委員会に参加させれば、そのときに最も成果を上げた工場をピックアップして学び合うことができるほか、最も成果が振るわなかった工場も問題点を早急に見直して改善することもできるからだ。

詳細に記録し、賢くコピーする

従業員が工場の枠を越えて参加する技術委員会は、TSMCが内部のナレッジマネジメントをアップデートするための重要な一歩だった。重要な問題を工場同士で頻繁に見直すようにすれば、全員にベンチマーキングさせてオペレーションの共通認識と標準化を確立して「学習する組織」の雰囲気を社内に作り出し、この力を借りて会社を前進させ続けることができるからだ。

技術委員会はまた、ナレッジマネジメントという重要な目標を実現して、企業競争力に関係する全知識を記録管理することによって、あらゆる経験の継承を可能にしてコピーを成功させ続けてきた。

コピーの成功は、TSMCにおいて経営管理の最高原則と言っていいだろう。というのも、TSMCは1~2年おきに工場を新設しているが、現在は資本的支出が年間300億ドルに上るだけでなく、工場が海を越えて点在しているため、各工場のコピーを以前にも増して完璧に行わなければならなくなったからだ。

では、いかにしてコピーを成功させているのだろうか。

簡単に言うと、TSMCは「中央アーカイブ」という一種のシステムによって、新工場に「スマートコピー」している。また「コピーエグゼクティブ（コピー責任者）」と呼ばれる担当者が、他の工場の従業員が正確にコピーできるよう責任を負っている。

そこで重要になるのが、内部のナレッジマネジメントシステムである。**TSMCには「教戦手帳」と呼ばれるガイダンスがあり、工場が完成して設備が搬入されると、新しい技術者がすぐに設備を動かして生産に入れるよう、このガイダンスが渡される。**設備自体にもこのガイダンスがあるので、6インチから8インチ、12インチのウエハーまで、このガイダンスを見れば、技術者は設備稼働時にどんな困難が生じる可能性があるのかを前もって知って失敗を未然に防ぐことができるし、問題が起きる可能性のある時期や、問題が起きたときの解決方法を事前に知っておくこともできる。これには微細穴加工の方法から機械室の設定方法まで、あらゆることが記載されている。つまりこのガイダンスによってTSMCは、過去の経験を記録して次の技術者に継承しているに等しい。そして誰かが会社を辞めても、その経験が途切れることはない。

半導体生産設備の操作方法や工場建設に関する知識やノウハウを、半導体業界のなかで最も多く完全に持っているのはTSMCのはずだ。これらの知識はすべて、社内共有する知識として技術委員会アーカイブに蓄積され、新しく建設された各工場に速やかに移転されている。

よって**TSMCのすべての工場に技術を統合する責任者がいて、最も優れた技術と知識を選んで技術委員会の全メンバーと共有**している。作業経験の記録と共有ができるかどうかも、会社の業績評価項目のなかで非常に重要な評価項目の一つである。

TSMCではこのナレッジマネジメントに基づいて、どんな設備を調達するかを決定しているが、もっと正確に言うと、設備調達の責任者がコネや個人的判断によって決めているのではなく、すべてはエンジニアが過去に社員から寄せられた知識と経験に基づいて決定している。すべての設備と材料の長所と短所が内部に記録されているため、エンジニアがこうした知識を頼りに決定すれば、人為的な判断ミスが大幅に減り、リベートのやり取りといった不正も未然に防ぐことができ、会社が業界最高で、自社に最も適した設備と材料を調達できる。

TSMCが実践している**知識の学習と継承は、製品を製造する工場だけでなく、業務部門でも行われている。**

たとえば、TSMCの事業で顧客企業のなかの3人と交渉した場合、この3人がそれぞれどんな職務を担当し、今後の市場の方向性をどう考えているか、TSMCに何を求めているのかといったことを、すべて顧客訪問報告に記入する必要がある。TSMCの顧客サービス部では、顧客の製品の型番、ニーズ、どんな問題がフィードバックされてきたかもすべて記録して、その後の照会や参考に使っている。

また私が先にお話ししたように、TSMCは顧客に、自社工場を持たなくてもTSMCが御社の「バーチャル工場」になると力説している（72ページ〜）。よって顧客はアカウントとパスワードを取得してTSMCのコンピューターシステムにアクセスすれば、生産の進捗状況をいつでも確認でき、自社工場のように便利に使うことができる。だが、さまざまな知識を蓄積し続ける仕組みがなければ、TSMCが「顧客のバーチャル工場」になることはできないのだ。

工場や業務といった核心事業分野がナレッジマネジメントを必要とするほか、人事やアドミニストレーションといった分野でも、詳細な記録とスマートコピーは必要だ。

たとえば会社の公報部門は、株主総会をどのように行うべきか、各人が何を担当すべきかといったことについて、株主総会を終えたあとに会議を開いて改善点を話し合う必要がある。例を挙げると、ある年の記録には経営幹部の胸につける生花のコサージュには花粉が落ちない花を選ぶべきだとあったが、翌年には花は不要と修正されていた。取るに足らない小さなことだが、従業員はこうした詳細な記録のおかげで、過去の経験を参考に改善点を考えることができるのだ。

技術委員会はTSMCが今のような成功を収めるための重要なメカニズムだが、その重点は、部門をまたいだ水平統合によって各部門に切磋琢磨させ、イノベーションを奨励していることにある。そして技術委員会の運営方法と理念から生まれているものは、単に技術やマネジメントの進歩への応用にとどまらない。TSMCには分野や部門を横断して進められるプロジェクトが数多くあり、それらは多くの従業員が業績を上げるために、毎年自発的に探して参加するプロジェクトにもなっている。

TSMCで働いたことのある友人は、TSMCの年間業績評価は日常業務の評価のほか、プロジェクトの業績も考慮されていると言う。そのため、業績を上げるにはプロジェクトに関わる必要がある。TSMCで働いている友人の多くは、10年余りで20~30ものプロジェクトに携わっている。こうしたプロジェクトはすべて部門をまたいで協力して行われるため、多くの友人を得る機会が生まれ、学び合いが生まれ、個人的にも成長でき、その後のキャリア形成にも大いに役立っている。

さらに、TSMCは従業員に、一つのプロジェクトの進行中にそれとは別のフローや方法に本当に影響を与える革新的なプロジェクトに着手するよう求めてくる。別のプロジェクトを考案するとなると、今までやったことも参考にできるような経験値もない仕事に頻繁に出くわすことになるため、そのプロジェクトに関わる他のメンバーも常に学習を続けて、専門性を高め続けることができる。

ＴＳＭＣは技術委員会の組織デザインの大元の部分から、奥深いナレッジマネジメントを生み出しているが、これはＴＳＭＣが学習する組織へと変わるための重要なプロセスの一つでもあり、ＴＳＭＣが抜きんでた競争力を蓄えるためのカギでもある。

「グランドアライアンス」のヒミツ

――サプライチェーンの分断を起こさない

２０２３年３月21日、米国企業エヌビディアＣＥＯのジェンスン・ファアン（黄仁勳《こうじんくん》）は、自社イベント「ＧＴＣ ２０２３」で、コンピューターリソグラフィー「リソグラフィーは、ウエハー上に回路を転写する手法→**リソグラフィー**」を改善できるソフトウェアライブラリ「cuLitho」をリリースした。

パートナーのTSMC、露光装置会社のASML［↓露光装置］、EDAソフトウェアツール［IC設計を自動化するツール↓EDA］を手掛ける米国企業シノプシスと連携することで、工場はスループット［時間あたりの作業量］を向上させて二酸化炭素排出量を削減し、2ナノメートル以降のプロセス技術に、より堅固な基盤を構築すると述べた。

エヌビディアはAI分野のリーディングカンパニーで、同社が設計するグラフィックス用チップは世界中のAIに採用されている。この日、ジェンスン・ファンは「AIのiPhoneの時代がすでに始まっている」とも言い、エヌビディアはオープンAI［AIを研究開発する非営利研究機関として設立され、現在は営利企業としても注目される。代表はサム・アルトマン］と提携するマイクロソフトだけでなく、アルファベットとも提携してスーパーコンピューターサービスを提供するとも話している。

ChatGPTがAI革命を牽引するなか、エヌビディアの影響が増しているため、この4社同盟も半導体業界の今後5年から10年間の発展に大きな意義があるだろう。半導体業界が今後もムーアの法則に挑み続けて、2ナノメートル以降のさらに高度なプロセス技術の発展に向かうにせよ［↓モアムーア］、目覚ましい進歩を遂げている世界のAIに対し、ニーズが日増しに高まっている演算能力を提供するにせよ、この4社同盟が大きく貢献するだろう。

TSMCの側から見ると、これは「TSMCグランドアライアンス」というエコシステムの実力が、最も新しく、最も具体的に花開いたものである。

「グランドアライアンスエコシステム」は、モリス・チャン（張忠謀《ちょうちゅうぼう》）が昔、TSMCのサプライチェーンエコシステムの構想を練っていたときに、第二次世界大戦の歴史からインスピレーションを得て生まれたものだ。第二次世界大戦中に英国と米国が連合軍を組織して、ドイツとイタリアと日本の枢軸国側と戦ったように、TSMCは今、多くのサプライチェーンのメーカーと一緒に、この大連合《グランドアライアンス》という概念を共有している。

TSMCグランドアライアンスは、ファウンドリーとサプライチェーンの提携を強調しており、ビジネスモデルはかつてのIDMメーカーよりも強大になっている。そしてグランドアライアンスのメンバーは、それぞれが分業して、自社の最も得意とする分野で貢献している。受託で製造を請け負うTSMCがIC設計業界やサプライヤーと提携することによって、世界の半導体業界のビジネスモデルと産業エコロジーを変化させることができるのだ。

エヌビディア、TSMC、ASML、シノプシスの4社の提携が今、TSMCグランドアライアンスをより意義深いものにしている。エヌビディアはTSMCとの提携期間が最も長く、関係も密接で、まるでTSMCの兄弟のようなパートナー企業である。IC設計で世界トップのエヌビディアがTSMCの2ナノメートルプロセスを全面的に後押しし、そこに装置メーカーASMLの精密機器と、EDAベンダーのシノプシスの先端EDAソフトウェアをプラスすれば、勝ち組の団結をさらに強固にして、サムスンやインテルといった競合他社を排除することもできる。このトップ企業4社が同じ戦線に立ってグランドアライアンスとして行動することを誓ったため、その他の「枢軸国」に宣戦布告するというニュアンスがますます強まったようだ。

これまでもTSMCグランドアライアンスの運営は、もともとよく組織化されており、ほぼすべての半導体サプライヤーが含まれていた。米中半導体戦争やコロナ禍、サプライチェーンの寸断やウクライナ戦争を経て、TSMCグランドアライアンスがもはや単なる勝ち組グループではなくなって、すべてのサプライヤーを魅了するようになったのは、**TSMCがより即時性が高く、より現地化の進んだサプライチェーン体系を積極的に構築したせい**でもある。このようにして多くの現地サプライヤーを育成し、彼らがTSMCと共に世界一流の製品と技術を発展させたおかげで、TSMCは半導体業界のリーディングカンパニーとなった。

地元台湾の業者は、ＴＳＭＣのために製品を製造し、ＴＳＭＣのために独自の設計、製品、サービスを開発したいと願っており、しかも多くの海外サプライチェーンよりもうまくやる。そのため、台湾のサプライヤーの多くは、ＴＳＭＣのサプライチェーンの一員となってから、世界のサプライチェーン体系のなかでさらに不可欠の存在となっている。

たとえば、ＴＳＭＣは毎年年初に、前年の優良サプライヤーに「卓越表現賞」を授与している。２０２２年にＴＳＭＣの優良サプライヤー18社の一つに選ばれた台湾の新応材《しんおうざい》（ＡＥＭＣ）は、非常に印象に残っているケースだ。

新応材が生産するフォトレジスト製品〔「製造（前工程）」で「リソグラフィー（露光）」を行う準備として塗布する感光剤のこと〕は、半導体のリソグラフィープロセスの重要材料であり、技術的難易度が非常に高く、半導体材料界の王と言われている。主な市場は現在、日本と米国のメーカーが寡占しており、日本のＪＳＲ、信越化学工業、富士電機、東京応化工業、米国のローム・アンド・ハースといった大企業だけで、世界シェアの9割以上を握っている。

２０１９年7月、第二次世界大戦中の徴用工の訴訟問題で日韓関係が悪化したとき、韓国に輸出する３つの主要電子材料に日本政府が２段階の輸出規制を発動した。そのため、サムスンや

ＳＫハイニックスといった韓国の半導体大手が生産停止の危機に直面した。日本が規制対象としたフッ化ポリイミドとレジストとフッ化水素の世界シェアは当時、日本が握っていた。

２０１９年、ＴＳＭＣの南科工場でもサプライヤーのレジスト不良によって、12ナノメートルと16ナノメートルの生産ラインで数万枚ものウエハーがダメになり１００億新台湾ドル以上の損失を出した。それだけでなく、その後に発生したコロナ禍とウクライナ戦争によって半導体の原料供給が混乱し、サプライチェーンの自主性の重要性がさらに浮き彫りになった。

よって、**ＴＳＭＣの場合、より多くの地元サプライヤーを育成してＴＳＭＣグランドアライアンスというジグソーパズルをさらに完成に近づければ、韓国に起きたようなサプライチェーンの寸断という危機を未然に防ぐことができる**だろう。

「台湾スモールアライアンス」から「グローバルグランドアライアンス」へ

ＴＳＭＣは地元業者との提携を模索し続けている。新応材はもともと、モニター産業向けのフォトレジストを主に手掛けていたが、のちにカラーフィルターのフォトレジストの生産に転じてＴＳＭＣの子会社のビスエラ・テクノロジーズ（采鈺科技）に食い込んだ。それからは半導体用フォトレジストの研究開発に重点を移して、TSMCが重点的に育成する台湾製フォトレジスト材料サプライヤーの一つとなった。

それと同時にTSMCは、日本のフォトレジストメーカーとの提携も継続していた。たとえば信越化学工業はTSMCにフォトレジストへの高いニーズがあると見込んで、日本と台湾にフォトレジスト工場を新設して、生産能力の向上を図った。

そのほか、TSMCはASMLと提携して台湾に海外最大のEUV（極端紫外線）技術センター［EUV露光装置を手掛ける］を設立しただけでなく、台湾初のEUVフォトレジスト生産工場も設立して、台湾で現地化されたフォトレジストサプライチェーンに大きく貢献している。

TSMCが育てた現地サプライヤーのなかで、最も知られたケースの一つが家登《かとう》精密工業（以下、家登）だ。現在、先端プロセスのEUVフォトマスクケース［**↓フォトマスク**］分野で世界シェアの8割が目前となった家登は、もともと新北市区にあった金型加工メーカーだったが、会長の邱銘乾《ていめいかん》がTSMCのサプライチェーンに入るチャンスを掴んで、会社を一気に世界トップレベルの企業に成長させた。

家登が設立された1998年には金型加工業界はすでに落ち目になっていた。中国への工場移転を行わないなら、事業転換しか道がなかった。よって邱銘乾は設立2年目に、半導体製造の前工程のリソグラフィープロセス事業への参入を決定し、フォトマスクやウエハー製品を工場内で搬送する設備を生産するようになった。顧客にはＴＳＭＣやＵＭＣ（聯華《れんか》電子）、グローバルファウンドリーズなどがいた。

その後、家登はさらに18インチウエハー搬送容器を研究開発し、インテルが18インチ半導体設備とキャリアの規格の制定を主導したときに、その開発に参加する唯一の台湾メーカーに選ばれた。この計画は結局うまくいかなかったが、邱銘乾はインテルに直に投資を打診し、1株あたり純資産を15新台湾ドルとして、インテルに12％の資本参加をさせた。

この戦略によって、家登は世界トップ企業と緊密に連携するようになったが、なかでも最も成功したのがＥＵＶフォトマスクケースの開発だった。家登はＴＳＭＣのカスタマイズされた設計ニーズに全力で協力して、ＴＳＭＣの最も重要なサプライヤーとなった。

家登は２０１９年に一度、深刻な経営難に直面したことがある。最大のライバルだった米国企業インテグリスとの訴訟で敗訴し、９億７８００万新台湾ドルを支払うよう言い渡されてしまったのだ。この額は当時の家登の資本金７億４０００万新台湾ドルをはるかに上回っており、倒産の危機に陥った。邱銘乾は賠償金を捻出するため、土地も株式も売却して親戚や友人から借金もしたが、それでも5億新台湾ドルにしかならなかった。

だが最後の最後になって、邱銘乾は巨額の賠償金を耳をそろえて支払うことができた。大顧客の**TSMCが代金の前払いというかたちで家登を支援**してくれたからだった。

家登もインテグリスもTSMCのフォトマスクケースの主力サプライヤーだった。インテグリスは外国メーカーで規模も大きく、製品のラインアップも豊富だった。いっぽう家登は台湾のローカル企業で、ラインアップも少なく規模も小さかったが、TSMCという顧客のサプライチェーンに集中したことで突破口を開いた会社だった。**TSMCにとっては、家登は十数年間苦楽を共にしてきた地元企業**である。TSMCも過去には輸入品に頼らざるを得なかった。しかし、今や家登は外国メーカーと競争するだけの力を付け、最高の供給パートナーに成長した。その家登が敗訴したのを見過ごしできず、TSMCは救いの手を差し伸べたのだった。

家登が市場での地位を確立し、半導体のサプライチェーン全体がグローバル化から短縮化へと転じたことで、邱銘乾は家登には台湾の産業界のためにできることがあると実感している。家登が台湾の地元企業と手を結んで台湾ローカルのサプライチェーンを共同で構築し、台湾の業者がテクノロジー・リーダーへと躍進すること、そうして「台湾スモールアライアンス」から「グローバルグランドアライアンス」へと移行していくこと、それが邱銘乾の望みだ。

海外企業との提携事例――ASMLとの協力体制

もちろんTSMCは、地元企業を全力で支援するだけでなく、**海外企業との提携にも力**を注いでいる。2022年に発表されたTSMCの優良サプライヤー18社のなかで、台湾企業は先芸科技、達欣工程、新応材、帆宣系統の4社にとどまり、残りの14社は米国のアプライド・マテリアルズ（AMAT）、オランダのASML、スイスのGFマシニングソリューションズ、日本のJSR、米国のケーエルエー（KLA）、日本のKOKUSAI ELECTRIC、米国のラムリサーチ、イスラエルの測定機器メーカーのノバ・メジャリング・インスツルメンツ、米国のオント・イノベーション、そして日本の信越化学工業半導体部門、SUMCO、住友重機械イオンテクノロジー、トクヤマ、東京エレクトロンだった。

この海外メーカー14社のうち、TSMCと装置メーカーのASMLの提携は、TSMCグランドアライアンスのなかでもひときわ目立つ、最も重要なケースだろう。

ＡＳＭＬが生産するＥＵＶ露光装置［↓**露光装置**］は現在、７ナノメートル以降の最先端プロセスの成功のカギを握る設備で、しかも市場を１００％独占しているため競合他社がいない。ＴＳＭＣはこのＥＵＶ露光装置の開発に最も貢献しているが、そもそも両社の提携関係は、会社が設立された80年代までさかのぼることができる。

ＡＳＭＬの設立は１９８４年、財政難に陥ったフィリップスからスピンアウトして誕生した企業で、その前身はＮａｔＬａｂだった。安定株主フィリップスからの支援を得たＴＳＭＣと同様、設立当初の技術と特許の多くはフィリップスからライセンス供与されていたため、**ＡＳＭＬとＴＳＭＣは系統を同じくする兄弟会社**ともいえる。

こうしたいきさつもあって、両社は早くから互いの実力を知っていた。たとえばフィリップスは設立当初から、ＴＳＭＣに製造委託する方がフィリップスで自社製造するよりもコストダウンにつながり、ＴＳＭＣの生産効率もコスト競争力も世界レベルにあることを熟知していた。ＡＳＭＬにとっては、最初の大型案件の発注者がＴＳＭＣで、その後に開発した液浸露光やＥＵＶ露光といったさまざまな革新技術を真っ先に導入したのもＴＳＭＣだった。

なかでも最も知られているのが液浸リソグラフィー技術の発明である。この技術はＴＳＭＣの元研究開発担当バイス・プレジデントの林本堅《りんほんけん》が開発したもので、従来のドライ現像技術の限界を突破しただけでなく、ムーアの法則を55ナノメートルプロセス以降も維持できるようにした。またASMLはこの発明によって、以前から手掛けていた157ナノメートルリソグラフィー装置の開発に見切りをつけて、193ナノメートル液浸露光装置をTSMCと共同開発することにし、その後のEUV露光装置市場における独占状態の基盤を築いた。TSMCもこの技術によってインテルやサムスンを振り切って、世界のファウンドリー業界で現在のような一強という地位を築き上げた。

そして今、**ASMLはTSMCとの現地供給と協力関係をさらに強化し、新北市林口区で過去最大規模の投資計画に着手**することを決定した。この計画でASMLは約300億新台湾ドルを投入し、従業員2000人を送り込むことになるとみられている。

TSMCとASMLの緊密な協力体制は、TSMCと1万社以上から構成されるサプライチェーングランドアライアンスのなかでも最高のモデルケースだろう。こうした切っても切れないウィン・ウィンのパートナー関係は、多くの競合他社にとっては、手が届かない、指をくわえて見ているしかないレベルのものだ。

サムスンのイ・ジェヨン（李在鎔）やインテルのパット・ゲルシンガーは自らオランダに飛んでASMLのCEO、ピーター・ウェニンクを訪ね、EUV露光装置の供給台数を増やしてほしいと頼んだ。ASMLは供給できるのにしないわけではない。限りある設備の生産能力を、最も密接な協力関係を築き、最も勝利に近い企業に提供するしかないのだ。ピーター・ウェニンクにしてみれば、これはASMLが30年間経験を積み重ねて、ようやく勝者と手を取り合って一緒に成功を追求できるようになったことを示す代表事例である。

ある**企業を評価する際、その技術面だけを見て判断することはできない。それよりも重要なのは、その会社の周りにいるパートナーは誰なのか、その会社の隣には誰が立っているのか**という点だ。TSMCは最初、誰からも期待されなかった状況から巨大企業に成長し、今では産業チェーンのなかでアライアンスパートナーを開拓し、台湾の地元サプライヤーを強化している。

「あなたが勝たなければ私は勝てない」という経営哲学が、コロナ禍と地政学的衝撃のもとで、TSMCの競争力の大きな足掛かりになったのだ。

先端パッケージング技術への進出のヒミツ

――「ムーアの法則」が頭打ちでも伸ばせる分野

ＴＳＭＣは７ナノメートル以降のプロセス技術で世界の最先端を走っているが、そのなかで突破口となった要素が**「先端パッケージング」技術**［→パッケージング］で**ブレイクスルーとイノベーションを起こしたこと**だ。２００９年から始まった研究開発計画は現在、技術面でも量産面でも一定の経済規模に達しているため、半導体業界がムーアの法則に挑むための大きな突破口となったほか、ポストムーア時代における開発のボトルネックに直面したＴＳＭＣを勝利に導く、最も頼りになる武器にもなっている。

ＴＳＭＣはこれまで主に、半導体製造の前工程の先端プロセス技術を開発し、後工程のパッケージングについては日月光《にちげつこう》半導体製造（ＡＳＥ）などのパッケージング専業メーカーに委託していた。そのＴＳＭＣがパッケージング技術、しかも「先端パッケージング」の開発に取り組むようになったのは、プロセス技術がボトルネックに達してしまったから**である。

「先端パッケージング技術」とはその名が示すように、従来のような「平屋の家を建てる」パッケージング技術［ウエハー上に平家の家を並べるように多数のICを配置するイメージ］とは異なっている。微細化が進むにつれて、ICを製造する難易度もコストも上がっていったため、TSMCはかなり前から、ICを上に積み重ねてからパッケージングできたら、2・5次元だろうが3次元だろうが、まるでビルを建てるようにチップを上に積層できるはずだと考えていた。

チップを上に積層する場合、先端パッケージング技術によってそれらを一つに集積して、より高い性能を発揮できるようにする。

TSMCが先端技術の開発に成功すると、アップルやAMD（アドバンスト・マイクロ・デバイセズ）、エヌビディアといった顧客がこのチップレットをこぞって採用して次世代異種チップの設計アーキテクチャを行い、それから、TSMCがその異種チップを一つのウエハーに集積する。2・5次元や3次元の積層といった先端パッケージング技術によって、AIやハイパフォーマンス・コンピューティング（HPC）用CPUが市場の新たな目玉になった。

半導体市場調査会社のYoleは、2020年から2026年の先端パッケージング市場の年平均成長率（GAGR）は15％に達すると見込んでいるほか、2026年には先端パッケージング市場は480億ドルの規模に達し、これまでのパッケージング市場を大きく上回るとも予測している。

ＴＳＭＣが先端パッケージング技術の研究開発に乗り出した背後には、あるできごとがあった。２００９年、モリス・チャン（張忠謀《ちょうちゅうぼう》）はＴＳＭＣのＣＥＯに復帰し、すでにリタイヤしていた元研究開発担当シニア・バイス・プレジデントの蔣尚義《しょうしょうぎ》を呼び戻すと、研究開発にあたらせた。

蔣尚義はこのときモリス・チャンに、プロセス技術の進歩はすでに頭打ちになっており、ムーアの法則もすでに限界に近付いているが、システム側の効率を向上させるためにまだまだできることがあると言い、回路基板上でチップがバラバラになっているという問題を、先端パッケージング技術で解決できると進言した。

蔣尚義はモリス・チャンに先端パッケージング技術の重要性を詳細に分析してみせ、もっと多くの人的資源と資金を研究開発に充てるべきだと主張した。**約１時間半の話し合いのあと、モリス・チャンは４００人の人材と１億ドルの設備調達費の投入を決定**し、蔣尚義に先端パッケージング技術の開発に速やかに着手するよう告げた。

ＴＳＭＣがこのとき行った資金投入の重要性に、当時は誰も気付いていなかった。ＴＳＭＣは先端パッケージング部門のスタッフを解散させようとしていたほどだが、蔣尚義が復帰して待ったをかけた。先端パッケージングは、蔣尚義がＴＳＭＣに復帰してから、最も長い時間をかけることになる重要な研究開発テーマとなった。

最終的にＴＳＭＣはこの道を完走して、多くの同業他社もこれに続いた。これがポストムーア時代に進むべき道であることに、異議のある者はいないはずだ。

その後ＴＳＭＣがサムスンからｉＰｈｏｎｅのＣＰＵの受注をもぎ取る際の決め手となったＩｎＦＯ〔モバイル向けの先端パッケージング技術→InFO〕や、エヌビディアのディープラーニング用チップに使用されているＣｏＷｏＳ〔高性能コンピューティング向けの先端パッケージング技術〕技術は、ＴＳＭＣに近年の隆盛をもたらすものとなった。

クアルコムの「天啓」——技術とコストのバランス

蔣尚義は先端パッケージング技術の研究開発中に、長年の研究開発パートナーで、現在はＴＳＭＣ卓越科技院士（フェロー）でもある研究開発担当バイス・プレジデントの余《よ》振《しん》華《か》と共に、数百人の精鋭を率いて開発を進め、２０１２年にＴＳＭＣの第１世代パッケージング技術

ＣｏＷｏＳを発表した。だがこの技術を採用したのはザイリンクスと、ファーウェイ傘下のハイシリコンだけだった。

蔣尚義は顧客にこの技術プランを宣伝して回ったが、ほとんどの顧客から見向きもされず、クアルコム副総裁の口からは「我々がパッケージングコストに期待しているのは、チップの単位が1平方ミリメートル当たり1セントになることだ」という言葉が飛び出した。そこで蔣尚義がＣｏＷｏＳの単価を計算させたところ、1平方ミリメートルあたり7セントだった。このときになって蔣尚義はようやく、**技術の進歩と顧客の希望する値段を提示できるかどうかは、まったくの別問題**だということに気が付いた（77ページ）。

そこでＴＳＭＣは次にＩｎＦＯ先端パッケージング技術を開発して、1平方ミリメートル当たりのコストを1セント以下に抑えてみせた。するとＩｎＦＯは多くの顧客から採用されるようになり、ＴＳＭＣに注文が殺到するようになった。そこにはアップルが製造委託先をサムスンからＴＳＭＣに変更したことも含まれている。

蔣尚義とＴＳＭＣの研究開発チームにとって、クアルコム幹部からの提案は天啓にも等しかった。技術者として40年余りを過ごしてきた蔣尚義は、技術開発を顧客や市場のニーズという視点から考えたことはほとんどなかった。それが、クアルコム幹部の一言がきっかけになって、蔣尚義の研究開発チームは高コスト問題をいかにして解決するか、そして**顧客の希望通りのコストが実現できたときに、このまったく新しいテクニカルソリューションをどうやって普及、実現させるかを考えられるようになった。**

「TSMC 3DFabric」と命名された現在のＴＳＭＣの先端パッケージング技術には、ＳｏＩＣ（シリコンダイの３次元積層技術）、ＩｎＦＯ、ＣｏＷｏＳといった３ＤＩＣ技術プラットフォームが含まれており、ロジック用チップレット、超広帯域メモリー（ＨＢＭ）、特殊プロセスのチップの統合に用いられる、多用途で完全性の高いソリューションを半導体業界に提供し続けている。

なお、付け加えると蔣尚義は中国に渡って中芯国際集成電路製造（ＳＭＩＣ　以下、中芯）の副会長に就任してから、中芯でも先端パッケージング技術を開発しようと考えていた時期があった。先端パッケージング技術とチップレット技術の開発にまだ情熱を持っていた蔣尚義は、中芯に掛け合った。中芯で自分の理想を実現したかったからだ。だが残念なことに、中芯は蔣尚義の話に耳を貸さず、蔣尚義は中芯への移籍は間違いだったと思うようになった。

先端プロセス技術の開発に必要なＥＵＶ露光装置「**↓露光装置**」が入手できなくなったこと以外にも、先端パッケージングの重要性に早くに気付けなかったことが、中芯にとって致命傷となった。

ムーアの法則の制限を突破するため、**TSMCは社内に「モアザンムーアテクノロジー」を設置**〔↓モアザンムーア〕している。**より精密なプロセス技術の研究開発**を継続しながらも（モアムーアのアプローチ）、ICに課せられた制約を突破する方法を探る（モアザンムーアのアプローチ）ために**先端パッケージングの研究開発**を同時進行している。この二つはどちらも、競合他社がTSMCに追いつくために越えなければならないハードルを、より高いものにしている。

先端パッケージング技術でブレイクスルーを起こしたことに加え、TSMCは先端パッケージングの生産能力の拡大にもテコ入れするため、新竹の南に位置する苗栗県竹南鎮にAP6（先端パッケージング・テスト第6工場）という最新の先端パッケージング・テスト工場を開設した。その規模は既存の4つの工場の生産能力の合計の1・3倍に相当し、2022年の第3四半期から量産に入っている。

TSMCはすでに新竹、台南、桃園龍潭と台中にそれぞれ1カ所ずつ先端パッケージング・テスト工場を設けているが、中華圏には「四」という数字を避ける文化があるため、それぞれ、第1、第2、第3、第5工場と命名されている。

竹南のパッケージング・テスト工場の生産能力の配置はその他のパッケージング・テスト工場とは違って、主にシリコンダイを3次元積層する技術「TSMC-SoIC」のパッケージングプロジェクトに属するWoW、CoWといった先端パッケージングが行われている。また、独自技術の開発と、設備や部品の国内調達をさらに進めるため、TSMCは地元サプライヤーを積極的に育てて、材料調達の現地化、技術の自前化、そして海外メーカーの設備製造の現地化、先端パッケージング設備の国産化を実現したいと考えている。

先端ウエハー製造分野では、工場の前工程設備の市場シェアはアプライド・マテリアルズ（AMAT）、ラムリサーチ、ケーエルエー（KLA）、ASML、東京エレクトロンという五大メーカーが7割以上を寡占してきたが、**後工程のパッケージング設備ではそれほどの競争は起きていない**うえ、**パッケージング設備は製造の難易度も価格も比較的低い**ことから、国産設備にも競争に加わるチャンスがある。

たとえば萬潤科技が製造している塗液定量吐出装置は、技術面も価格も納期も申し分がなく、すでに多くの受注を取り付けている。また、湿式設備メーカーの辛耘や、フォトマスク搬送容器メーカーの家登精密工業（366ページ〜）、半導体用ターゲットの光洋応用材料も、**台湾の先端パッケージング設備や材料の現地サプライヤーに成長**している。TSMCが先端パッケージング技術の開発と生産能力の拡大を積極的に進めるなかで、台湾半導体産業のなかのローカルの設備メーカー、材料メーカー、テスト会社もその勢いに乗って躍進し、お互いが緊密に連携するTSMCグランドアライアンスを形成している。

台湾半導体産業協会トップのヒミツ

――「製造」だけでなく「設計」との連携を重視

TSMCとサムスンやインテルの競争の話になると、各社のプロセス技術が何ナノメートルになったか、何年後にどこまで進歩するかといったことばかり注目されるが、**TSMCがライバルを追いつけなくしているのは、IC設計会社と長い間緊密に協力し、特に顧客が設計した製品をTSMCの工場で簡単に生産できるようにしてきたから**だ。TSMCが多くのライバルとの間で水をあけてきた大きな理由はここにある。

設計と製造の重要性は同じだという話に入る前に、台湾半導体産業協会（以下、TSIA）の重要な人事についてお話ししたい。本書を執筆中の2023年3月、TSIAは理事と理事長を改選し、二期にわたり理事長を務めていたTSMC会長のマーク・リュウ（劉徳音）の後任として、TSMCシニア・バイス・プレジデントの侯永清《こうえいせい》を第14代理事長に選出した。

侯永清はニューヨークのシラキュース大学で電気・コンピューター工学の博士号を取得後、高雄工学院で副教授を務めたほか、工研院電通研究所にも在籍していた。1997年にTSMCに入社してからは、設計・技術プラットフォーム組織シニア処長、設計・技術プラットフォーム担当バイス・プレジデント、研究開発組織技術発展担当バイス・プレジデント等の要職に就き、現在は欧州アジアセールス・リサーチ兼技術開発担当シニア・バイス・プレジデントを担当している。

侯永清はTSMCの設計・研究開発部門出身で、工場のオペレーション部門の出身者が主流を占めるTSMCの経営幹部のなかでは異色の存在である。侯永清が2011年から18年まで、設計・技術プラットフォーム（以下、DTP）部門のバイス・プレジデントを務め、TSMCと多くの設計会社の技術提携やエコシステムの開発を一手に引き受けていたことも、多くのバイス・プレジデントのなかからTSIAの理事長に選ばれた理由だったかもしれない。

顧客はTSMCの生産能力だけを見てTSMCに発注すると決めているわけではない。たとえばアップルは2016年、サムスンで製造するはずだった製品の発注をすべてTSMCに変更した。もちろんそこには、先端プロセス技術の開発を行った研究開発部門や、InFOやCoWoSなどの先端パッケージング技術（373ページ〜）にリソースをつぎ込んだ先端パッケージング部門、良品率と効率の高さを誇る工場オペレーション部門など、多くの部門の貢献があった。

だが**DTPも重要な役割**を果たしていた。アップルのIC設計をTSMCの生産体系に迅速に導入するため、当時DTPを担当していた侯永清がDTPチームを率いてアップルに1、2年常駐し、アップルの設計をTSMCの工場に円滑に導入して生産したこと、そして生産中のエネルギー消費量を減らし、良品率と効率を大幅に向上させたことが、最終的にアップルが発注先をTSMCに決めた大きなポイントとなった。

TSMCの3つの大規模シンポジウム

TSMCは毎年3つの大規模なシンポジウムを開催しているが、これらの目標と使命を詳しく分析すると、TSMCが顧客との緊密な協力関係をいかにして築いているかがよく分かる。

1つ目は9月に開催される「TSMCテクノロジーシンポジウム（TSMC Technology Symposium）」で、すべての顧客とサプライヤーがこのシンポジウムに招待されている。ここではTSMCの今後数年間の技術開発の青写真が、プロセス技術の量産スケジュールから、アーキテクチャ、性能、電力消費、速度といった各分野にどういった優位性があるかといったことまで含めて説明される。このシンポジウムはオペレーション部門の社員が担当している。

2つ目は、10月に開催される「オープンイノベーションプラットフォーム（OIP／Open Innovation Platform）シンポジウム」だ。主な参加者は、EDAベンダー［↓EDA］、クラウドサービス提供企業、IPベンダー［↓IP］、設計サービスといった分野のIC設計エコシステムの企業である。OIPシンポジウムはTSMCのDTPが担当しているが、この部門は侯永清が一人で立ち上げたものだ。

3つ目は、年末に開催される「サプライチェーンフォーラム（Supply Chain Forum）」で、対象者はTSMCのサプライヤーだ。このフォーラムでは毎年、貢献度が最も高かったサプライヤーを表彰し、TSMCが最高の業務効率を達成できるように、サプライヤーがこれからも努力してより良いサービスとさらなる値下げを実現するよう奨励している。このフォーラムは主にTSMCの調達部門が担当している。多くのサプライヤーはTSMCのフォーラムに参加できるのを光栄に思ういっぽうで、涙ながらに賞を受け取っている。ＴＳＭＣは彼らにいつも、情け容赦なく高い要求を突き付けてくるからだ。だからサプライヤーたちは普段は互いに競争しているが、毎年この授賞式では、どうやって値段を下げたらいいかと顔を突き合わせて話し合っている。ここはＴＳＭＣのために命をかける場所でもあるのだ。

ＴＳＭＣの３つのフォーラムのうち、１つ目のテクノロジーシンポジウムの重要性ばかりが取り上げられる傾向にあるが、２つ目のＯＩＰシンポジウムも非常に重要だ。ＯＩＰとは完璧な設計技術アーキテクチャのことで、ＩＣ設計会社が求めている電子設計自動化（ＥＤＡ）やシリコンＩＰのパートナーをＴＳＭＣが見つけてきてＴＳＭＣのプロセスパラメーターや技術資料と組み合わせ、認証済みの設計の選択肢を顧客に幅広く提供しているからだ。

別な言い方をすると、**ＯＩＰは重要性の高い集積回路の設計範囲のすべてを網羅していて、設計時に顧客が直面するかもしれないさまざまな障害を効果的に減らし、顧客がＴＳＭＣに出したテープアウト〔↓テープアウト〕が一回で成功するチャンスを増やしている。**たとえていうなら高名なシェフが料理のテキストを山のように執筆し、顧客がそれを参考にしながらオリジナルの料理を考案し、ＴＳＭＣの厨房でそれを忠実に再現して最高の味を顧客に提供するようなものだ。

ＯＩＰの設立は非常に早く、ＴＳＭＣのプロセス技術が他の大手メーカーよりも立ち遅れていたころからその力を発揮し始め、多くの設計会社がＴＳＭＣに発注したがるようになっていた。というのは、ＴＳＭＣが痒い所に手が届くようなサービスを設計会社に提供して、量産時に山のように発生するさまざまな問題を解決したからだ。そして２０００年ごろからＴＳＭＣの技術が他社をリードし始めると、ＯＩＰはＴＳＭＣの競争力にとってさらに重要な存在となった。

ＯＩＰの一番の功労者は誰かとＴＳＭＣの経営幹部に聞けば、誰もが元バイス・プレジデントの許夫傑《きょふけつ》を思い浮かべるだろう。許夫傑は２００６年に入社してＤＴＰのバイス・プレジデントを務め、主にＯＩＰ業務の推進を担当していた。

許夫傑は台湾大学電気工程学部を卒業後、カリフォルニア大学バークレー校で電気工学とコンピューターサイエンスの博士号を取得した。過去の仕事も創業もすべてＩＣ設計に関係があり、１９９１年には米国でファブレス半導体設計のＭｏＳｙｓを設立し（２００４年に引退）、民生科技の会長と米国企業インテグレーテッド・デバイス・テクノロジー（ＩＤＴＩ）のバイス・プレジデント兼技術長を務めていたこともある。

ＯＩＰにせよＤＴＰにせよ、ＴＳＭＣとＩＣ設計会社と設計エコシステムの緊密な連携が、各

種複雑な設計を工場での量産に効果的に結び付けているため、ＴＳＭＣは設計と製造を統合するという手のかかる仕事をきれいに解決して、顧客の設計を工場での量産に速やかに導入できるようになった。他のファウンドリーがＴＳＭＣに追いつけない理由も、競合他社がＴＳＭＣをそっくり真似ることができないのもこういうことだ。

設計業者との連携をもっと密にしていく

侯永清のＴＳＩＡ理事長就任の話に戻す。ＴＳＩＡは台湾半導体業界でも最も重要かつ代表的な協会だ。会員はすべて国内の半導体大手で、歴代の理事長はみな、ひとかどの人物である。侯永清がＴＳＭＣを代表して立候補したことから、侯永清が並み居るバイス・プレジデントのなかでも傑出した存在だということが分かる。マーク・リュウとシーシー・ウェイ（魏《ぎ》哲《てつ》家《か》）が２０１８年にモリス・チャン（張《ちょう》忠《ちゅう》謀《ぼう》）のバトンを受け継いでから、ＴＳＭＣが積極的に育ててきた次期後継者候補の一人という可能性もある。

また、ＴＳＭＣの８人のバイス・プレジデントで一番若いのが侯永清だ。彼が台湾最大の半導体業界団体であるＴＳＩＡの理事長に就任するということは、ＴＳＭＣが次の後継者候補を対外的にお目見えさせるだけでなく、多くの公的業務に参画させようとしていることも示している。
侯永清がＴＳＩＡの理事長を引き継いだあと、マーク・リュウが侯永清をお願いしますとＴＳＩＡの理事たちを訪ねて回ったことが知られている。というのもＴＳＩＡは米国半導体工業会（ＳＩＡ）を始めとする海外の業界団体と交流があり、各国の理事長は世界トップクラスの企業の会長やＣＥＯが務めているＴＳＩＡの理事長にＴＳＭＣのバイス・プレジデントが立つこと自体が例外的なケースにあたるのだ。マーク・リュウが業界のお歴々に支援を頼んで回ったのも、むべなるかなだろう。

実を言うと、工場のオペレーションを主な業務とするＴＳＭＣの経営幹部のなかにあって、侯永清にはオペレーションマネジメントの経験がない。この点は彼の弱点の一つかもしれないが、彼の非凡なところがむしろそこにあるかもしれない。というのも侯永清が設計と研究開発の分野で上げた業績が、**ファウンドリー業界は工場のオペレーションマネジメントさえうまくやっていればいいわけではなく、設計業者ともっと密着する必要がある**ということを浮き彫りにしたからだ。これはＴＳＭＣが今後、競合他社との差別化を図る場合に、最も違いが際立つ、代えがたい競争力の一つになるだろう。

ＴＳＭＣの事業継承という側面から見た場合、70歳を目前にしたマーク・リュウとシーシー・ウェイの二人は、５年から10年以内には後継者選びに着手しなければならない。侯永清がまだ60歳にも達していないことを考えると、侯永清が後継者グループの一人に選ばれる可能性は十分にある。

もちろん、モリス・チャンはマーク・リュウとシーシー・ウェイの二人を後継者に指名しているため、この二人も二人あるいはそれ以上の後継者を選出して、複数の後継者やグループリーダー制を採用する可能性も低くはないだろう。

また、ファウンドリーを核心事業とするＴＳＭＣの現在の後継者は、ＴＳＭＣの最重要部門である工場のオペレーション部門の出身者だ。よって、もし今後、設計と研究開発出身の侯永清を後継者の一人に据えるならば、ＴＳＭＣは侯永清の弱点を補うために、間違いなくオペレーション部門の幹部も一緒に選出するはずだ。

もちろんＴＳＭＣのオペレーション部門にも優れた人材がひしめいており、候補者は枚挙にいとまがない。だが次の後継者を若い世代から見つける必要があるのは間違いない。次にバトンを受け取るのは一体誰になるのだろう。大いに期待したい。

台湾半導体産業、エコシステムのヒミツ

——IPベンダーとIC設計企業の価値

アーム（ARM）という会社をご存じだろうか。**世界のスマートフォンとモバイル機器のなんと9割に、同社のIPライセンス［↓IP］が使用されている**のだ。1990年に英国のケンブリッジで設立されたアームは現在、ソフトバンク傘下に入っている。

TSMCやUMC（聯華電子）といったファウンドリーが勃興するにつれ、台湾にもアームのようにIPライセンス事業を主とする力旺《りきおう》電子、晶心《しょうしん》科技、IC設計サービスの創意《そうい》電子、ファラデーテック（智原科技）といった企業も台湾で育っていった。彼らのようなIPベンダーやIC設計サービス会社は目立たないながらも半導体産業チェーンでの重要度は高く、英国や米国の企業の寡占状態を打破する機会を台湾に与えた。**台湾はこのように粗利率が高く、高い成長が見込まれる産業形態を生み出すことができる、アジアでは稀有な国**だ。台湾がなぜそうなったのかを探る価値はある。

まずは、ＩＣ設計サービス会社やＩＰベンダーがどうやって生まれたのかをお話ししたい。半導体産業が今日のように発展するまでの間、ハイテク製品の多様化に伴ってＩＣの設計と製造の難易度が上がり、設計技術に関する問題がいろいろと起きるようになった。たとえばスマホ用チップだけを手掛けているスマホ用チップメーカーは、動画やラジオなどの機能を追加しようとすると、わざわざ設計者を育てなければならない。だがそうすると想定外の運営コストが増えてしまうため、多くの会社は設計を外注したりＩＰライセンスの供与を受けたりするようになった。こうして産業全体も急成長した。

ＩＣ設計サービスは、昔はファウンドリーの部署や部門だったかもしれないが、分業化の趨勢に伴って、徐々に一つの会社として独立するようになった。あるいは、ファウンドリーが出資したＩＣ設計サービスが、ファウンドリーとＩＣ設計会社を橋渡しする場合もあった。また、ファウンドリーとの間に投資関係のないＩＣ設計サービス専業会社やＩＰベンダーもわずかにあったが、ウエハーメーカーとは密接な協力関係があった。

ＩＣ設計サービス企業とＩＰベンダーの収入源

ＩＣ設計サービス会社とＩＰライセンス会社の営業収入は主に３つある。**１つ目がＩＰライセンスの付与、２つ目がＮＲＥサービス、３つ目が設計から量産までを一貫して行うターンキー（半導体量産受託）サービス**である。

ＩＰライセンスの付与とは、開発した**ＩＰの使用権を、その技術を必要としている会社にライセンス契約を通じて付与**し、ライセンス料を徴収することを指す。ハードウェアを生産せず在庫も持たないため、ビジネスモデルはソフトウェア会社に似ている。このタイプの会社の**粗利率はおしなべて90％、多ければ１００％**に達することもある。

こうしたビジネスで、今のところ台湾のＩＰベンダーの営業収入は台湾にあまり貢献していない。しかし、成長速度が非常に早く、力旺電子や晶心科技などがこのビジネスモデルに近い。先に述べたアームや米国企業のシノプシスのＩＰ部門も、ＩＰライセンスの付与によって主な収入を得ている。

ＮＲＥサービスとターンキーサービスは、現在の台湾のＩＣ設計サービス会社の主な経営モデ

ル」になっている。そのうちNREは顧客からIC設計を請け負うサービスだ。主に顧客に専用のASIC〔特定用途向け集積回路〕やSOC〔一つの統合されたシステムが組み込まれたIC〕をオーダーメイドで設計している。

顧客が、ファウンドリーやフォトマスク会社、パッケージングや検査工場と取引するのは苦手だが、いい価格と安定した生産能力、より優れた技術サービスを獲得したいというケースもある。その場合は、自社に代わってIC設計サービス会社に工場にテープアウト（工場に回路情報を引き渡すこと）してもらってICを量産することもできる。このように、前工程とNREに、後工程、テープアウト〔↓テープアウト〕、量産まで全部セットにしたものが、いわゆるターンキーである。

粗利率から考えた場合、NREの粗利率は大体30～40％で、ターンキーの場合は一般的に15～20％だから、後者の方が粗利率は低い。しかし、ターンキーサービスには工場への発注と量産も含まれているので、営業収入は急増する。概念としては薄利多売に近い。

ファウンドリーが新たなエコシステムを形成する

IC設計サービスの発展は半導体業界の専業分業体制に極めて大きな意義があり、特にファウンドリーに大きく貢献した。その主なものを3つにまとめると、1つ目はＩＣ設計会社が製品を発表するスピードが上がったこと、2つ目は小規模なＩＣ設計会社の成長する機会を増やしたこと、3つ目は製品の多様化、軽量化、薄型化、小型化を加速したことだ。

ファウンドリーにとって、ＩＣ設計サービス業者とＩＰベンダーは自分を援護射撃してくれる、非常に重要な存在だ。顧客、特に顧客のなかでも膨大な数を占める比較的規模の小さなスタートアップを紹介してくれるのは、彼らのような協力会社だからだ。実はファウンドリーには必ず、大口顧客にサービスを提供する専任スタッフがいるのだが、ＩＣ設計は常にイノベーションやブレイクスルーが起きる業界だから、新しい会社が常に誕生している。この状況をメディアテック（聯発科技）会長の蔡明介《さいめいかい》は「ボクシングの王者が常に入れ替わっている」と表現した。よってＩＣ設計サービス業者がこの新たな処女地にひとたび狙いをつけたなら、ファウンドリーのためにもっと多くの新規顧客を見つけてくるだろう。

ファウンドリーとＩＣ設計サービス業者は、たとえばＴＳＭＣが株式の35％を取得している創意電子や、ＵＭＣが株式の14％を保有しているファラデーテック、力晶集団（力積電／ＰＳＭＣ）が再投資した力旺電子のように、通常は比較的緊密な戦略提携関係や株式投資関係で結ばれている。このほか、メディアテックが株式の11％を保有する晶心科技は、ＩＣ設計サービス業者が投資を主導した数少ないケースの一つである。

さらに踏み込んでみると、ファウンドリーの版図が拡大するにつれ、ＩＣ設計サービスとＩＰライセンスの市場規模も拡大している。この急成長のカギは実は、ファウンドリー業界が形成したまったく新しいエコシステムにある。

すべてのスマートフォンにアームのＩＰコアが搭載されるようになると、ＩＣ設計がさらに細分化されて、より高度な分業と提携が進んだ。加えて、すべてのチップメーカーが自社工場を持たなくなってＴＳＭＣにすべてを発注し、製造も専業メーカーに委託して行うようになったことで、半導体業界全体の専業分業構造がより明確になった。全員が自分の最も得意とすることしかしなくなったため、すべてを社内で行ってきたＩＤＭは取って代わられ、脱構築されることになった。

ここでＩＣ設計サービスとＩＰライセンス業界の発展の特徴を見てみよう。この業界は好景気になると驚きの急成長を遂げる。というのは、ＮＲＥの発注が激増するからだ。だが景気が低迷しても業績を支えてくれる存在がいる。不景気になると顧客が新たな市場を開拓するために、新しいＩＰを導入して新製品の開発をスピードアップさせる場合があるのだ。

景気の後退が会社を支えるとはどういうことだと思われるかもしれないが、その答えは簡単だ。ＩＣ設計サービス会社のもとには、大企業から中小企業まであらゆるＩＰライセンス会社が集まってくる。**景気がいいときはどの会社も商機を掴むために先を争ってＮＲＥを発注**するが、ファウンドリーは供給がタイトになるので通常は大企業への対応を優先する。すると中小規模のＩＣ設計会社はせっかく設計を終えてもウエハーを生産するための十分な生産能力をファウンドリーで確保できないため、テープアウトする機会が少なくなる。

そして景気が悪化すると、通常ならリストラや経費削減が行われるところだが、ここがハイテク業界の面白いところだ。**工場の生産スケジュールに空きが出ると、その空いたところに一部の新会社や新プロジェクトが割り振られるため、結果的にターンキーサービスからの収益が増える**ことになるのだ。

また、不景気のときに投資に力を入れるのは新興企業に限らない。近年の半導体業界の勢力図に起きた最大の変化は、アップルのような巨大テクノロジー企業をはじめとして、マイクロソフト、アルファベット、アマゾン、メタから、アリババ、テンセント、ファーウェイ、シャオミといった中国企業までもが自社製半導体チップを積極的に製造するようになったことだ。この業界では、不況は一休みするためではなく、爪を研ぎ牙を磨いて積極的に戦いに備え、この市場を常に活気あふれた状態にし続けるためにある。

メモリーのＩＰライセンスを主に手掛ける力旺電子は、顧客であるチップメーカーに同業他社よりも低い料金で設計ライセンスを提供するというビジネスモデルを採用している。力旺電子の多くの顧客は年会費制を選択しているため、カスタムＩＰを作成する場合を除き定額の年会費を支払えば既存のＩＰを無制限に使用できる。このビジネスモデルは力旺電子のＩＰの普及を大いに後押しした。特に景気が悪化したときには、新製品の研究開発のスピードも上げなければならないし、経費も削減しなければならないという多くのチップメーカーから喜ばれ、力旺電子と顧客が共通の危機を乗り越えるための最適解となった。

オープンソース台頭のヒミツ

――半導体戦争における中国とＩＰライセンス

米中半導体戦争は世界の半導体業界に大打撃を食らわせたが、世界市場を目標に据えている台

湾のIC設計会社にとっては、デメリットよりもメリットの方が大きかった。

米国が中国への先端半導体製造装置とソフトウェアの輸出を規制し、エンティティリスト〔米国商務省産業安全保障局が発行している貿易上の取引制限リスト〕に多くの中国半導体メーカーを追加したため、中国企業を主な顧客としていたIC設計会社は確かに大きな影響を受けた。しかし同時に米国企業の顧客が大幅に増加した。中国との競争に直面している米国企業は懸命に追い上げを開始して、各種研究開発や資金投入、優遇措置を半導体産業に集中させたため、IC設計サービスとIPライセンスに対するニーズが劇的に増えていった。

中国のIC設計サービス業界が急成長していることは誰もが早くから耳にしていただろうし、中国政府と大型ファンドが半導体業界に懸命に資金をつぎ込んでいることもご存じだろう。私自身もIC設計サービス業界を取材したときにある数字を聞いて仰天したことがある。

中国の数多くのIC設計会社からNREを受注しているある会社の社長が私に、「中国には現在、IC設計会社が2000社から3000社あって、その多くがNREを発注しているが、最終的にテープアウト〔設計の最終段階の区切りで、ここから製造段階（前工程）へ移る→**テープアウト**〕できる会社はたった1％で、残りの99％のNREはIC製品にはならない」と言った。台湾や欧米では量産に至る割合が50％に達しているのに比べると（たとえば台湾にはＩＣ設計会社が約２００社あり、うち１００社以上が量産にこぎつけている）、中国の比率は極端に低い。

こうしたことが起きる理由は実は単純で、**中国政府が必死に金をばらまき、さまざまな政策や補助金を提供した結果、多くの企業が新規プロジェクトの立ち上げに血眼になっているのだ。サンプルを一つ作れば政府から補助金が下りるため、どこも狂ったようにNREを発注するようになってしまった。**しかしこうした粗製濫造の結果、ほとんどのＩＣは量産に入らずじまいになり、巨額の補助金も最後には水の泡になる。だが中国企業が設計会社に大量発注しているため、多くの企業が大きな収益を上げている。

そしてもう一つ、米中半導体戦争による新たな趨勢で、ＩＰライセンスで急速に伸びているＲＩＳＣ－Ｖアーキテクチャにも注目したい。

ＲＩＳＣ－Ｖと呼ばれる命令セットは、カリフォルニア大学バークレー校で開発されたオープンソースアーキテクチャである。**米中半導体戦争が続くなか、中国は多くの米国企業が保有する、たとえばアーム（ARM）のような会社のIPを回避し、欧米から喉元を押さえつけられることのない技術を開発するためにRISC－Vのようなオープンソースアーキテクチャを積極的**

に採用して、中国で独自開発する「中国芯（中国製チップ）」を後押しするようになった。

現在、台湾の企業のなかにはＲＩＳＣ－Ｖを導入した会社もあるが、なかでも最も積極的なのが晶心《しょうしん》科技である。同社が２００５年の設立時に掲げた目標は、ＣＰＵアーキテクチャを自社開発することだった。その意図は「台湾心《タイワンシン》（晶《ジン》「心《シン》」）が生み出す台湾の「心」となる台湾製チップ（芯《シン》）」を製造してインテルやアームなどの海外企業への依存度を下げることである。

晶心科技はＲＩＳＣ－Ｖ協会が２０１５年に設立されたときからの会員で、晶心科技会長の林《りん》志明《しめい》は現在も協会の理事を務めている。２０１７年に晶心科技は第1世代のＲＩＳＣ－Ｖ製品を作製し、開発された高性能マイクロプロセッサ用ＩＰは家電製品、携帯端末、マルチメディア、サーバー、ネットワーク及びエッジコンピューティング製品などに今も応用することができる。中国のＲＩＳＣ－Ｖ市場の勃興に伴って、晶心科技は現在、「台湾心」を生み出しているだけでなく、「中国芯」という新たな列車に乗って開発している。

ＴＳＭＣが台湾半導体産業の護国神山だとしたら、これまでに述べた企業は、標高３０００メートルを超える百以上もの高い山々が肩を並べ、天に向かってそびえ立っているようなものだ。台湾のＩＣ設計サービスとＩＰライセンス業界［↓ＩＰ］から生まれた新たなエコシステムは、ＴＳＭＣを取り囲み台湾を守る壮麗な中央山脈となって、台湾半導体産業を守護し、台湾エレクトロニクス産業の強固な力を構成している。

マイクロンとの連携のヒミツ

――ロジックICとメモリーの統合

2021年末にTSMC、メディアテック（聯発科技）、日月光《にちげつこう》半導体製造（ASE）、マクロニクス・インターナショナル（旺宏電子　以下、マクロニクス）の会長やCEOなど、台湾半導体大手の代表が李國鼎《りこくてい》記念フォーラムに参加した。このときにTSMC会長のマーク・リュウ（劉德音）が「マイクロン・テクノロジーズ（以下、マイクロン）はメモリー技術ですでにサムスンを追い越した」とさらりと口にした。

マーク・リュウのこの発言に注目した人は市場にはあまりいなかったが、私には衝撃的な一言だった。メモリー産業のリーディングカンパニーであり、技術の先行者でもあり続けてきたサムスンがマイクロンに抜かれたというのか。一体何があったのか調べてみなければならないと思った。

マーク・リュウはそれ以上話さなかったので、私は複数の業界関係者に尋ねてみた。しかしこの件について知っている人がほとんどいなかったため、資料をよく調べて、半導体関係のキーパーソン数人にもう一度聞いてみた。すると本当にマイクロンがサムスンを抜いていたことが分かった。

先に結論を言うと、NANDフラッシュ［↓NAND型フラッシュメモリー］分野では現在、マイクロンがサムスンを追い抜いたのは確実だ。マイクロンの176層3DNANDフラッシュはすでに量産に入っているが、サムスンはまだ128層だ。

DRAM技術［↓DRAM］については、マイクロンは当初はやはり遅れていたが、その後猛追して2021年の第1四半期にはサムスンとSKハイニックスに先駆けて1αプロセスの量産に入り、2022年には1βプロセスも量産を開始した［マイクロンメモリジャパンの広島工場で製造開始］。マイクロンとサムスンの今回のメモリー覇権争いは、さぞ見応えのあるものになるだろう。

この米韓メモリー戦争を分析するには、まず産業競争のマクロ環境から考察する必要がある。

TSMCとマイクロンの提携が、現時点では最善の選択

まず、マーク・リュウが話したことは、決して看過できない由々しき事態である。

特筆すべきは、マーク・リュウがこの話をしたのは、インテルCEOのパット・ゲルシンガーがメディアに対し「台湾は安全ではなく、米国はTSMCに補助金を出すべきでない」と発言したのと奇しくも同日だったことだ。この発言についてメディアからコメントを求められたマーク・リュウは、特に言うことはないとして「なぜなら、TSMCが同業者を中傷することはないからだ」と言った。であれば、同じファウンドリー業界の最大のライバルであるサムスンの技術がマイクロンに負けたとわざわざ言うだけの根拠が、必ずあるはずだ。TSMCには、自分を上げるために同業者を落とす必要がないからだ。

このほか、マーク・リュウは数年前にも「インメモリーコンピューティング（in-memory computing）」のトレンドについて、ロジックとメモリーにヘテロジニアスインテグレーション［種類の違う半導体チップを一つのパッケージに収めること。半導体を低コストで製造する手法として注目されている］を行うと、半導体のコンピューティング機能が格段に向上するとの見解を示した。このときの

マーク・リュウの発言や、TSMCが今、マイクロンをメモリー分野の提携パートナーに加えたのも、外部のマクロ環境と関係している。

TSMCとマイクロンの提携の背景には、客観的な産業環境と条件がある。一つには、**メモリー三強のうちサムスンとSKハイニックスはどちらも台湾と競合する韓国メーカーで、日本のキオクシアはDRAMを生産していない**ことが挙げられる。さらに**マイクロンからすると、現在の生産拠点のほとんどが台湾にある**ため、台湾と提携するほうが地の利がある。よってマイクロンにとってはTSMCが現時点でベストな選択となる。

もう一つは、**台湾と米国の半導体業界の連携がますます緊密さを増している**ことだ。これも米中対立による当然の帰結である。TSMCはロジックとメモリーの技術の統合を必要とし、マイクロンはその統合で、もっと大きな役割を果たしたいと考えている。UMC（聯華電子）とマイクロンの訴訟が和解に終わったことも後押しして、台湾企業と米国企業の提携は今後さらに加速していくだろう。

こうしてTSMCとマイクロンの提携がより緊密になったため、マーク・リュウはマイクロンの技術戦略に自然と詳しくなった。「マイクロンの技術がサムスンを追い越した」というマーク・

リュウの発言は、マイクロンの技術力を裏書きしたことにもなり、両社の提携にとって大きなボーナスポイントにもなり、ＴＳＭＣとライバル・サムスンの競争をより煽ることにもなる。

このフォーラムの1カ月ほど前、つまり２０２１年11月の上旬にマイクロンの副総裁と台湾マイクロンの会長を退任したばかりの徐國晉《じょこくしん》がＴＳＭＣに復帰して、先端パッケージング「↓**パッケージング**」と検査の研究開発担当という重要ポストに就任し、ＣＰＵとメモリーを３次元集積するヘテロジニアスインテグレーションを推進することになった。

上層部のこうした往来は、ＴＳＭＣとマイクロンの提携関係が新たな時代に入り、マイクロンがＴＳＭＣグランドアライアンスの重要なパートナーになったことも示している。

マクロ環境の話を終えたところで、マイクロンの技術がサムスンを追い越したという現状についてもう一度考えてみよう。韓国メディアは、「ＮＡＮＤフラッシュ分野でもともとトップだったサムスンは今韓国のピョンテクキャンパス（平沢大学校）で、第７世代１７６層ＮＡＮＤフラッシュメモリー生産ラインのテストを行っているが、マイクロンに量産で先を越された」と報じた。またＳＫハイニックスも製品を完成させたため、マイクロンとＳＫハイニックスが上げた成果が、サムスンの過去の技術的優位性を脅かす存在となっている。

このほかDRAM分野については、米国にある半導体関連市場の調査会社インフォメーションネットワークと台湾メディア「電子時報」の資料によると、マイクロンが1αプロセスの量産に入ったのは、サムスンとSKハイニックスよりも丸一年早い2021年の第1四半期だ。このことで、1yや1zでサムスンの後塵を拝していたマイクロンが、数年以内に先行優位を手に入れる可能性も出てきた。

ある半導体関係者は、サムスンはここ数年、ファウンドリーに積極的に投資している反面、メモリー分野にはゆるみがあるようだと前置きしたうえで、しかしトップのイ・ジェヨン（李在鎔）は数年前から改革を加速して半導体、家電、モバイル通信という三大部門のCEOをすべて交代させ、家電部門とモバイル部門を統合して、家電部門と半導体部門の2部門に事業を簡素化したと指摘した。この関係者は、こうした大規模な組織改革は、サムスンが今後直面する可能性のある脅威や危機を予見して、事前に準備を進めているように見えると指摘している。

各社の発展を左右するメモリーの3つの重要な流れ

メモリー業界については、マイクロンがサムスンの技術を先行したこと以外に、3つ目の重要なトレンドがあることにも併せて注意したい。

フォーラムの当日にマクロニクス会長の呉敏求《ごびんきゅう》が、AI時代の到来に伴い、**NANDフラッシュがDRAMをサポートするだけでなく、CPU（プロセッサ）を直接的に支援することで、効率的なコンピューティングとストレージが行われるようになる**と述べた。NANDフラッシュが将来的にはDRAMに代わって主流となることが予想されているが、これがマクロニクスも確信している大きなトレンドの1つ目である。

また、ロジックICとファウンドリーの生産能力が深刻に不足するなか、日月光半導体CEOと鈺創科技《ぎょくそう》（イートン・テクノロジー）会長のいずれも、2021年と2022年に世界全体で新たに建設された工場は32カ所で、この数は2021年6月に国際半導体製造装置材料協会（SEMI）が予測した29カ所より3カ所多かったため、産業界が生産能力不足を深く懸念していることが示されたと述べた。

さらに注目に値する点は、この32カ所のうちメモリー工場は2カ所だけで、他はすべてロジックIC工場だったこと、そしてその後に建設されることになった53カ所のなかにもメモリー工場がほとんど見当たらないことだ。この数から、**業界はロジックICの将来性については楽観視しているが、メモリーの成長については慎重な見方をしている**ことが分かる。これが、メモリー業界に関する２つ目の大きなトレンドである。

最後の１つは、メモリーとロジックＩＣの統合（たとえばＴＳＭＣやＵＭＣがマイクロン等と提携することなど）に関心を寄せているのは製造業界だけではないという点だ。**ＩＣ設計業界が今後、メモリー技術をいかに統合させていくか**という点は、メディアテック会長の蔡明介《さいめいかい》も非常に関心を持っているテーマである。この２つの技術分野をいかにして統合するか、そしてメーカー間でどのような合従連衡が行われるかが、注目に値する３つ目のトレンドである。

第5章

半導体戦争、そして台湾と日本

モリス・チャンが見た半導体戦争のヒミツ

——対中制裁と米国半導体産業の復活は別の話

2023年3月にTSMC創業者のモリス・チャン（張忠謀《ちょうちゅうぼう》）と『半導体戦争 世界最重要テクノロジーをめぐる国家間の攻防』の著者クリス・ミラーが台北で対談した。**モリス・チャンはこのとき初めて、米国が中国の半導体産業の発展を遅らせることには賛成するが、米国が「CHIPS法」**［トランプ政権下で2021年に成立した半導体政策］**を施行して生産拠点を米国に移転させることには賛同できないと述べた。**半導体のコストが間違いなく上がるからだ。

モリス・チャンが世界の半導体業界と米国の産業政策について態度を明確にしたのはこれが初めてだった。この歯に衣着せぬ物言いは多くの人にとって意外だったかもしれない。というのも、これまでTSMCが取ってきた、できるだけ立場を表明せず、米国と中国の間で等距離のバランスを保つという従来のスタンスから明らかにかけ離れていたからだ。

私はその理由を、モリス・チャンはすでに引退から5年が過ぎて、経営面のしがらみがなくなったからだとみている。逆に真実を伝えることで、米国の政策制定者に正しい方向に向かうべきだと知らせることができる。また、米国で半導体製品を製造する難しさを直接的に指摘すれば、半導体業界は外から想像するほど簡単ではないということをより多くの人に伝えられるかもしれないし、ＴＳＭＣがよりよい投資条件や補助金を手にすることにもつながるだろう。

まず、モリス・チャンが中国の半導体業界の発展を米国がスローダウンさせることに賛同したのは、非常に現実的な考えだ。なぜなら、ＴＳＭＣの営業収入の６割以上は米国の顧客が占めていて、こうした米国独占状態はＴＳＭＣが１９８７年に設立された時から変わっていないのだ。ファーウェイ傘下のハイシリコンは２０１９年の時点まで、つまり米国のエンティティリスト（製品輸出禁止対象企業一覧）に入るまではＴＳＭＣの営業収入の14％を占め、アップルに次ぐ二番目の大口顧客だった。だが制裁が発動されてハイシリコン向けの生産が急速にゼロになっても、ＴＳＭＣは何の影響も受けなかった。他の米国企業がすぐにその穴を埋めたからだ。

米国は半導体の製造分野に占める世界シェアこそ徐々に低下し、今ではわずか11％だが、付加価値が最も高い部分はずっと握っている。たとえばＩＣ設計では米国が世界シェアの36％を占め、そこにＩＰライセンス［ＩＰ］と半導体製造装置（設備）を合わせると39％にも達する。米国は半導体業界の覇者であると共に、ファウンドリーにとって主要な市場でもあるため、モリス・チャンは当然、米国の対中制裁に賛同するだろう。

なお、モリス・チャンの思考や理念は、その生い立ちからも知ることができる。モリス・チャンは新中国設立前の1931年に浙江省寧波市で生まれた。父親は中華民国の政府職員で、17歳のときに第二次世界大戦がきっかけで香港に渡り、その翌年に米国に渡って最終的に米国籍を取得している。つまりモリス・チャンのキャリアの前半三十数年は米国企業で形成され、54歳で台湾の地を踏んでからの三十年余りは台湾でTSMCを経営して築き上げたものだ。

モリス・チャンは少年時代を動乱の中国で過ごし、成人してからは米国で躍進し、その後は台湾に深く根を下ろした。人生で最も重要な経験を米国と台湾で得たことが、モリス・チャンの思考や判断を形成するうえで極めて重要な基盤になっている。この点から考えると、モリス・チャンが米国の対中制裁を支持するのも理にかなっている。

モリス・チャンはよく産業競争を第二次世界大戦にたとえている。たとえば過去に何度もスターリングラード攻防戦になぞらえて、TSMCにおけるファウンドリーの意義を話している。

モリス・チャンが言うには、**TSMCが勝てるのは、TSMCにはファウンドリービジネスしか**

ないため、当時のソビエト赤軍と同じように死に物狂いで牙城を守っているからだ。このほかにも先に触れたとおり、ＴＳＭＣグランドアライアンスの緊密な協力体制を第二次世界大戦の連合国のようだとも形容している（３６０ページ～）。

私の知る限り、半導体業界のなかには中国の半導体業界に対する米国の制裁を内心では歓迎している人も少なくない。中国と取引する都合上、それを大っぴらにできないだけだ。中国政府は長い間、やみくもに補助金をばらまきながら国際間の公正な競争や貿易に関する取り決めを無視し、中国企業がコストを下回る価格でダンピング競争を仕掛けるのを公然と支持してきた。太陽光パネルやＬＥＤ、パネル製造業などでこうしたことが行われた結果、中国以外の企業がそれらの市場から締め出されている。中国のこうした無秩序な拡大路線に対し、ほとんどの国はなすべもなく市場が食い荒らされていくのを黙って見ているしかない。よって米国が今回下した対中制裁を支持する国は多い。

中国は半導体業界に各種補助金を出して、業界秩序のすべてを乱している。台湾のＩＣ設計会社を訪ねると不公平だとブツブツ言う声がしょっちゅう耳に入ってくる。彼らの多くは、各種補助金をもらった中国の同業者によって不公平な競争を強いられることに、強い不満を抱いているのだ。統計によると、台湾のＩＣ設計会社がカスタムＩＣのプロジェクトに着手した場合、正式な量産まで進むことができる割合は50%だ。しかし、中国に２０００～３０００社あるＩＣ設計会社のうち、プロジェクトに着手して実際に量産に進むのは20～30社、たった１%しかない。補助金目当ての会社があまりにも多すぎて必要以上のプロジェクトがあふれ返り、産業競争に混乱が起きているのだ。

米国にしてみれば、中国が行っている半導体業界への補助金のばらまきや、軍事や科学技術、国防等の産業の拡大は、米国の覇権をすでに深刻に脅かしている。台湾も誰かが覇権を握ることは好まないが**中国が台頭すると、ローエンド製品を皮切りに一気にハイエンド製品まで入り込み、最終的にはその市場を呑み込んでしまうので、台湾メーカーは、その被害を最も直接的に受ける。**だから米国の対中制裁に同意することは、台湾の国益にもかなっている。

金をかければエレクトロニクス産業市場に食い込める?

ちなみにモリス・チャンは、米国の対中制裁には賛同しているが、米国国内で半導体製造業を育成するという米国の政策には賛同していない。米国で製造される半導体の比率をＣＨＩＰＳ法によって11%から30%以上に引き上げたいという米国の思惑にモリス・チャンは一貫して反対の立場を取り続けている。製造とコストの優位性はアジア諸国にあるため、この政策は成功しないと考えているからだ。

台湾が世界で最も危険な場所と呼ばれるようになったため、米国が半導体のすべてを台湾に依存できなくなったことは理解できる。しかし、米国の目的が国防用チップを確保することであれば、半導体の生産比率をわざわざ30％まで引き上げなくとも、数％増やせば十分だ、とモリス・チャンは考えている。

この米国半導体製造業の復興政策に対し、モリス・チャンは「米国がそれをするのは反対だ」という立場を最初から明確にしてきた。2017年に「TSMCは地政学戦略家が争奪戦を繰り広げる舞台となった」と初めて口にして以来、モリス・チャンは米国メディアから取材を受けるたび、米国はもっとよく考える必要があると言い、**米国が半導体産業を復活させるのは、想像よりもはるかに難しい**と強調してきた。その理由は簡単で、米国での製造には優位性がないうえ、儲からないからだ。グローバリゼーションが破壊されてコストを効果的に削減することができなくなったとき、ICの普及度が深刻な影響を受けるだろう。

そしてもう一つ、もっと深刻なことが起きる。半導体が現在のように世界の隅々まで行き渡って人々の生活に不可欠な存在となった主な理由は、製造コストが下がり続けたからだ。その生産拠点が米国に移ったとしたら半導体の製造コストは間違いなく上昇に転じる。**米国の製造コストは台湾の1・5倍から2倍以上にもなる**からだ。そうなると半導体のコスト削減が継続できなくなるどころか、逆にコストが増えて半導体がこれまでのような身近な存在ではなくなる可能性もある。

2022年8月、ナンシー・ペロシ米下院議長が訪台し、蔡英文《さいえいぶん》総統とモリス・チャン、そして複数の業界トップと昼食会で会談した。ペロシが帰国すると中国は不快感を表明して台湾周辺で軍事演習を行い、台湾上空を通過する弾道ミサイルを初めて発射した。

このことはその日のうちに各国の新聞の見出しを飾り、台湾海峡はまたもや「世界で最も危険な場所」と呼ばれた。それから約半年後、米国の政治ニュースメディアの「ポリティコ」はペロシを取材して、モリス・チャンが当時の昼食会でペロシや他の米国議員たちと交わした話の内容を報じた。

「ポリティコ」によると、モリス・チャンは会談が始まるなり「500億ドル（CHIPS法の補助金の総額）とは、本当にいいスタートですね」と言った。ペロシを含む他の4人は「モリス・チャンは冗談を言っているような雰囲気ではない」と察知した。モリス・チャンはペロシに、米国のＣＨＩＰＳ法と半導体政策について、先端チップ産業を支援するための真のコミットメントなのか、それとも儲かるグローバル市場の一画をアメリカが衝動的に奪おうとしているのか、と尋ねた。

モリス・チャンは、もし米国が大金をつぎ込めば世界で最も複雑なエレクトロニクス産業の市場にすぐ参入できると考えているのなら、「世間知らずにもほどがある」と警告し、信頼できる半導体産業が欲しいのであれば、引き続き台湾の安全保障に投資し続けるべきだと言った。米国人が今独自に考え出そうとしているものは、ＴＳＭＣがとうの昔に完成させているのだから、と。

モリス・チャンは、「ＴＳＭＣはすでにアリゾナで大規模な開発プロジェクトを進めており、ＴＳＭＣが補助金の恩恵を受けられることを嬉しく思っている。しかし問題は、補助金を出せばチップ製造業でのビジネスチャンスを手に入れることができるのかということであり、政府が小切手を切ってから、米国で自立したチップ産業が創出されるまでには、長い道のりがある」と言った。

モリス・チャンの話が長引いたので、夫人がモリスの言葉を遮る場面もあった。モリス・チャンの屈託ない物言いと率直な言葉は、米国代表団の前でも例外ではなかった。

これはペロシが下院議長を退いてからメディアに明かした当時の状況である。ペロシはモリス・

チャンのことを「英雄的な人物《iconic figure》」と言い、「彼は米国についてよく知っている」「彼が挙げた一部の質問は困難だが、それに対して答える機会だと思った」と言った。だがこの会談でペロシは次の重要なメッセージも伝えている。

「我々は自分たちが何を行っているかを知っており、それを成功させる決意を固めている。これはよいスタートだった」

グローバリズムに逆行する産業政策は天に昇るより難しい

モリス・チャンは業界のために真実の声を伝えた。半導体業界でのモリス・チャンの地位や重みを考えると、その発言は真摯に受け止めねばならない。モリス・チャンは米国政府に、産業政策を決定する際は、グローバリズムに逆行する産業政策は天に昇るより難しく、成功するチャンスはおそらく極めて低いということを認識すべきだと警告した。

米国の対中規制は、中国が台頭して5GやAIの分野で大躍進したことに米国のハイテク業界が深刻な脅威を覚えるようになったため、一連の輸出規制や対中制裁を開始したのが始まりだった。そして、モリス・チャンが話したことは、台湾の半導体業界だけでなく、実は米国の多くの

ＩＣ設計会社の意見でもあった。

米国には以前から、業種や立場の異なる半導体業界団体が3つある。**1つ目はインテルやＴＩ（テキサス・インスツルメンツ）を始めとする米国のＩＤＭが主体の米国半導体工業会（ＳＩＡ）、2つ目はアプライド・マテリアルズ（ＡＭＡＴ）等の半導体装置（設備）メーカーで構成された国際半導体製造装置材料協会（ＳＥＭＩ）、3つ目がエヌビディアやクアルコムといったＩＣ設計会社とＴＳＭＣなどファウンドリーが組織する世界半導体連盟（ＧＳＡ）**である。

ＳＩＡの場合、会員は米国の現地メーカーだから、海外メーカーのチップを使用するのではなく、米国国内に力のある半導体工場を建設したり、海外企業に米国への投資を積極的に働きかけたりするべきだと主張している。ＳＩＡの米国企業は米国商務省に大きな影響力があるため、彼らの意見は米国政府が制定する産業政策の主な土台になっている。

ＳＥＭＩはというと、会員のほとんどは装置（設備）メーカーだ。彼らは中国と取引したいので米国の対中制裁には一貫して反対の立場を表明し、半導体製造装置の中国への輸出規制を緩和するよう求めている。

ファブレス半導体協会（ＦＳＡ）を前身とするＧＳＡは、エヌビディア、クアルコム、ＡＭＤ

（アドバンスト・マイクロ・デバイセズ）、ＴＳＭＣを主な会員として、米国は台湾をしっかり守るだけでよいと主張している。半導体メーカーが米国に工場を建設してもコストが上がるだけで、米国のＩＣ設計業界の発展にはつながらないからだ。

健全な民主主義社会であれば、さまざまな意見が飛び交うのも、政策を決める際に色々な主張や意見が生まれるのも当然のことだ。よって、米国の半導体業界に３つの利益団体が生まれ、それぞれが自分の立場から政策に対して声を上げるのも、ありふれた光景である。だが**今や、米国の半導体業界で主流を占め、最も高い付加価値を生み出しているのはＩＣ設計業界、つまりファブレスだ。**エヌビディアやブロードコム、ＡＭＤ、クアルコムといった企業は時価総額、影響力、従業員数のいずれもインテルを大きく上回っている。こうした状況は、世界の半導体業界が時代とともに変遷していくなかで、自然に形成された潮流だ。米国は政策を決定する際、誰の目にも明らかなこの潮目を無視すべきではないし、もちろんモリス・チャンの警告も心に刻んでおくべきだ。世間知らずにはなってはならない。

モリス・チャンのアメリカン・ドリームのヒミツ

――米国のＩＣ設計業界と中国の巨大市場

１９８７年の設立から今日まで、ＴＳＭＣは主な生産拠点を台湾から動かしたことはないが、海外への資金投入には１９９０年代から着手している。たとえば１９９６年にはワシントンに８インチ工場を建設し、２００４年には中国でも投資を始めている。海外への資金投入は成功が約束されているわけではないが、その目的は顧客サービスと市場の強化である。

ＴＳＭＣは設立から10年目にあたる１９９６年に、ある大きな決断を下した。それは、ワシントンにWaferTechを設立し、０・35、０・25から０・18マイクロメートルのプロセス技術を備え、月間生産量最大3万枚の8インチ工場を建設して、米国初の集積回路（ＩＣ）製造専業会社になることだった。株式はＴＳＭＣが57・23％（うち15％はテクノロジー株）を保有し、ＡＤＩ（アナログ・デバイセズ）とアルテラ［かつて存在した米プログラマブルロジックデバイス企業。インテルに買収された］の2社が18％ずつ、ＩＳＳＩ［中華圏の企業文化を持つ米国の半導体会社］が４％、その他の投資家が残りの2・77%を保有した。顧客を資本参加させた海外投資計画にTSMCが着手したのは、これが初めてだった。

この年行われたWaferTechの起工式は、地元の一大イベントとなった。TSMCとWaferTechの会長を兼任することになったモリス・チャン（張忠謀《ちょうちゅうぼう》）はこの起工式で、TSMCが1987年に設立されてからIC会社が次々と米国に誕生したが、ウエハー工場を自前で持っているのはこのWaferTechだけで、これから最高のIC設計製造サービスを提供していくと述べた。そして、ADIやアルテラ、ISSIという世界トップクラスのパートナーと提携できることをTSMCは非常に光栄に思っており、この提携が一日も早く良い結果を生み出すことを期待していると言った。

TSMCの米国投資計画はもちろん、モリス・チャンが米国籍を持っていることや、その職歴と関係がある。米国はいわば、モリス・チャンにとって「ホーム」で、各国の半導体業界の顧客や市場にとっても重要な場所だ。しかしそれ以外にも、ある外的要素があった。UMC（聯華《れんか》電子）が顧客である北米のIC設計会社11社と合弁会社を立ち上げ、さらに聯誠《れんせい》、聯瑞《れんずい》、聯嘉《れんか》というファウンドリー3社を設立したことだ（81ページ〜）。UMCのこの大胆な動きが、TSMCに

ADI、アルテラ、ISSIというIC設計会社3社との合弁会社WaferTechの設立を促した可能性もある。

だが、WaferTechはその後、成功したとは言い難い。数年後、TSMCはIC設計会社3社が保有していた株を買い戻し、WaferTechは最終的に再びTSMCの100%子会社となった。だが何年たっても経営効率が改善しなかったため、生産規模もほとんど拡大せずに8インチ工場を細々と維持していた［そして2023年12月にはTSMC Washingtonに社名変更し、WaferTechの名前は消えた］。

モリス・チャンは2022年に行われたTSMCアリゾナ工場の設備搬入式典のスピーチで、WaferTechの投資は彼の夢を悪夢に変えたと言った。

「夢が叶ったと思っていた。だが我々はコストの問題にぶつかった。人の問題にぶつかった。文化的な問題にぶつかった。そしていつの間にか、夢が悪夢になった。その夢から抜け出すのに数年かかった」

WaferTechは華々しい業績を上げることはできなかったが、TSMCのファウンドリー事業は急速に伸びた。台湾で工場を次々と建設し、プロセス技術も大手企業に食らいついて徐々に最先端に近づいた。そして、より重要なことは、中国での資金投入も大幅に展開したことだ。

ＴＳＭＣは２００４年、上海市松江区に8インチウエハー工場を建設すると発表し、２０１６年には南京に12インチ工場を設立して、8インチから12インチまでの投資を順に進め、生産能力の段階的な拡充も図った。結果として、**中国はＴＳＭＣにとって、台湾に次ぐ重要な生産拠点**になっている。

WaferTechへの投資はうまくいかなかったが、中国での事業の拡張は段階的に進めることができた。その大きな理由は、**中国の生産コストが米国よりはるかに低い**ことだ。また、中国人の勤勉な気質は台湾人に近いものがあり、中国では米国で起きたような文化や人に関係する問題も非常に少ない。そして**中国は「世界の工場」へと急成長を遂げ、世界の半導体需要の4割を担っている。**多くの海外メーカー大手は、チップの生産はＴＳＭＣで行い、その次のパッケージングと検査は台湾の日月光投資控股や、その他の半導体製造「後工程」を受託するメーカー（「後工程」を受託する企業をＯＳＡＴという）などに委託し、完成したＩＣを中国各地の製造拠点に直接送って、製品を組み立てて出荷している。こうした状況は、グローバル化と国際分業の当然の帰結だ。

中国の半導体業界も急成長しており、なかでもＩＣ設計業界がより顕著だ。米国の調査会社ＩＣインサイツの資料によると、２０２２年の中国のＩＣ設計業界の世界シェアは約9％で、米国の68％、台湾の21％に次ぐ第3位である。取引先である中国のＩＣ設計会社が急成長したこともあって、ＴＳＭＣは上海と南京に2つの工場を相次いで建設して、顧客に近い場所でそのニーズに寄り添っている。

ＩＢＭの工場の買収を試みた理由

しかし、中国市場がいくら急成長しようが、米国がＩＣ設計業界の本拠地であることに変わりはない。また、モリス・チャンには積年の「アメリカン・ドリーム」もある。それは、米国での事業展開を成功させて、自身が30年以上も暮らしていた米国で、自身が設立したＴＳＭＣによって、一つでも多くの米国の顧客にサービスを提供することだ。よって、WaferTechへの投資以外にも、米国に工場を建設するという夢をモリス・チャンはずっと抱き続けてきた。ニューヨーク州にあった**ＩＢＭの工場を買収しようとした**こともその一つだ。

米国の知財弁護士でＴＳＭＣのＣＬＯを12年務めた杜《と》東佑《とうゆう》は、米国のエレクトロニクス技術専門メディア「EE Times」の取材を受けた際に、ＴＳＭＣは２００5年から、ＩＢＭのマイクロエレクトロニクス事業の買収を5度にわたり試みたと明かしている。そのなかには、ニューヨークにあるＩＢＭのウエハー工場の買収計画もあったが、台湾にソフトウェアに関する権利の侵害事例の記録があったという些細な理由で、米国防総省とＩＢＭが高度な技術の流出を懸念し、結局は白紙になった。

杜東佑は、２００５年からモリス・チャンと一緒に米国の製造拠点を探し始めた。当時検討していたＩＢＭの工場には、ニューヨーク州の南に位置するイースト・フィッシュキルという集落の工場と、その近くのポキプシーという町の工場があった。

だがＩＢＭとＴＳＭＣの交渉のなかで何が最大の障壁になっていたかというと、米国側が機密技術の外部流出を懸念していたことだった。**ＩＢＭの工場は米国防総省の下部組織の国防高等研究計画局（DARPA）の「Trusted Fabs（信頼できるファブ）」に指定されていた**ため、米軍から軍需用チップを受託製造できる権限を与えられていた。よって、ＴＳＭＣとの交渉中にＩＢＭとＤＡＲＰＡは、こうした機密技術は彼らの同意がなければアジアに持ち出さないという確約をＴＳＭＣから是が非でも取り付けたかった。

杜東佑の話を聞く限り、当時の米国人の目には「台湾は中国である」と映っており、ＴＳＭＣが５度交渉してもＩＢＭの工場を買収できなかった大きな原因になっていたようだ。ＩＢＭはその後、自社工場の継続を断念して米国の半導体メーカー複数社と交渉し、最終的に２０１４年10月、米国市場を主戦場とするグローバルファウンドリーズに売却した。

このニュースが報じられた翌日、モリス・チャンは台湾メディアの取材に対し、IBMと1年以上も前に交渉したが価格などで折り合いがつかず、合意には至らなかったと話している。モリス・チャンは、「グローバルファウンドリーズはエンジニアを欲しがっていたし、技術的にもTSMCにかなり後れを取っていたため、IBMの人材と技術を吸収できるかどうかも大きな問題だった。よってTSMCに与える影響は小さい」との見方を示した。これについては、「ウォール・ストリート・ジャーナル」が2014年4月に早くも、複数の関係者の話として、TSMCはすでにIBMの工場の買収交渉を打ち切っており、そもそもTSMCはIBMの研究開発部門が欲しかっただけで、工場の生産ラインを増やすことにはあまり乗り気でなかったと報じている。

こうした経緯を見ると、2005年の時点ではIBMの工場の獲得に意欲を示していたTSMCが、なぜ2014年に買収対象をIBMの研究開発部門に絞ったのかを容易に推察できそうだ。この間にTSMCはウエハー製造効率でもコスト面でもほとんどの企業を大きくリードし、技術の研究開発でも他社に先行し始めていたが、IBMには依然として研究開発で強みがあった。それがTSMCの欲していたリソースだったということだ。

米中両国への投資に加え、TSMCは2000年にシンガポールでも8インチ工場に投資している。2000年に着工し、翌年から生産に入ったシステムズ・オン・シリコン・マニュファクチャリング（SSMC）だ。TSMCとフィリップス半導体（現NXPセミコンダクターズ）とシンガポールの投資会社EDBi［公的色合いの強い投資会社］が共同出資した会社で、8インチウエハーの月間生産量は3万枚だ。

この会社のTSMCの持株比率は39％にとどまり、2021年にSSMCは25億4400万新台湾ドルの利益を得た。SSMCはTSMC主導ではなく、持株比率も50％を切っているからか、TSMCのウェブサイトの海外生産拠点のページに名前がない。

中国市場の潜在力は依然強い

話を中国に戻す。TSMCは中国で投資した工場を拡張し続けてはいるが、上海と南京の生産能力を全部足してもTSMCの全生産能力の4〜5％にしかならない。つまり、TSMCの主な生産拠点は依然として台湾にある。なぜなら**台湾は人材と研究開発に優位性があり、半導体の粗利率が非常に高く、コストに占める人件費の割合も低いから**だ。フォックスコン、クアンタ・コンピュータ（広達電脳）、ペガトロン（和碩聯合《わせきれんごう》科技）、コンパル・エレクトロニクス、ウィストロンという他の五大台湾メーカーが、２０００年から工場を中国へと大規模に移転させたのとは情況が違う。

とはいうものの、ＴＳＭＣは中国市場の潜在力を軽視しているわけではなく、むしろ中国での工場建設は必要だと考えている。スーパーが試食販売をするのと同じで、中国の工場はまずは顧客に試食してもらうための場所だ。おいしいからもっと買いたいという顧客には、台湾の新竹や台南、台中の工場で生産する。台湾の工場は顧客のあらゆるニーズに応えられるよう、幅広いラインアップを展開しているからだ。ＴＳＭＣが日本や米国で生産ラインを増やしたとはいえ、海外工場の生産能力は多くても全体の20％に過ぎない。海外の工場は基本的には試食コーナーで、ＴＳＭＣに注文したいなら本拠地の台湾で行う必要がある。

ＴＳＭＣが２０２２年に入るまで日本に投資しなかったのはなぜだろうか。理由は簡単で、日本の顧客は製品の外注に慎重だったこと、日本の半導体業界全体の市場シェアが下がり続けていること、そして台湾とは地理的に近いため、日本の顧客は台湾に直接発注すれば済むことなどがある。

半導体産業への投資額は莫大になるため、国レベルの大型投資プロジェクトに組み込まれるのは間違いない。よって新たな投資計画が浮上するたびに、どうしても政治的な雑音が聞こえてくる。たとえばＵＭＣ（聯華電子《れんか》）が昔、台湾政府が対中投資規制を解く前に法規制をかいくぐって中国に投資したことが、政府とロバート・ツァオ（曹興誠《そうこうせい》）の訴訟問題にまで発展したことがあった（和艦事件　499ページ）。ＴＳＭＣはその後に正しい手続きを踏んで中国に投資したが、台湾社会に大きな嵐が巻き起こり、民進党と国民党の間でも激しい論争が起きた。その時ＴＳＭＣは「ハイレベルの研究開発や技術は台湾に残す」と声を大にして宣言し、反論の余地を与えなかった。こうした批判はしょせん、井の中の蛙が騒いでいるだけだ。

地政学に注目度が高まるなか、欧米や日本などがＴＳＭＣに工場の建設を求めているが、リーディングカンパニーであるＴＳＭＣでも政治的圧力をまったく受けずにいることはできない。こうした海外投資をＴＳＭＣの成長を妨げる要素にするのではなく、いかにしてボーナスポイントの獲得に結び付けるかについて、ＴＳＭＣチームにとってより過酷な試練を受け入れる時期がやって来るだろう。

ＴＳＭＣ米国工場がもたらす効果のヒミツ

――インテルが加速し米国の刺激に

ＴＳＭＣのアリゾナ工場への投資は、世界の半導体産業全体を変える一大事であり、ＩＣ設計と製造の分業という世界的趨勢や、半導体製造のかつての栄光を取り戻したい米国や、米中半導体戦争の今後にも、大きなインパクトを与えることになる。

まず、世界の半導体産業のなかで米国の役割についてお話しする。60年代から70年代にかけての米国は世界の半導体業界で抜きん出た存在で、米国防総省が主な調達者となってインテルやＴＩ（テキサス・インスツルメンツ）、モトローラといった企業の急成長を牽引していた。80年代に入ると日本、韓国、台湾、中国が続々と台頭したことで、パッケージングと検査、製造を行う工場が米国からアジアへと次々に移転した。米国は技術規格や技術標準の制定者へと変貌を遂げ、**ソフトウェアツールやＩＣ設計、設備、材料等の分野でトップを独占**してきた。

よって今、米国がかつての半導体製造大国としての地位を取り戻したいなら、ある困難に直面する。今あるグローバル化と分業モデルを叩き潰す必要があるのだ。だがＴＳＭＣが米国に投資して世界最先端のプロセス技術を持ち込むことは、米国が製造大国としての地位を取り戻すためには間違いなくプラスに働くだろう。

このことで最大の恩恵を受けるのはもちろん、米国のＩＣ設計業界だ。米国のＩＣ設計業界はこれまでずっと絶対的な先行優位を保っており、世界の独立系ＩＣ設計会社上位10社のうち6社は、クアルコム、ブロードコム、エヌビディア、ＡＭＤ（アドバンスト・マイクロ・デバイセズ）、マーベル・テクノロジー・グループ、シーラス・ロジックという米国企業である。そしてここにはインテル、ＴＩ、マイクロン・テクノロジーズ（以下、マイクロン）といったＩＣ設計もできるＩＤＭ（垂直統合型デバイスメーカー）や、アップル、アルファベット、アマゾン、テスラといったＩＣ設計はするがウエハー工場は持っていない企業は含まれていない。ＴＳＭＣとこうした米国企業との距離が物理的にも近くなるため、こうした顧客とより深い協力関係を築き、過去に世界市場を独占してきた**「米国のＩＣ設計＋台湾のファウンドリー」という成功の方程式**に、より大きな相乗効果を発揮させ続けることができるだろう。

次に、ＴＳＭＣが米国への投資に本腰を入れると、同業者同士でいわゆる「ナマズ効果」が起きるだろう。遠洋漁業の漁師が捕獲したイワシを生きたまま運ぶため、生け簀《す》に入れたイワシの群れにナマズを放すという話をご存じだろうか。泳ぎ回るナマズに怯えたイワシが生け簀の中を逃げ回った結果、かえって活きがよくなるというこの効果は、しばしばマネジメントの分野で、やる気や活気のないチームの尻を叩くために、さまざまな能力や特性を持った新しいメンバーをチームに迎えて、後輩に抜かれるのを恐れる社員の危機感を刺激したり、闘争心を再燃させたりすることに使われている。

ＴＳＭＣがアリゾナに建設した工場は、競争相手のインテルの近くにある。ＴＳＭＣ米国工場が生産を開始して5ナノメートルと4ナノメートルの生産に着手すれば、製造技術でここ数年立ち遅れている**インテルがいい刺激を受けて、開発を加速させる**に違いない。そして仮に、すぐそばのＴＳＭＣ工場が5ナノメートルの量産を開始したにもかかわらず、インテルが7ナノメートルや10ナノメートルという古いプロセスで足踏みしていたとしたら、インテルの士気が大いに高まる可能性もある。インテルの上司が毎日部下にうるさく言い続けるだけで、社員は緊張感を持つだろう。**TSMCという「ナマズ」を放たれた米国製造業界がどれだけ奮起するか**、これから期待できそうだ。

ＴＳＭＣ米国工場が設備搬入式典を行ったちょうどその日、インテルＣＥＯのパット・ゲルシンガーは顧客を訪問するため台湾に飛んだ。意図してこの日を選んだのかどうかは定かでないが、台湾は危険だとことあるごとに言い続けているこのＣＥＯは、ＴＳＭＣ一人に脚光を浴びさせたくないのだ。ゲルシンガーはさらにこのときツイッター［現X］に、ＴＳＭＣの米国製造業へのサポートを歓迎すると投稿している。ゲルシンガーも内心では、ＴＳＭＣの工場がインテルの近くに来たことが、インテルにいい刺激を与えると思っているのではないだろうか。どうりで、ゲルシンガーが台湾で出席したイベントで嬉しそうな笑顔を見せていたはずだ。

このほか、**ＴＳＭＣの米国への投資は、米国の半導体製造業界の産業チェーンとクリティカルマスにも巨大なプラス効果をもたらす**だろう。

実際のところ、あらゆる産業は競合関係にあり、**競争のなかには必ず協力という要素がある。**ＴＳＭＣは1万社以上ものサプライヤーを抱えている。ＴＳＭＣが米国で工場を建設して米国製造業の実力を高めた結果、将来的にこうしたサプライヤーが米国市場に続々と駒を進めることになれば、サプライチェーンの拡大と健全化に大きく貢献するだろう。インテルやサムスン、ＴＩやマイクロンはもちろん、米国で製造業を営むすべての企業が、高度に完成されたサプライチェーンから恩恵を受けられるようになるからだ。

また、ＴＳＭＣの工場が米国に建設されて米国のＩＤＭの工場とより直接的に競争するようになると、製造力があまり強くない企業も衝撃を被ることになる。積極的にレベルの向上を図らなければ、製造分野から撤退する時期が早まるだろう。また、世界最大のＩＤＭであるインテルはＴＳＭＣに発注できるようになるだけでなく、ＡＭＤに食われた巨大市場を急ピッチで埋めることもできる。また他のＩＤＭにもＴＳＭＣに発注する機会が生まれ、経営が軌道に乗らないＩＤＭが淘汰されるスピードを上げる効果も生まれる。

米国の致命的欠点、生産コストは克服できるのか

ここまでプラスの効果を述べたが、ＴＳＭＣの米国投資に潜む試練や危機も無視することはできない。まず、米国は半導体製造では世界全体の11％を占めているが、米国への工場誘致を積極的に働きかけて、補助金を出している状況で、今後市場シェアを何％まで回復できるだろうか。また、生産コストが高いという米国の致命的な欠点を、本当に克服できる半導体メーカーがいるのだろうか。

実際のところ、競争力を維持するために補助金に依存し続けられる産業などないことは、周知

の事実だ。**ＴＳＭＣのオペレーション効率がどれだけ高くても、生産コストが台湾よりはるかに高い米国に進出するということは、オペレーションマネジメントに大きな課題が突きつけられる**はずだ。台湾で蓄積した経験を米国工場に完璧にコピーするのも大変なことだ。粗利率が目に見えて下がる可能性もある。ＴＳＭＣのコストが明らかに上がれば、その後のファウンドリーの製品の価格は間違いなく上がることになる。

ＴＳＭＣが米国工場を建設する前に社内で激しい論争が起きた背景には、こうした理由もあった。なかでも注目が集まったのは、ＴＳＭＣが先端技術を台湾に残したとしても、海外で設立した工場が同じように先進的だった場合、同業者との交流がさらに活発になり、学ぶスピードを上げた競争相手に追いつかれるのではないかという点だった。

この懸念は社内の幹部だけでなく、資本市場も抱いていた。多くの外資系企業も評価レポートで、株主資本利益率が急落して、ＴＳＭＣ株は売りが優勢の日が何日も続くことになるだろうと予測している。

また多くのアナリストも、今後ＴＳＭＣ米国工場に製造を委託すると、提示価格が台湾工場を大幅に上回る可能性があるが、欧米や日本などの国はナショナルセキュリティーを確保するため、より高い対価を支払わなければならなくなるとして、このことがＴＳＭＣの米国投資が世界の半導体産業に与える最大の衝撃だと予測している。**半導体の販売価格を下げ続けることができなくなると、あらゆる電子製品と科学技術の実際原価が上がり、半導体が身近な存在であり続けることに大きな不確定要素を形成するが、この傾向はすでに避け難くなっている**ようだ。

これからの世界戦略のヒミツ

──「メイド・イン・台湾」から「メイド・バイ・台湾」へ

2022年12月6日にアリゾナでのTSMCの設備搬入式典が行われ、バイデン大統領やアップルのCEOなども列席した。そうそうたる顔ぶれが集まったこの場所で、世界のハイテク業界のなかでのTSMCの重要なポジションと、半導体製造業の復活に賭ける米国の意気込みが世界に示された。

TSMCの米国投資額が当初の120億ドルから400億ドルに増えたことに加え、4〜5年以内に5ナノメートルから3ナノメートルまでの先端プロセスの生産能力も拡大する予定だ。投資プロジェクト全体を通じてプロセス技術も生産能力も当初の予測を大幅に上回ったため、TSMCの技術が流出して台湾がからっぽになるのではないかと多くの人が懸念した。

こうしたいわゆる「空洞化」論については、総裁のシーシー・ウェイ（魏哲家《ぎてつか》）がこれまでに何度も「起こりえない」と否定してきたし、この言葉は当時、メディアでも広く報じられた。当時沸き起こった声のほとんどは、明らかに政治的な意図のあるくだらないものばかりで、取り上げる価値もなかった。だが、懸念を抱く人が私の周りにも一定数いたうえ、誤解や歪曲の入り混じった解釈が多くあったため、よく議論に上る懸念をここで取り上げてみたい。

まずは「脱台湾化（去台化）」［「脱台湾化」とは言うものの、実際には主に半導体の分散型生産（Distributed Manufacturing）を指す］について述べる。欧米や日本は確かに、工場という「卵」を台湾という「籠のなか」に溜め続けるのはやめてほしいと思っており、「脱台湾化」という言葉には、台湾で生産する割合を減らしてその分を他国に振り分けるという意味がある。その場合に振り分け先として最も好ましいのは欧米や日本国内だ。そうすれば、台湾と中国の間で衝突が起きたとしてもその影響を受けずに済むからだ。

よって**「脱台湾化」とは、単なる生産地点の変更**にすぎない。工場を米国や日本、欧州等の国に分散させても、株式の保有と経営はTSMCが行うため、世界の半導体業界に与えるTSMC

の影響範囲は広がる。多くの国際的メーカーが各国で工場を建設して会社の規模を拡大し、台湾の五大電子メーカーを始めとする多くの台湾企業が過去に中国へ進出して工場を建設したのと同じことで、いずれも企業の海外展開力の表れだ。

台湾は狭い国土に人口が密集し、人的資源、水、電力、土地といった各種資源が不足しているため、企業の海外進出は避けられない。これまでは「メイド・イン・台湾」、つまり台湾国内で生産するのがベストだと叫ばれてきたが、実際には**企業の経営管理の責任を負うのが台湾でありさえすれば製造国を問わない「メイド・バイ・台湾」を追求する**必要がある。

次に、TSMCが米国工場に移転するプロセス技術が5～3ナノメートルの先端プロセスだったため、TSMCの技術がそれに伴い流出して、「台積電（TSMC）」が「美積電」になるのではないかと懸念する人もいた［中国語の「美」には「米国」の意味もある］。

だが私が思うに、こんなことを言い出すのは半導体業界によほど無知な人だけだ。**TSMCの研究開発者は台湾にいて、各世代のあらゆる新技術を台湾で開発している。そして彼らがプロセス技術を開発したら、今度は工場がそれを検証する。**良品率と生産効率を最高の状態にしてからでなければ、こうした安定したプロセス技術を各国の工場に移転することはできないからだ。

ＴＳＭＣの設備搬入式典で来賓が祝辞を述べるなか、私はＴＳＭＣの大口顧客であるエヌビディアのＣＥＯ、ジェンスン・ファン（黃仁勳）の言葉に注目した。

「ＴＳＭＣの米国での投資は、ゲームのルールを変更する発展だ。米国に工場を建設することによって、すべての顧客のより強大なパートナーになるだろう」

「ＴＳＭＣの核心とスピリットは台湾にあり、米国工場を建設しても変わることはない」

さすがにジェンスン・ファンはモリス・チャン（張忠謀《ちょうちゅうぼう》）のファウンドリー事業のベストパートナーだけあって、ＴＳＭＣの米国投資プロジェクトの要点を二言で言い切っている。

ジェンスン・ファンの言葉をよりざっくばらんに表現するとこのようになる。

「ＴＳＭＣの米国工場建設がやむを得ず行われたものだったとしても、ＴＳＭＣはその全体の60％を占める米国の顧客と、より強固なパートナーシップを築く機会が得られる。ＴＳＭＣの核心とスピリット、つまり最強の技術と難易度が最も高い研究開発はすべて台湾に残されている。だから米国工場に投資しても変わることはない」

米国は生産拠点にすぎない

実は、この米国工場の生産能力がＴＳＭＣ全体の生産能力に占める割合はそれほど高くない。アリゾナの第1工場は２０２４年、第2工場は２０２６年の量産開始を目指しており、この２つの工場を合わせた月間生産枚数は5万枚以上が見込まれている。だがこれは、ＴＳＭＣの現在の月産１３０万枚の約４％にすぎない。ただ7ナノメートル以降の先端プロセスに限って言えば、台湾のその他の新工場の生産能力を含めて計算しても、米国工場の生産能力が15％から20％を占めると推定される。

ＴＳＭＣは世界の先端プロセスの技術と生産能力の9割以上を握っており、欧米はＴＳＭＣへの依存度を下げたいと思っている。ＴＳＭＣが先端プロセスの生産能力の20％近くを米国に投入すれば、米国に対する責任は果たしたと言えるだろう。つまりこれは、米国が台湾に次いで、ＴＳＭＣの最先端プロセスの２つ目の生産拠点になることを意味する。

15％から20％というのはあくまで推定値で、ＴＳＭＣも現時点では、米国への投資のウエイトを増したあとに台湾のプロセス技術と生産能力に対する投資計画がどう変わるかについては明確にしていない。とはいうものの、TSMCは台湾で5、4、3ナノメートルの生産ラインの拡充を継続するほか、2ナノメートルの研究開発も開始する。さらに1ナノメートルや0・5ナノメートルについては、ムーアの法則が試練に直面すると誰もが考えているテクノロジーノードである。よってTSMCは間違いなく台湾で開発を続けてブレイクスルーを求めるだろう。

TSMCも、将来的にはTSMCの海外（中国、米国、日本等を含む）での生産能力が、全体の2割前後を占めるようになると述べている。**台湾がTSMCのウエハー製造の8割を担い、海外の生産能力を2割にとどめるということは、一つのグローバル企業にとっては健全な配置**であるはずだ。

核心とスピリットは台湾にある

ここまでお話ししたところで、TSMCの最先端技術が台湾に残るとなぜ言えるのか、やはりよく分からないという人も多いかもしれない。その最も大きな理由は非常に単純で、TSMCの研究開発チームが台湾にいて、現時点では移転しようとしたところでできないし、移転する可能性は今後も低いからである。

ＴＳＭＣの最もハイエンドなプロセス技術は台湾に残り、2ナノメートルや1ナノメートルといったより高度な技術の研究開発も台湾で行われるのだから、そもそも議論の余地すらないはずだ。主な研究開発チームは台湾におり、彼らが開発した最新プロセスは生産工場と緊密に連携しながら、各設備の調整や修正を何度も繰り返してからでなければ、学習曲線を短縮することも、量産時の良品率を上げることも納期を最短にすることもできない。これらは研究開発チームと量産工場が密に連携していなければ実現できないことだからだ。ジェンスン・ファンはＴＳＭＣの「核心とスピリット」はやはり台湾にあり、米国工場が建設されても変わらないと言った。それはこのことを指しているはずだ。

別な言い方をすると、**TSMCにとって現在の米国の生産ラインとは、一つの量産工場である**とみなしていい。ＴＳＭＣの従業員6万5０００人のうちエンジニアが5万人で、そのほとんどが台湾にいるのだから、研究開発と量産の35年にわたる緊密な連携によって構築された競争力の基盤は、これからも間違いなく台湾に残るはずだ。ＴＳＭＣがこれほど多くのエンジニアを海外で探そうと思ったところで、現在の国際情勢から考えても不可能である。もしＴＳＭＣが研究開発を海外に移転する日が来るとしたら、本当に深刻な事態が起きたときだろう。私が見るに、中国が台湾を武力統一でもしない限り、こうしたことは起こりえない。

話を戻すと、最も重要なプロセスの研究開発が台湾で集中的に行われるとしても、米国工場でも一部の研究開発は行われるだろう。単に研究開発で一番重視する部分が台湾とは違うだけだ。というのも半導体のムーアの法則がまもなくボトルネックに達する。1ナノメートルや0・5ナノメートルは誰もが認める越えがたい難関だが、TSMCはどこよりも進んだ技術を持っているため、サムスンやインテルよりも先にこの問題に直面することになる。

0・5ナノメートルに達したときの難関を乗り越えたいなら、TSMCは半導体の設備、部品、材料に関わる全サプライヤーと連携して、最新の電子、物理、光学、材料等の分野の研究や探究をもっと精力的に行う必要があるが、こうした分野の研究開発者を基礎研究が最も盛んに行われている米国に送れば、台湾で研究開発させるよりも優位性が増すはずだ。

なお、米国TSMCでさらに進んだプロセス技術が開発されたとしても、良品率の向上や改善は本拠地の台湾で行わなければならないため、研究開発とプロセス技術の分野はやはり台湾が握り続け、核心とスピリットも台湾にありつづけることになる。

「シリコンの盾（シリコン・シールド）」とは、台湾の半導体産業に対する海外からの評価だ。世界が注視する重要物資はすでに「石油」から「半導体」へと変わり、台湾の半導体もまた、戦闘

機や弾道ミサイルよりも重要な盾となった。台湾で生まれ育ったTSMCは台湾というこのチップアイランドに深く根を下ろしている何ものにも代え難い存在だ。海外工場が次々と建設されたとしても台湾本社の優位性は揺るがず、研究開発と技術が築き上げたハイテクシリコンアイランドの実力は、台湾の100年続く競争力の根源となるだろう。そして台湾が強権によって分割されることなく存続しつづけるための重要なよりどころでもある。台湾に分不相応な考えを抱く強権は、行動に出る前によく考える必要がある。

台湾と中国のこれからのヒミツ

——台湾半導体産業の中国進出

2018年を境に米国は対中政策を大幅に変更し、それまでの全面的な協調関係から、米中貿易戦争や半導体戦争といった全面的な対決姿勢へと転じた。それに伴ってそれまで中国と密接な経済関係を保ってきた台湾の状況も変化し、過去十数年にわたり4割以上を維持してきた、貿易に占める対中比率が徐々に下がり、2023年の1月から7月までの比率は35・4%まで低下した。そのなかで下げ幅が最も大きかった品目に、半導体や電子部品なども含まれていた。

とはいうものの、台湾社会には中国との関係に関して常に2つの意見がある。特に、台湾の半導体事業者が中国に進出するのを許可すべきか、あるいは中国資本が台湾の半導体企業に入るのを認めるかどうかについて、この20数年間の間に少なくとも二度、大きな議論が沸き起こっている。

最初の議論が起きたのは2011年、ちょうど各国が中国に資金投入し始めたころで、8インチ工場を中国に建設したいという企業が台湾でも現れるようになっていた。2回目は2015年だ。中国の半導体大手、紫光《しこう》集団会長の趙偉国《ちょういこく》が訪台して、TSMCやメディアテック（聯発科技《れんはつ》）を買収したいなどと発言したものだから、中国からの投資に門戸を開くべきかどうかについて議論が沸き起こった。

最初の議論：これからは中国の時代

2011年の最初の論争のときには、これから中国の時代が到来するといった雰囲気が社会全体に満ちていた。中芯国際（ＳＭＩＣ）創業者の張汝京《ちょうじょきょう》が訪台した時には、講演会の会場に聴衆が詰めかけた。誰もが中国で働きたいと思っていたからだ。ウォール街を含む全世界が中国に投資し、台湾の学術界や業界の重鎮、メディアもこぞって規制を撤廃すべきだと主張した。中国がこれから台頭して将来的に大きなビジネスチャンスが生まれるのだ。うかうかしていたら台湾企業がチャンスをふいにしてしまう。

とはいえ当時の学術界や政界には、反対の声を上げる人も少なからず存在した。たとえば台湾団結連盟は党を挙げて反対し、台湾大学や陽明交通大学の一部の教授や民進党の一部も異議を唱えた。業界でも規制撤廃を望む声が大きかったが、偉詮《いせん》電子（ウエルトレンド・セミコンダクター）会長の林錫銘《りんしゃくめい》や米輯《べいしゅう》科技会長の林茂雄《りんもゆう》、茂矽《もせき》電子副社長の張東隆《ちょうとうりゅう》、台湾経済研究院院長の呉榮義《ごえいぎ》など、ごく少数ではあったけれども反対者はいた。圧倒的多数の業界関係者が賛同するなか、彼らのような少数派は討論用の資料集めに奔走した。このときの論争がどれだけ大変だったかは想像に難くない。

当時の反対者たちは、**製造業はすべての根幹であり、しかも資本・知識集約型のウエハー製造は要《かなめ》の中の要であるため、安易に規制を撤廃すべきでない**と考えていた。台湾がＩＣ製造を握るということは、すべてを掌握するに等しい。風船の束にたとえると、多くの雇用を創出する製造業は、すべての風船のひもを一つに結んだ結び目の部分にあたる。その結び目の部分を移転するということは、風船全体、つまり製造業から派生する全ての派生産業が持っていかれることを意味するのだ。

ほかにも、中国市場は巨大でICの95％は輸入に頼っているため、台湾が中国市場に食い込むためには中国進出しかないとも声高に叫ばれていた。だがこの理屈もあまり正確ではない。台湾も当時ICの80％を輸入に頼っていたが、海外から輸入するICに関税をかけていなかった。というのは、国内のICを保護するために輸入ICの関税を引き上げた場合、国内の完成品業界が打撃を被ることになるからだ。完成品業界のほうがIC業界よりも生産額が大きかったため、ICの関税をむやみに引き上げると、完成品産業が打撃を食らって製品を出荷できなくなってしまうのだ。

同様に、中国は組み立て製造受託を主としていて、携帯電話やパソコンといった完成品業界の生産額のほうが大きかった。そのため中国もICを大量に輸入していたが、やはり台湾と同じくICに関税をかけていなかった。そうしなければ完成品業界の生産額を増やし、世界の工場を円滑に稼働させることはできなかったからである。

ICに関税がかからないのだから、どうしても

中国に進出しなければならないわけではない。

また、米調査会社のガートナーは、2001年の世界の半導体市場規模は1861億ドルで、中国が占める割合は全体の6・45％にあたる120億ドルになると予測し、2005年には世界市場の規模が3307億ドルに達し、中国の市場規模はその8・47％、つまり280億ドルになると推定していた。このデータは台湾市場を上回ってはいたが、差はわずかだった。

また反対者は次のような論証もした。このころノキアやモトローラといった携帯電話メーカーは、中国国内での販売権を確保するため、中国政府とタッグを組んでTSMCやUMC（聯《れん》華《か》電子）に中国へ投資するよう求めていた。だがモトローラが天津に設立した8インチ工場は何年たっても期待した成果を上げられずにいた。反対者はこの点を挙げて、台湾の8インチ工場の中国工場建設に反対していた。

この論争中に、台湾はもとより各国も驚愕させた「和艦事件」も起きた。UMCが政府の対中投資規制を破って和艦科技に投資したため、UMCと多くの経営幹部が捜査対象となり、ロバート・ツァオ（曹興誠《そうこうせい》）がUMC会長を辞任したのだ。

だが民進党政府はその後、8インチ工場に関する対中投資規制を解き、「積極的に開放し、効果的に管理する」という原則を打ち出して、台湾の12インチ工場で月間1万枚生産している企業であれば、中国で８インチ工場を建設してもよいことにした。そこでＴＳＭＣは２００２年に申請し、２００４年になってから正式に上海市松江区の８インチ工場で量産を開始した。

また台湾政府は、半導体産業はまだ急成長段階にあるため、中国に進出しないのであれば台湾で積極的に投資すべきだと考えて、中部サイエンスパークと南部サイエンスパークの発展も推進した。そしてＴＳＭＣとＵＭＣも相次いで合計９０００億新台湾ドルにも上る投資プロジェクトを発表して、半導体の製造という、風船の束の結び目の部分が台湾に残るようにした。

最初の論争のときは、対中投資規制の撤廃に反対していた業界関係者の一部は、中国市場でビジネス展開する必要があったため、中国側からよからぬレッテルを貼られるのを恐れて公の場での発言を避けていた。社会に発信していたごく一部の人たちも、当局に目を付けられたらあとから報復されるのではないかと怯えて、非常に慎重になっていた。

業界関係者は理由もなく懸念していたわけではない。中国大陸で資金投入している台湾企業のほとんどは中国政府から政治的な圧力をかけられた経験があり、なかには台湾独立への反対と「一つの中国」への賛同を表明するよう強いられたケースもある。たとえば台湾独立色の強かった奇美実業グループ創業者の許文龍《きょぶんりゅう》が、２００５年に「中国と台湾は一つの中国」とする公開書簡を発表したのは、その分かりやすい例である。

2回目の議論：ＩＣ設計業者の市場、中国

紫光集団の趙偉国が訪台した２０１５年に起きた二度目の論争のときには、その議論がもっとオープンに行われるようになっていて、反対派の研究者が何人も表舞台に立って、業界関係者と議論を戦わせた。

まず、２０１５年の台湾と中国の景気を振り返ってみよう。台湾では当時、ＤＲＡＭ［↓ＤＲＡＭ］、パネル、太陽光パネル、ＬＥＤという４つの「惨」業が大赤字や倒産に喘いでいた。だが中国のモバイルインターネット業界は発展のピークを迎えており、アリババやテンセント、バイドゥなどの企業が世界の資本市場で多額の資金を集めていた。そんななか趙偉国が豊富な資金を背景に訪台し、半導体各社を買収したいと言ったものだから、台湾社会から大きな反発の声が上がった。そして、台湾ＩＣ産業への中国からの投資の解禁に反対する声も強くなった。

とはいうものの、当時のＩＣ産業の関係者から規制撤廃を求める声が少なからず上がっていたのも確かだ。とりわけＩＣ設計業者は、ＩＣ設計はウエハー工場とは違うため、中国への進出を

禁止すべきでないし、中国からの投資も禁止ではなく、何らかの規制を設ければ済むはずだと考えていた。**台湾のＩＣ設計業者の主な市場は中国にあった**ため、どうしても市場に近い場所に行かざるを得ないというニーズがあったのだ。また**仕様の決定に早くから参加するには、中国で研究開発に投資して人材を雇用する必要があった**し、もし中国側が資金投入や株式購入を行ってくれるなら、より多くの戦略的パートナーや同盟関係を手に入れることもできる。

ＩＣ設計業者がこう考えたのも無理のない話だった。だが趙偉国が台湾で話した内容が強気で傲慢に感じられたせいか、社会が反発し、２０１６年の総統選挙では政権交代が起きて蔡英文《さいえいぶん》の民進党政権が誕生した。新政権は民意に沿って、台湾半導体企業への中国資本の投入を厳しく制限した。

このときの論争を今一度振り返ってみると、政府が台湾半導体企業への中国資本の投入を許可しなかったことに多くの業界関係者が歯噛みして、政府は何をやっているのだと悔しがっていたことが思い出される。だが**２０１８年に米中貿易戦争とハイテク戦争が始まったため、中国大陸の半導体業界を取り巻く状況も急変**した。もしあのとき、台湾企業が中国企業に資本参加や投資を許していたら、多くの中国企業が米国のエンティティリストに掲載された今、一体何が起きていただろうか。まさに人間万事塞翁が馬。目の前で今起きていることが将来的にどうなるかなんて、誰にも分からないのだ。

米国半導体業界、今ある商機のヒミツ

――シリコンウエハー現地調達需要の高まり

ウエハー製造で世界第3位の台湾メーカー、グローバルウェーハズ（環球晶内）が2022年12月1日、米国テキサス州シャーマン市で12インチ工場の起工式を行った。米国にとっては約二十年ぶりに新設されるシリコンウエハー工場とあって、現地には多くの来賓が駆けつけ、同社会長の徐秀蘭《じょしゅうらん》に祝辞を述べた。

その5日後の12月6日には、アリゾナ州フェニックスでTSMCの設備搬入式典も行われた。バイデン大統領、そしてアップルCEOのティム・クック、エヌビディアCEOのジェンスン・ファン、AMD（アドバンスト・マイクロ・デバイセズ）のCEOのリサ・スー（蘇姿丰《そしほう》）、マイクロン・テクノロジーズ（以下、マイクロン）CEOのサンジャイ・メロトラといった業界トッ

プが列席し、モリス・チャン（張忠謀《ちょうちゅうぼう》）、マーク・リュウ（劉徳音《りゅうとくおん》）、シーシー・ウェイ（魏哲家《ぎてつか》）に祝賀を述べた。地政学的に混乱した状況のなかで、台湾発の半導体大型投資プロジェクトが、米国政府も注目する焦点となった。

グローバルウェーハズは現在、シリコンウエハー業界1位の信越化学工業、2位のSUMCOに次ぐ世界シェア第3位の台湾メーカーだ。もともとは新竹サイエンスパークの中小企業だったシノ・アメリカン・シリコンプロダクツ（以下、シノ・アメリカン）の傘下企業として設立された。生産拠点は台湾のほか、中国、日本、韓国、マレーシア、米国、イタリア、デンマーク、ポーランドと世界に広げて、ウエハー業界のリーディングカンパニーとしての地位を確立している。

グローバルウェーハズは2020年、ドイツのシルトロニックを買収できなかった。会長の徐秀蘭はこれについて、米国や中国から阻止されるかもしれないとは思っていたが、各国が同意したのにドイツだけが首を縦に振らないとは思わなかったと述べている。

「主な原因は、台湾が香港化する可能性があるとドイツが考えていたことだった。彼らはこの問題を『what if（もしそうなったら）』ではなく『when（いつそうなるか）』と捉えていた。彼らはドイツの会社を『今日は台湾企業と呼ばれているが、明日には中国の会社になる』企業に売りたくなかったのだ」

また徐秀蘭は、グローバルウェーハズには豊富な買収経験があるが、出会う人ほぼ全員から「台湾が本当に危険な国なのかどうか答えていただきたい」「なぜ我々が、世界で最も危険な国の一つに会社を売却しなければならないのか」と聞かれたのはその時が初めてだったと話している。

グローバルウェーハズがシルトロニックの買収計画を立てた際、社内には早くから「プランB」があった。プランBチームの役割は、もし買収に失敗したら、別の国での事業拡張計画に着手することだった。2021年1月31日、グローバルウェーハズはシルトロニックの買収に失敗すると、それから約5カ月後の6月27日には、テキサスの新ウエハー工場の建設を発表した。

なぜテキサスでの工場新設を選んだのか

グローバルウェーハズがテキサスにシリコンウエハー工場を建設したのは、米国政府からの補助金も大きかったが、それだけが決め手になったわけではない。

徐秀蘭は、**米国の半導体製造工場の数は増え続けているが、シリコンウエハーの原地供給量は1%にも満たない**ため、米国国内でウエハーの供給不足が深刻化していると考えていた。また、炭素排出実質ゼロやエコソリューションに世界の注目が集まっているのに、米国にはそれに対応するシリコンウエハー供給ソリューションがないことも、グローバルウェーハズが米国工場を設置することにした主な理由だった。

シノ・アメリカン元会長の盧明光《ろめいこう》は、同社とグローバルウェーハズの世界的な買収計画を主導してきた人物で、49年にわたり半導体業界に身を置いて、台湾TI（テキサス・インスツルメンツ）、光宝電子、シノ・アメリカンを率いてきた人物だ。盧はグローバルウェーハズの米国工場設立について、米国政府から要請されたからではなく、米国市場には将来的に巨大なビジネスチャンスがあると総合的に判断したからだと話している。顧客がそこにいて、しかも魅力的な補助金が提示されたから、工場の建設を決定したのだ。

また市場ニーズを考えた場合、マイクロンがすでにニューヨークに1000億ドルを投資して工場を複数建設すると発表し、サムスンにも米国への1000億ドルの投資計画があり、インテルも1000億ドルの投資を表明し、TIにも工場数カ所の建設計画がある。そしてTSMCも米国工場を建設することを踏まえると、**米国の半導体市場がこれから拡大してシリコンウエハーのニーズの増加も見込まれるため、グローバルウェーハズは当然、顧客の近くに工場を建設すべ**

きだと盧明光は話している。

また、米国政府から好条件の支援策も提示された。台湾は土地も狭く、水不足や電力不足にも対処しなければならないが、テキサスでは広大な土地が1ヘクタールわずか1ドルで購入できるうえ、州政府が光熱費の半分を負担し、従業員の研修費や各種手当、奨励金なども提供される。そのため、工場建設コストが台湾より高くなるといっても、せいぜい10～15％増えるだけだと盧明光は言った。

グローバルウェーハズがテキサスに新工場を建設すれば、地理的にも便利になるうえ歴史的にも意義がある。テキサスは昔から、米国半導体産業の中心地になっていて、最も知られているのがＴＩだ。モリス・チャンもかつてＴＩで働き、盧明光も台湾ＴＩの出身である。また、かつて北米最大のシリコンウエハー工場だったＭＥＭＣもテキサスにあり、グローバルウェーハズが買収した米国企業2社もテキサスと深い関係があった。

グローバルウェーハズの最初の買収は２００８年、シノ・アメリカンとして（グローバルウェーハズをスピンオフする前）グロービテックを買収したときだ。グロービテックはテキサスの半導体メーカーで、経営幹部全員がＴＩ出身だった。盧明光が昔、台湾ＴＩと光宝にいたときの幹部や同僚もほとんどがTI出身だったうえ、シノ・アメリカンが以前にグロービテックに投資していたこともあって、盧明光はグロービテック経営陣とも親しかった。よって買収もスムーズに進み、買収後18カ月で黒字転換を果たした。

2度目は2016年にサンエディソンを買収したときだ。この会社の前身はMEMCで、やはりテキサスにあり、もとはシノ・アメリカンとグローバルウェーハズの原料サプライヤーだったが、スピンアウトして設立された。グローバルウェーハズはもともとサンエディソンの株式の3〜4%を保有しており、取締役会役員とも昵懇《じっこん》にしていたため、合併も滞りなく進んだ。

グローバルウェーハズがこの合併によって手に入れた資産や生産拠点のほとんどがテキサスにあり、しかもグローバルウェーハズ現会長のマーク・イングランドが合併当時にグロービテックの社長を務めていたことには、こうした理由があった。つまりテキサスは、グローバルウェーハズの米国工場のオペレーションやマネジメントにとって、一番自然で理想的な場所だったのだ。

盧明光は、**TSMCはアリゾナに投資するにあたり、台湾から多くのエンジニアを送り込む必要があるだろうが、グローバルウェーハズにはあまりその必要はない**と言う。それは主に、グローバルウェーハズはテキサスにすでに大きな経営基盤を持っているため、今後新工場を建設しても台湾からそれほど多くの人材を異動させる必要がないうえ、シリコンウエハーの生産フローが、ファウンドリーよりもはるかに簡単だからだ。ファウンドリーとシリコンウエハーの製造はこの点で大きく異なる。

2022年、盧明光は台湾ハイテク業界で最高の栄誉とされる「潘文淵賞《はんぶんえん》」を受賞した。潘文淵は40年以上も前に台湾が集積回路発展計画を立ち上げたときに尽力し、台湾が米国企業RCA（アメリカ・ラジオ会社）から半導体技術の供与を受ける際にも奮闘した人物である。

この授賞式で、当時技術研修を受けるためにRCAに派遣されたうちの一人で、TSMC現副社長の曾繁城《そうはんじょう》が、設立当初にシリコンウエハーを調達する際に起きたあるできごとに触れた。TSMCは設立時に工研院からチームを引き継いだが、周囲からは実力を疑われ、日系メーカーの信越化学工業も含め、多くの大企業から軽んじられていたと言った。

曾繁城は、当時ウエハーを3インチから4インチに切り替える必要があったため、信越化学工業にシリコンウエハーを発注しようとしたところ、良品は米国市場に売るため、品質の劣るものしか台湾には売れないし、米国への売値は5ドルだが、台湾向けは10ドルになると言われた。曾繁城はその後、他の人に交渉させたが、結局9ドルにしか下がらなかった。曾繁城は二度と日本人からウエハーを買うものかと誓い、調達先を米国のMEMCに変更した、と当時を振り返った。

しかし、今の状況はもちろん違う。ＴＳＭＣの規模が拡大するにつれ、日本製のシリコンウエハーもＴＳＭＣで使われるようになった。

盧明光と曾繁城という半導体業界の二人の老将は今、台湾の業界の実力に全幅の信頼を寄せている。盧明光は、ＴＳＭＣ米国工場の3ナノメートルが量産体制に入るのは２０２５～２０２６年になるが、ＴＳＭＣ台湾工場の2ナノメートルと1ナノメートルはそれまでに準備が整っているはずだから、顧客と市場が米国にあれば会社が投資しない理由がないと述べた。

40数年前には半導体の製造基盤がゼロで、米国からのライセンス付与を必要としていた台湾は、今や世界がうらやむ重要な力を持つまでに至った。ＴＳＭＣとグローバルウェーハズが今のように、米国に技術を輸出し、しかも、当時とは逆に米国に工場を建設し、より大きな商機を得て台湾の産業競争力を向上できるようになるまでには、大変な苦労があったはずだ。

日本の半導体産業復興計画のヒミツ
――成功のカギは継続的な資金投入とパートナー選び

台湾側からすると、日本が数年前から推進している半導体産業の復活計画は注目に値する。「NIKKEI Asia」によると、日本は米国と共同で次世代半導体の研究を行い、2ナノメートルプロセス技術の研究開発に3500億円を投じるほか、TSMCをはじめとする先端プロセス企業の日本誘致に別途4500億円を投じ、半導体の製造に不可欠なウエハー材料のサプライチェーンを確保するために3700億円を投入する見込みだ。

合計1兆1700億円を上回るこの計画は、プロセス技術の研究開発、ウエハー製造、ウエハー材料という三大分野への投資をカバーする、日本が半導体製造大国として復活するための復興計画である。米国がCHIPS法で打ち出した補助金527億ドル（約7兆5008億円）と比べるとかなり小規模になるため、CHIPS法の縮小版とみることができるだろう。

日本は1980年代には世界市場の5割を独占していた半導体大国だった。米中対立構造のなかで今、日米提携計画が生まれたのは、台湾製や韓国製のウエハーへの依存度を下げるために、2020年代後半に研究開発を開始して2ナノメートルチップの量産能力を確立したいからだ。日米の連携によってどんな効果が生まれ、台湾や韓国のウエハー製造業者にどんなプレッシャーがかかるのだろうか。

まずは日本の一連の半導体産業復興計画の内容を詳しく読み解いていきたい。その1つ目は、**2ナノメートルプロセス技術に対する3500億円の資金投入だ。**この計画には、東京大学、国立研究開発法人産業技術総合研究所、理化学研究所、IBM及びその他の欧米研究機関が招聘されている。また**ソフトバンク、NTT、三菱UFJ銀行、NEC、トヨタ自動車、キオクシア、デンソー、ソニーグループの8社が73億円を共同出資し、日本政府も700億円を支援した半導体会社ラピダス（Rapidus）［ラテン語で「速い」の意味］は、2027年以降に2ナノメートルのチップを生産し、2030年ごろまでにファウンドリー事業を開始することを目指している。**技術面での提携パートナーはIBMである。

ラピダスがIBMとの提携を欲した主な理由は、資金と技術の相互補完である。IBMは2015年に半導体の生産から撤退したが研究開発は継続し、2021年5月に2ナノメートル技術の試作品開発に成功した。日本が今、資金を提供し、地政学的な影響を受けながらも提携したのは、互いのニーズが一致して意気投合したからだと言える。

日米が2ナノメートルプロセスの研究開発で提携するのは、日本の半導体プロセス技術の立ち遅れという問題を解決したいからだ。「日経新聞」の調査によると、日本のＩＤＭ（垂直統合型デバイスメーカー）の技術は数年前から65ナノメートルプロセスで止まっており、それ以降の40、28、16ナノメートルへの投資も行われていない。その後ＵＭＣ（聯《れん》華《か》電子）が日本で企業買収を行った際に40ナノメートルプロセスを導入し、ＴＳＭＣの日本工場ＪＡＳＭも22～28ナノメートルと、12～16ナノメートルのロジックＩＣを主力にしている。だが**日本にしてみれば、最先端のプロセス技術、特に日本独自の技術がない。**日米共同開発によって解決しなければならない問題はこれだ。

2つ目は**各国の半導体企業の日本誘致に、補助金を4500億円投じることだ。**現時点での具体的計画は主にＪＡＳＭ設立だが、ほかにもキオクシアやマイクロン・テクノロジーといった比較的巨額の投資プロジェクトもある。

3つ目は、**3700億円の支援をウエハー材料の研究開発に充てる**というもので、シリコンウエハーやシリコンカーバイド（ＳｉＣ）といった材料分野を強化することが目的だ。**日本はもと**

もとシリコンウエハー材料では世界トップで、信越化学工業とSUMCOが世界シェアのナンバー1とナンバー2、3番目が台湾のグローバルウェーハズ（環球晶円）だ。しかしSiCなど第3世代の原材料領域には米国も中国も投資と研究開発に力を入れているため、日本は米中に抜かれたくないと考えている。

経済産業省のこの3つの計画を詳細に考察してみて、私自身は2つ目と3つ目の方向性は正しいと思っている。日本が半導体産業で培ってきた強い基盤によって徹底的に実行すれば、具体的な成果が出るはずだ。だが、この計画のなかから問題点をピックアップするとしたら、やはりほとんどは1つ目に集中していると思われる。つまり2ナノメートルプロセス技術の開発で、問題に直面する可能性がある。

日米の2ナノメートルプロセス共同開発は、かなり大胆な計画だ。何世代も飛び越えて2ナノメートルプロセスに着手するのは相当な困難が予想される。TSMC総裁のシーシー・ウェイ（魏哲家《ぎてつか》）はある講演会で「ある企業や国が（プロセス技術を何世代も）飛び越えて進めるのは不可能とは言えないが相当難しい。日本は直接2ナノメートルを作る。では3ナノメートル、4ナノメートル、5ナノメートルはできるのか。カーブで追い越しをかけた結果、保険会社が保険金を支払うことになるかもしれない」と話している。

実は過去に台湾メーカーが先端技術の保有者と提携した例は数多くある。たとえば欧米や日系メーカーとのDRAM技術共同開発は成功しなかった。台湾のファウンドリー業者にも同様の経験はあり、その相手もIBMだった。先に述べたように、2000年に半導体プロセス技術で台湾をかなりリードしていたIBMは、TSMCとUMCに0・13マイクロメートル銅配線プロセス技術の共同開発を呼び掛け、UMCはIBMと提携することを選び、TSMCは自社開発することにした。だが最終的にはTSMCが大きく水をあけて先頭に立ち、TSMCとUMCの差が開いていく主な原因にもなった（316ページ～）。

これまでにTSMCが積み重ねてきたプロセス技術の研究開発の経験を見る限り、研究開発と製造部門はどうしても密接に連携していなければならない。プロセスを開発する研究者と工場のエンジニアがタッグを組んで、研究開発の成果を工場で微調整や修正しなくては、最高の検証が行われたとは言えないのだ。よって、その後TSMCが0・13マイクロメートルを自社開発したときも、ある程度の試行錯誤はあったが、最終的には研究開発チームと工場が密に連携して開発を成功させた。いっぽうIBMとUMCは0・13マイクロメートルでつまずいたため、そこからの開発のスピードが目に見えて遅れてしまった。TSMCの経験を踏まえて考えると、これから日米が共同開発する2ナノメートルプロセスは、どの工場で検証するのだろうか。**研究開発チームと工場は密に連携できるのだろうか。**これらはすべて、成否のカギを握る重要な要素になる。

研究開発に対する出資額から考えた場合、日本はやはり小さすぎると言わざるを得ない。たとえば3500億円は770億新台湾ドルに相当するが、TSMC1社の2021年の研究開発費だけでも1250億新台湾ドルに上る。**日本は半導体産業の復活を望んでいるが、国が投じる研究開発費がTSMCの研究開発費の3分の2にも届かない**なら、他の企業が大規模な出資を行わなければ世界に追いつくのは難しいだろう。

研究開発費の比較からも、半導体産業への参入障壁が高いことがよく分かる。個々の企業の経済力でどうにかなるようなものでもなく、世界第3位の経済大国日本でさえ、十分な支援は提供したいが実際にはままならないという状況にあるのではないだろうか［2024年2月、日本の名目GDPはドイツに抜かれて世界第4位に後退］。

とはいうもののやはり私は、日本の半導体産業復興計画に悲観的になってはいない、と強調したい。日本には半導体を開発してきた長い歴史があり、多くの優れた人材、経験や知識が蓄積され、設備や材料、化学品といった分野で世界をリードしている大企業が存在するからだ。これらはすべて、日本にしかない競争優位だ。日本の実力を過小評価してはならない。

日本と米国、かつての実力を取り戻せる可能性はどちらが高い？

以前に友人から「日本と米国がかつての半導体製造力を復活させたいと考え、どちらも補助金政策等を推進して海外企業を誘致した場合、成功する確率はどちらの方が高いと思うか」と聞かれたことがある。私は「日本だ」と答えた。

日本の製造業は米国より強く、その背後にはさまざまな要因がある。これまでの半導体の国際分業では、欧米が設計を主導し製造はアジア諸国が請け負ってきた。よってＩＣ設計のトップ企業のほとんどが米国に集中し、欧州にはＩＤＭが比較的多く、製造技術は自動車や、一般消費者を対象としない工業、制御といった分野に偏っていた。

アジアの日本、台湾、韓国にはＩＣ設計会社は非常に少なく、主な産業形態は製造業だ。台湾だけがやや例外で、メディアテック（聯発科技《れんはつ》）、ノバテック・マイクロエレクトロニクス（聯詠《れんえい》科技）、リアルテック・セミコンダクター、ハイマックスの4社がＩＣ設計会社世界トップ10に入っている。また中国にもオムニビジョンを買収したウィルセミコンダクターなど、成長著しいＩＣ設計業者がある。

アジア人が半導体製造を得意としているのは、日本や韓国、台湾、中国といった国々に箸の文化があるからだという人もいる。箸を使うと手先が器用になるため、半導体を作れば作るほど精密さも増すというのだ。だがどちらかというと細かな作業がアジア人よりも苦手な欧米人は、半導体をうまく作れないし作ろうとも思わないので、アジアに任せている。

それよりも大きな要素は文化だ。アジア人は欧米人よりも仕事に真面目に取り組み、技術者の質も高く残業にも快く対応する。設備が深夜1時に壊れても従業員が修理に駆けつけてくれるため、2時には設備が直っている。だが米国人を夜中に呼んだところで誰も来てはくれないし、修理が終わるのは翌朝の9時だ。半導体工場の設備は非常に高額だが、アジアの工場はそんなわけで24時間休みなく稼働できるため、生産効率でもコスト面でも優位性が生まれる。

よって、**アジアの製造力から考えた場合、日本の半導体業製造業には米国よりも強い基盤と発展のチャンスがある**はずだ。TSMCのJASMへの投資が成功する確率も、米国工場よりはるかに高いだろう。

次に、TSMC米国工場は人材確保でも日本より苦労するはずだ。米国にはインテルやTI（テキサス・インスツルメンツ）といった半導体製造大手がすでに存在し、サムスンの投資も決定しているため、彼らと人材を奪い合うことになるからだ。また米国の給与水準は日本よりはるかに高いこともマイナス要因になる。TSMC米国の従業員や台湾から米国に赴任した従業員は、TSMCの給与や福利厚生に対する不満をソーシャルメディアなどによく投稿している。こうしたことすべてが、TSMC米国工場の成功を左右する要素になっている。

さらに踏み込んで考えると、これから日本は半導体産業復興計画を推進するにあたりパートナー探しが重要になるが、研究開発で米国と協力する以外にどの国と提携できるだろうか。私自身は、日本は台湾とより緊密な同盟関係を結ぶことによって、間違いなく大きなプラス効果を生み出せるとみている。

日本がパートナーシップを結ぶ相手として、中国と韓国は明らかにいい相手ではないため、ベストパートナーは台湾しかいない。**日米は今後、研究開発では協力していくことになるが、製造分野は間違いなく日台同盟が担うことになる。**こうした協力体制はこれからより大きく緊密になっていくだろう。台湾と日本はもともと相互補完の面で優位性があり、共通の利益を持っている者同士だからだ。台湾は製造とパッケージング・検査とIC設計に強く、日本は川上の設備と材料に強く、基礎研究分野も台湾より優れている。お互いの欠点を補い合える相手なのだ。

日本と台湾は利害が一致しているほかシナジー効果も非常に高いが、それ以上に重要なことは、お互いが同じ目標や理念を持っているかどうかであり、このことが共同事業を成功させる基盤になる。日本はルールを守り、ビジネスのパートナーシップを尊重する国だ。台湾人は過去に日本企業と協働してきたなかで、よく日本人は慎重すぎるとか意思決定が遅いといった不満を口にしてきた。しかし、日本人から騙されたとか陥れられたとか、技術を盗用されたといった話は私は聞いたことがないし、成果を独占されたとか、ひそかに立ち上げられた別会社からビジネスを横取りされたといった話も非常にまれだ。だがこうした話は、中国企業や韓国企業との共同事業では枚挙にいとまがない。

また、ある日本の友人は、日本人はＴＳＭＣを高く評価しており、モリス・チャン（張忠謀《ちょうちゅうぼう》）を非常に尊敬していると言った。数年前に日本人がホンハイ創業者のテリー・ゴウ（郭台銘《かくたいめい》）に非常に興味を持っていたのは、ホンハイがシャープを買収したからだが、あれから数年経った今、日本人はモリス・チャンからもっと多くのことを知り、学びたいと思っている。それはＴＳＭＣが日本人にできなかったことを成し遂げたからだと。

なぜそう言えるのか。**日本には半導体産業が燦然と輝いていた時代があったが、設計と製造の分離という業界トレンドに乗り遅れてしまった。**ＴＳＭＣは日本にできなかったことを極めて世界を大きくリードした。だが、尊いのはTSMCがファウンドリー事業に一心不乱に取り組み、30年以上も投資し続けたことだ。これは日本人が深く敬う職人魂だ。

台湾人はたいてい日本に好感を持っており、日本人は文化的で清潔で、ルールを守る礼儀正しい人たちだと感じている。だから台湾人が旅行したい国のトップに上がるのも日本だ。日本には個人と法による統治を重んじる社会があるが、アジアのなかでこうした特徴を備えている国は少ない。互いを尊重して認め合い敬意を抱くことができるのが理想のパートナーだが、日本と台湾ならそうした雰囲気で協力し合えるのではないだろうか。

結論を言うと、米中が今後地政学的に対立するなかで、台湾と日本の協力関係は間違いなくより密になっていくと私は考えている。日本は米国のように盟友の利益を犠牲にするようなことはせず、台湾ともっと対等な立場から、台湾企業をより尊重してくれるはずだからだ。また補助金の面でも日本は太っ腹だ。たとえばJASMへの補助金に日本側は約1000億新台湾ドルを提供して、日本の熱意をTSMCに十分に示している。

米中半導体戦争のなかで、米国はTSMCに製造拠点を分散してほしいと思っている。加えて日米は常に緊密なパートナー関係を維持してきたため、米国は当然、TSMCの日本への投資についても楽観視している。

別な言い方をすると、**それぞれの政府と民間企業からの全面的な支援のもとで、日台協力のビジネスチャンスが大いに期待できる**ということだ。台湾半導体業界は日本への投資に本腰を入れ、JASMもまもなく第2工場に着工するが、こうしたことすべてが、日本と台湾の半導体業界がより緊密な協力関係の新たなページを開く要因になっている。ほかの台湾企業もTSMCと共に、日本に投資する好機を掴むべきだ。

日台提携、バイオ分野での可能性のヒミツ

――幹細胞の量産を半導体技術で支援する

日台同盟は半導体ファウンドリーに限らない。半導体の製造技術はバイオ分野にも応用することができるからだ。2022年に私は自分のラジオ番組にAcer（エイサー）創業者のスタン・シー（施振榮《ししえい》）と陽明大学（現国立陽明交通大学）元学長の郭旭崧《かくきょくしゅう》、交通大学（現国立陽明交通

大学）元学長の張懋中《ちょうぼうちゅう》という大物ゲストを招いて、ノーベル賞を受賞した京都大学の山中伸弥と、陽明・交通両大学が共同開発している幹細胞分取技術の自動化について訊いた。

この共同開発計画は、日本が最先端を走っている幹細胞分野の研究開発力に台湾最強の半導体研究開発・製造技術を組み合わせて、iPSC（人工多能性幹細胞）の大量生産で起こりうるさまざまな問題を解決することを目指している。この共同研究は、日本や台湾、そして世界の幹細胞研究の発展とバイオICT［バイオテクノロジーとICT（情報通信技術）の組み合わせ］の趨勢にとって、非常に指標的な意義を備えた大事業だ。

日本は世界に先駆けて細胞治療を世に出した国で、京都大学の研究機関がその中心的役割を果たしている。2006年に山中がiPS細胞を発見し、2010年に京都大学iPS細胞研究所（CiRA）が設立された。CiRAはiPS細胞先端技術の研究を世界で初めて手掛けた核心的研究機関で、細胞のリプログラミングや分化誘導、臨床応用や医療倫理、法律に関連する研究が行われている。

山中は再生医療分野の業績が評価されて、2012年にはノーベル医学・生理学賞が授与された。2020年4月にCiRAから分離するかたちで設立された公益財団法人京都大学iPS細胞研究財団（CiRAF）は、iPS細胞に関する技術を産業界に橋渡しすることを目標に掲げている。その活動によってｉＰＳ細胞は正式な臨床実験に入った。

陽明交通大学と京都大学の共同研究は２０１９年6月、当時京都大学で客員教授をしていた陳《ちん》玠甫《かいほ》が推薦したことで始まった。**日本の細胞治療の研究は最先端を走っているが、生産の効率化ができないことに苦慮していた。それを知った陳玠甫は、台湾には世界最強の半導体製造力があるのだから、日本と台湾の連携をこの分野で促進することができるはずだと考えた。**

陳玠甫は以前にＡｃｅｒで働いていたことから、スタン・シーに協力を仰いだ。スタン・シーは台湾のパソコン情報産業の生みの親で、台湾初のＤＲＡＭ合弁会社ＴＩ－Ａｃｅｒの会長でもあり、ＴＳＭＣの取締役を長年にわたり務めている。この構想に膝を打ったスタン・シーは、当時大学の統合話が進んでいた陽明大学学長の郭旭崧と交通大学学長の張懋中に相談した。

こうして張懋中と当時の交通大学副学長、そして両大学が陽明交通大学として統合したあとに最初の学長に就任することになる林《りん》奇《き》宏《こう》らが、京都大学とＣｉＲＡＦを訪ねた。

張懋中は京都を訪問した当時のことを振り返り、日本の幹細胞分野の研究開発力が深く印象に残っていると話している。だが60人もの博士で構成された巨大な研究室は、規模は大きかったがｉＰＳ細胞を手作業で製造していたため、生産コストの削減に明らかに苦戦していた。

２０１９年末、山中の助手でＣｉＲＡ副所長（当時）の高須直子《たかすなおこ》もチームを率いて陽明大学と交通大学を訪問し、両大学の教育現場や開発力を視察した。また台北栄民総医院と国家衛生研究院、台湾半導体研究センター、桃園遠雄自由貿易港区も訪問し、台湾の研究開発力と産業力に対する見識をさらに深めた。

協議と視察を何度も重ねた末、２０２０年5月に協力覚書を締結した。その後、新型コロナウイルスの影響が拡大したために交流のペースが落ちたが、２０２２年の初めに訪問が再開され、提携関係を結ぶことで話がまとまった。

「医者は寝ている時間にも人を救えるようになる」

半導体技術を幹細胞の生産に応用するにはどうすればいいのか。手作業では時間もコストもかかるため、郭旭崧と張懋中は半導体工場での台湾の先端技術と方法を導入したいと考えている。

設備の標準化やロボットアーム、マイクロチャンネルプレート（ＭＣＰ）などを使えば、生産フローがよりスムーズになり、コストの削減もできるだろう。

双方が現時点で掲げている努力目標は、４０００万円という現在のコストを１００万円まで下げ、6~8カ月かかっている生産期間を1~2カ月に短縮するというものだ。日本政府は、2025年の大阪万博までには朗報が入るのではないかと期待を寄せる。

とはいうものの、幹細胞の生産の標準化が非常に険しい道のりになるのは確かだ。幹細胞は生きている細胞だから、環境のなかで変異を起こさないように培養するのが非常に難しい。過去には日本の財閥系バイオ企業数社や、米国のバイオ医薬品企業バークレー・ライツも試みてきたが、成功していない。

京都大学と山中の医療研究分野での地位が高いため、日本政府は当初、提携先を国内から優先的に選ぶつもりだったがうまくいかなかった。また、日本の半導体技術は近年明らかに後れを取っているが、台湾の半導体業界は大きな成功を収めていた。しかもそのなかでもハイエンドプロセス技術で世界シェアの9割を占めているTSMCが日本で工場を建設することになった。こうしたことが契機となって、日本は幹細胞の分取と量産を合理化させたいと思うようになった。

なお、日本は山中を国宝級の重要人物とみなしているため、日台提携の協議で山中が台湾側と直接的に接触することはなく、集合写真も残されていない。なぜ企業ではなく陽明交通大学をパートナーに選んだのだろう。ひょっとすると日本の産業界をあまり刺激しないよう、学術交流という名目で実質的な産業提携を行うことにしたのかもしれない。

双方が提携する目的は、台湾の先進的な半導体プロセスを使って幹細胞の分取フローを自動化し、国際規格に合致する分取標準を構築して幹細胞の効率的な量産を可能にし、再生医療をより多くの人に役立てることだ。努力の方向性としては、生物医学の臨床応用に提供できる、品質の安定した多能性幹細胞の分取方法を見つけ、陽明交通大学が生物医学と情報通信技術に基づき、バイオイメージングとバイオチップ技術を使って、幹細胞の品質を区別する方法を開発することだ。

幹細胞の分取技術と開発をより具体化するため、台湾には幹細胞の分取の研究開発を目的として新原生細胞作製株式会社（ＴＣＰＣ）が設立されている。台湾に幹細胞の量産工場を設立することを目指している同社は、「幹細胞のＴＳＭＣ」となることが期待されている。

ＴＣＰＣは２０２２年８月４日に桃園遠雄自由貿易港区に設立され、現在の資本金は１億２０００万新台湾ドルだ。会長に就任した郭旭崧は、その医療分野の専門性だけでなく、医療衛生分野の無任所大使としての外交経験も買われている。

実際のところ、幹細胞の生産とＩＣの生産には非常に大きな違いが存在している。前者は「生きている」が、後者は「生きていない」という点だ。日本と台湾という2つの場所で行われる研究開発と生産をよりスムーズにつなげるため、生きている細胞を台湾に空輸したら、最短時間で開発できるように自由貿易港区で研究開発と生産を行うことになっている。

また、この共同研究は陽明交通大学が代表となっているが、実態としては台湾の生体電子工学業界全体のリソースをすべて結集したものとなっている。中央研究院、工研院、生物技術開発センター（DCB）のほか、産業界と複数の公的機関や民間団体が、京都大学と陽明交通大学が連携する産業チェーンに加わっている。

この日台提携プロジェクトを推進する際、スタン・シーは感慨深げにこう言った。かつてAcerグループがDRAMとパネルに取り組もうとしたとき、日系メーカーに交渉した。だが日本はライセンス契約に応じてくれなかったため、米国メーカーのTI（テキサス・インスツルメンツ）とIBMと交渉してようやくTI-Acer半導体と達碁科技［Acer Display Technology：友達光電の前身］パネル工場が誕生した。日本はその後、台湾と米国の提携が好調な様子を見てようやく台湾メーカーとライセンス契約を結ぶようになったと。

スタン・シーは、**日本は過去、比較的独自路線を歩み、産業も垂直統合型だったが、世界は分業制へと向かった**と指摘した。たとえば、台湾のパソコン産業が盛んになったのはインテルやマイクロソフトと専業分業したからだ。ＴＳＭＣが世界のファウンドリー業界を制したのも、ＩＣ設計と製造とを分けたからだ。アーム（ＡＲＭ）はスマホ用チップでインテルに勝ったため、今度はＩＣ設計とＩＰライセンス［ＩＰ］を分業にした。

「日本が今、台湾との連携を強化する必要があると気付いたのはいいことだ。時期的にも遅くはない。日本と台湾の連携をより円滑にし、台湾最強の半導体のエネルギーを日本に入れるにはどうすべきかだが、ＴＳＭＣの熊本工場にせよ、幹細胞の分取と量産のさらなる標準化にせよ、方向性としてはいずれも努力する価値がある」とスタン・シーは言う。

台湾の生体医療業界については郭旭崧も、医療の産業化は台湾が発展させなければならない分野だと考えている。陽明大学と交通大学の合併話が進んでいたころ、スタン・シーはよく医師らに、科学技術で医療業界をサポートすれば、「医者は寝ながら金儲けができる」と話していた。だが一部の医師から、そんな言い方をされるとまるで金の亡者みたいだと反発された。するとスタン・シーは「だったら『医者は寝ながら人を救える』と言ったら受け入れてくれるよね？」と冗談めかして答えた。

日台同盟にとってベストな時期は今だと私は考えている。地政学的にも産業補完の面から見ても、日本と台湾は最高のパートナーだ。過去にもホンハイとシャープの資本提携や、ＴＳＭＣとソニー・デンソーとの合弁会社設立が行われてきたが、これからは幹細胞の分取や量産化の分野でも、日本と台湾のバイオ医療産業の緊密な協力関係が始まる。このことは日本や台湾だけでなく、世界のバイオ医療産業にとって期待に値する画期的な代表事例となるだろう。

日本の半導体業界、企業文化のヒミツ

——水平分業には乗り遅れたが強みもある

私は以前に「日経新聞」中国語版で「日本の半導体産業が凋落した4つの原因」という記事を読んで、問題点が非常に明確に分析されていると感じた。そして私も台湾半導体産業の発展から見た私の視点を、日本の読者の方々に提供できるのではないかと考えている。

「日経新聞」の記事は日本の半導体産業が凋落した4つの原因を次のように分析している。

①日本企業の組織と戦略が適切でなかった。特に**財閥系企業の意思決定が非常に遅かった。**

②グローバル市場で戦える**人脈と能力を経営者が持っていなかった。**

③**強烈な閉鎖主義で、独自技術に固執**し、買収や合併を嫌がったため、クアルコムのようなファブレス設計会社を形成できなかった。

④**技術を偏重し、マーケティングを軽視**した。

日本は80年代には、世界最先端の半導体工場を持っていた。当時はメモリー分野が主流で、世界の最先端の半導体工場がすべて日本にあったのだ。ところがその後、日本の市場シェアは低下の一途をたどり、今ではキオクシアが一部のフラッシュメモリー生産ラインを残すのみとなり、ロジックICの製造分野の最先端のプロセス技術は40ナノメートルしかない。

だが、メモリーやロジックIC製造分野での日本の世界シェアこそ大幅に低下したものの、半導体製造装置やシリコンウエハー、化学薬品や材料の分野はやはり日本が進んでいる。また製品に関しても、日本はイメージセンサーとフラッシュメモリーとマイクロプロセッサという3つの製品を握っており、2021年の世界シェアはそれぞれ49%、19%、17%である。

よって、より**正確には、日本の半導体産業の後れとは主にプロセス技術の後れのこと**を指し、製品設計や設備、化学薬品や材料分野は依然として好調だと言えるだろう。ただ、プロセス技術がボトルネックに達すると産業全体の進歩のスピードも影響を被ることになるし、数年前に始まったウエハーの供給量不足が、日本のエレクトロニクス産業の発展の足かせになっているのも確かだ。これが今の日本の半導体産業が置かれている苦境であり、TSMCの誘致や、UMC（聯華《れんか》電子）やウィンボンド・エレクトロニクス（華邦電子）といった他の台湾企業との連携を必要としている理由だ。

「日経新聞」の分析した4つの原因は非常に的を射ていると思った。そこで、台湾半導体産業の成長の過程を振り返り、いくつかの考察点をお伝えしたい。

台湾に適した半導体トレンド：垂直統合から水平分業へ

はじめに、半導体業界が垂直統合から水平分業へと移行したことが、台湾にとても適していた。台湾の経済形態は中小企業を主体とし、起業が盛んな風土がある。**水平分業とは、もともと大企業が行っていたことを一つずつバラバラに切り離すという概念**だ。こうすることで規模の小さな会社が一つのことにリソースと力をつぎ込んで非常に質の高いものを製造し、まるでアリの群れがゾウをも運び去ってしまうような実力を発揮した結果、産業エコシステムを変化させた。

台湾には起業が盛んな風土があるので、チャンスがあればすぐにでも仕事を辞めて起業するという人が多く、起業を奨励するためのさまざまな方法も自然と生まれている。政府の税制も企業の分紅も起業家を後押しするものとなっていて、特に資本市場は起業家に無尽蔵の資金を提供するという役割を担ってきた。先にご説明した「員工分紅配股制度」（299ページ〜）は、日本にはない台湾ならではの奨励制度だった。台湾の半導体産業の成長速度が特に速かったのは90年代で、新竹サイエンスパークには毎日のように新たな半導体企業が誕生していた。上場前から株式の流通や取引が始まっていたおかげで、多くの会社が円滑に資金調達することができた。会社が上場を果たすと、株価も急上昇した。こうした雰囲気のなかでは、従業員の分紅が少し増えようが株主が少し損をしようが、政府の税収が少し減ろうが誰もがそれを受け入れ、もともとは半導体産業が存在しなかった台湾でも、スムーズに産業を構築することができたのだった。

台湾のような起業奨励メカニズムは日本ではほとんど見られない。日本の半導体企業のほとんどは財閥系企業が出資し、大企業で働いているのは起業家ではなくプロフェッショナル経営者だから、起業家ほど会社にとことん関わっているという感じもしなければ、これが自分の会社だという感覚にも乏しい。この点が、台湾と日本の半導体業界の根本的に違う部分である。日本の大企業で働くプロフェッショナル経営者が考えているのは、人事配置やインセンティブについてであることが多いし、管理職や経営幹部に昇進するにも何年も耐え忍ぶ必要がある。大企業の従業員のほとんどは同じ会社で定年退職するまで働き、途中で起業する人はあまり多くない。

また、日本では社員が企業グループの中で中間管理職以上に昇進しても、その企業グループが半導体事業に投資する際に、独立した会社を設立することはほとんどない。社員が会社の株式を取得することも難しいうえ、ほとんどの会社員は給与所得だけで生活している。だが**台湾では企業内部で起業するチャンスがかなり多く、多くの中堅・大手電子グループ企業も、部門をスピンオフしたり再投資したりしてプロフェッショナル経営者に起業のチャンスを与え、親会社が彼らに投資している。**これが台湾エレクトロニクス産業にイノベーションと起業が生まれ続けている主な要因だ。

そして補足すべき点がある。日本の半導体産業が衰退した大きな理由の一つに、OKI（沖電気工業）を除き、東芝や富士通といった**当時の日本のほとんどの半導体大手の半導体事業部が、社内に設置された7～8の事業部のうちの一つに過ぎなかった**ことが挙げられる。つまり半導体事業部は他の事業部の業績から影響を受けるため、部の事業に対する責任を独立して負うことができなかった。このこともその後、半導体部門が日増しに衰退する原因となった。

次に、日本と台湾の半導体産業の違いは、本質的には文化の違いではないかと考えている。台湾人は日本が好きで、休みになれば日本旅行を楽しみ、日本の地方都市についても非常に詳しい。私も日本を何度も旅したことがあるが、一番強烈に印象に残っているのは日本の田舎の暮らしだ。トタン外壁の家ですら美しく趣があって、色合いにも統一感があり、間に合わせで作ったような見苦しさもなかった。

日本文化には「人に迷惑をかけない」という特徴があるようだ。日本人はあまり目立たず、人と違うことをせず、みんなと同じことをするのが一番いいと思っているようだ。だからこそ大きな会社に入って、一つの仕事を長く続けられるのだろう。このことは、なぜ日本は創業100年企業の数が世界で一番多いのか、そしてなぜこんなに多くの「隠れたチャンピオン」がいるのかということの説明にもなるだろう。長い間一つのことに取り組みながら匠の技と職人魂をとことん発揮し、さまざまな技術分野に深く根を張ることのできる国は、世界のなかでもごくわずかだ。

だが、台湾文化は違う。自由な雰囲気と多様性に満ちていて、一人ひとりに独自の考えがある。こうした特徴のいいところは、社会に包容力があるため、中小企業が続々と生まれ、誰もが新たな領域に積極的にチャレンジできることだ。よって新しいトレンドを掴んだら、台湾のスピードは非常に速く、一度うまくいったらそのあとはとんとん拍子だ。もし失敗しても気にしない。そこから撤退してまた新しい分野を探せばいいだけだ。もちろん台湾のこうした特徴にはマイナス面もある。たとえば、みんなの意見がバラバラになりがちだとか、俗にいう「浅皿型経済」が形成されるとか、持久力に乏しいといった特徴があるため、長期的に取り組む必要がある基礎科学などは苦手な分野だ。

日本の半導体産業が負けたと言われるのは、ウエハー製造の水平分業という流れに乗り遅れてしまったことを指す。おそらく今後の日本の半導体産業を発展させるためには、台湾との協力関係を強化して、この弱点を補うことだ。だが、**長期的に取り組む必要がある半導体の精密機器や設備、光学、材料の分野では、日本はすでに目覚ましい成果を上げている。**これらも半導体産業に欠かせない分野であり、大企業が長年研究して生み出した結果だ。こうした特色は、日本という国の文化的な特徴によって形作られているのだろう。

TSMCが設立された1987年は、日本にとって特に意味深い年だった。というのも、前年の**1986年に日本は米国と日米半導体協定を結んだ**からだ。NECや東芝、日立といった日本のメモリーメーカーは、当時、世界の半導体市場を独占していた。脅威を感じた米国は日本に必殺の一撃を食らわせた。

日米半導体協定によって、当時の世界の半導体業界に激震が走った。**日本の半導体産業は高額の関税を課せられたために韓国や米国の競争相手に太刀打ちできなくなり、メモリー産業に深い痛手を被ってしまった。米国はこの協定の締結後、「水平分業モデル」に向かって発展し、半導体産業の川上にあたる設計開発分野を握った。巨額の投資を必要とするわりに付加価値の低いウエハー製造分野をアジアの企業にやらせようと考えていたのは明らかだ。**台湾のハイテク業界の先駆者たちは、この巨大な変化とその後に到来するビジネスチャンスを敏感に察知し、最終的に勝者となった。

よって私は、日本の半導体産業は単にハイエンドプロセスで遅れているだけで、他の多くの分野では世界をリードしていると考えている。台湾はファウンドリー分野では確かに強いが、他国の産業チェーンと連携し、特に日本との連携を深めて台湾に欠けている部分を補っていかなければならない。

ジャパン・アズ・ナンバーワンと凋落のヒミツ

——TSMCは「次の東芝」と言われているけれど

TSMCの米国進出について、先端プロセス技術を米国に移転すると台湾が空洞化して、TSMCが「次の東芝」になってしまうのではないかと危惧する人もいる。

こう考える主な理由は、かつて**東芝も世界一の座に就いたことがあるが、米国に脅威を与える「安全保障上の問題」とみなされたために、厳しい制裁を科せられてしまった**からだ。米国政府高官が数年前から「TSMCへの過剰な依存は国の安全保障に関わる」と発言するようになったことが、当時の東芝を連想させるのだ。

私は政治評論家ではないが、半導体産業を30年取材し続けてきた。科学技術の発展という側面から考えた場合、TSMCが次の東芝になるとは思わない。80年代の日本が米国から敵視されたのは米国の国益を大きく損なったからだが、今米国の国益を脅かしているのは中国で、台湾は米国が中国に対抗するために引きずり込まれた弟分のようなものだ。つまり当時の日本が置かれていた状況とは完全に異なっている。ＴＳＭＣも今回の米中半導体戦争でわずかな打撃を被るかもしれないが、日本の半導体産業が「消滅させられた」のと同じ方向に向かうことはありえない。

まずはＴＳＭＣが被る不利益についてお話しする。米国がハイエンドのコンピューティングチップの中国への販売を禁止したため、エヌビディアやＡＭＤ（アドバンスト・マイクロ・デバイセズ）がこうした製品を輸出できなくなった。彼らのチップはＴＳＭＣが受託製造しているため、ＴＳＭＣの業績は当然影響を受けることになる。

ＴＳＭＣが受ける衝撃は、アプライド・マテリアルズ（ＡＭＡＴ）、ラム・リサーチ、ケーエルエー（ＫＬＡ）といった米国の半導体設備メーカーが被っている影響とよく似ている。どの会社も中国市場との取引を制限されているのだ。またニコン、キヤノン、東京エレクトロンやオランダのＡＳＭＬといった米国企業ではないメーカーも、米国側の要求に応じて縮小投影型露光装置といったハイエンドの設備を中国に販売することができなくなっている。

米中半導体戦争は台湾のファウンドリーだけでなく、韓国メーカーにも衝撃を与えている。韓国が今回受けた打撃は台湾を上回り、影響を受ける範囲もより広い。その主な理由はもちろん、サムスンやＳＫハイニックスが中国に深く依存しており、中国政府から少なからぬ補助金も受けており、そして**韓国の半導体業界全体で生産される半導体の４割が中国向け**だからだ。だが

TSMCの中国からの営業収入は全体の1割未満で、米国からの営業収入が全体の6割以上を占めている。韓国は台湾よりも中国市場に深く依存しているため、今回の対中制裁で中国市場が被った衝撃は、台湾よりも韓国のほうにより大きく波及するはずだ。また、韓国や日本の周辺海域では北朝鮮が短距離弾道ミサイルの発射実験を頻繁に行っている。いくら台中間の緊張が高まっているとはいえ、朝鮮半島の南北の緊張には及ばない。またサムスンのほとんどのファウンドリーは韓国国内にあるため、米国工場を建設するよう要求してくる米国の圧力も、決して小さくはないだろう。だが衝撃を受けたからといって、TSMCが「次の東芝」になることを意味してはいない。その理由を述べる。

TSMCと米国の顧客は運命共同体である

まずは80年代から90年代にかけての、米国の日本叩きがどんなものだったのかをお話ししておこう。当時の日本の「ジャパン・アズ・ナンバーワン」の勢いは鉄鋼業や造船といった従来の産業は無論のこと、自動車や半導体といった分野にも広がり、GDPは世界第2位に躍進し、国民一人当たりの所得は世界第1位となった。株価や不動産価格も急上昇し、東京の不動産一つで米国を丸ごと購入できるなどといわれたが、日本人は本当にニューヨークのロックフェラーセンターを買収してしまった。

半導体産業だけに着目した場合、80年代の産業構造は現在とかなり異なっていた。**当時はまだロジックIC市場が活気付く前で、産業の重心はメモリーにあった。**しかもDRAM［↓DRAM］はもともと米国企業のインテルやTI（テキサス・インスツルメンツ）が握っていたのに、日本のDRAM産業が破竹の勢いで成長して米国を大きく脅かすようになった。そして**ある年、NEC、東芝、日立、富士通、三菱、パナソニックが世界の半導体メーカーのトップ10に入ったため、半導体業界の覇者だった米国が驚愕**した。

当時の日本の台頭は包括的で、半導体産業はそのなかの一つに過ぎず、他の多くの産業も非常に強かった。つまり、ジャパン・アズ・ナンバーワンの勢いが米国のあらゆる巨大産業全体に衝撃を与えた。これに**危機感を抱いた米国は、日本から輸入する半導体に高額の関税をかけ、韓国企業を育成**した。だがこれよりももっと重要で深刻な影響を及ぼしたのが、1985年のプラザ合意［G5が合意した為替レート安定化策］だった。これをきっかけとして円高が急速に進み、日本の輸出産業が不利な状況に追い込まれ、最終的に日本は引きずり降ろされてしまった。

別な言い方をすると、米国が当時こうした措置に出たのは、日本が米国の地位を脅かしかねないほど強くなり、ちょうど米国とソ連の冷戦のような国対国の勝負になってしまったからだ。そして今、**急成長を遂げている中国が当時の日本と同様に米国の脅威となったため、米国は照準を中国に合わせた。**米国が戦っているのは中国であって台湾ではない。しかもＴＳＭＣは受託製造企業であり、米国の半導体メーカーとは運命共同体だ。当時の日本の状況とはまったく異なっているのである。

半導体産業だけをクローズアップした場合、当時の日本と現在の台湾とでは半導体産業での影響力も違う。**当時のジャパン・アズ・ナンバーワンの勢いはＤＲＡＭだけでない。光学機器、設備、化学工業、材料等、川上産業から川中、川下産業まで、すべてが米国市場に進出していた。ＴＳＭＣがいくらファウンドリーで強いとはいっても、設備や材料、化学工業といった分野には足を踏み入れていない。**そして米国は今でも世界の半導体分野で覇権を握っている。ＴＳＭＣの優位性はサプライチェーン全体のなかの、製造段階の一部分で発揮されているに過ぎないのだ。こうした状況では、米国が台湾を倒したところで何の得にもならないばかりか、ウエハーが入手困難になって米国のＩＣ設計企業をはじめ、半導体産業がより深い痛手を被るだけだ。

日本の半導体産業の凋落は、米国の経済制裁のせいばかりとは言えない

日本の半導体産業の衰退は、米国による経済制裁のせいだったのか。それとも日本自体に台湾や韓国から追い抜かれる別の理由があったのだろうか。

確かに米国は当時、高い関税と政策によって日本の半導体産業を叩いたが、日本の半導体産業の凋落には別の理由があったと考える。それは、**日本の半導体業界がその後の研究開発と資金投入で後れを取ったこと、そして韓国が日本を追い越すために全力で投資して業界に参入してきたことだ**。

半導体業界では、設計から製造まですべてを自社内で行うIDMから、IC設計と製造の分離へと世界中が舵を切るなか、日本のIDMはこの流れに追従せず、設計と製造の分離も行わず、急成長するロジックICへの投資も強化しなかった。最終的に日本の大企業が次々と半導体事業から撤退していったのも、この流れに乗るのが遅すぎたからだ。

こうした点を踏まえると、**日本の半導体産業の凋落は米国の日本叩きのせいばかりとは言えない。**産業の発展に変化がつきものである以上、時代の変化に対応しながら絶えず調整していかな

ければ、先行者を追い越すことはできないのだ。たとえばインテルは日本と韓国からDRAM市場を奪われるや否や、CPU（マイクロプロセッサ）事業に鞍替えした。UMC（聯華電子《れんか》）もともとはIDMだったが、設計と製造の分離への流れを踏まえて、進捗を調整しながら設計と製造を切り分けた。台湾半導体産業は、絶えず環境を調整し、時代に適応しながら発展を遂げてきた。TSMCやUMCといったファウンドリー企業から、メディアテック（聯発科技《れんはつ》）やノバテック・マイクロエレクトロニクス（聯詠科技《れんえい》）、リアルテック・セミコンダクターといったIC設計企業までもが世界の舞台に立てたのは、同じ原則を理解していたからである。

まとめると、今回の地政学的衝撃に対し、TSMCも安穏としていられるわけではないだろうが、TSMCと台湾半導体産業は40年間少しずつ努力を積み重ねながら、世界の半導体サプライチェーンのなかでシリコンアイランドの優位性を確立してきた。今ある最大の脅威は、米国から何らかの圧力がかかることではなく、対岸からの武力統一という動きである。中国と台湾の間で戦争が起きるかどうかが、台湾最大のウィークポイントであり、TSMCが地政学的な方向に向かわざるを得なくなった大きな理由でもある。台湾海峡の平和については両岸の指導者にかかっており、特に攻撃ボタンを押すことを決める「あの人」こそが、台湾の命運を左右する最大の不確定要素だろう。

半導体戦争、米国の情報戦のヒミツ

——世論に圧力をかけて真の敵を排除する

2022年8月、米中半導体戦争の炎は広がり続けた。国と国が戦うとき、国を裏切ることなど絶対に許されない。

さまざまな状況から、米中半導体競争はすでに戦争の様相すら帯びており、米中両国は早急に敵味方の線引きをし、人事面での粛清と一掃を進めて、次の戦いの準備に取り掛かっている。

半導体業界への清算や粛清において、中国にはひとかけらの手ぬるさもない。中国は半導体業界の実績を8年かけて見直した結果、多くの責任者に法律違反がないかを厳しく調査した。調査対象を上から下まで広げて大規模に粛清した結果、工業情報化部のトップ肖亞慶《しょうあけい》が失脚し、航天局元副局長の金壮龍《きんそうりゅう》がその後任に就いた。また国策半導体ファンドの国家集成電路産業投資基金（大基金）の経営トップ丁文武《ていぶんぶ》も身柄を拘束され、その傘下の華芯投資管理総裁の路軍と元福社長らも摘発された。さらには1000億人民元以上もの負債を抱える紫光《しこう》集団（清華紫光集団）

の趙偉国《ちょういこく》、習石京《しゅうせききょう》、李禄媛《りろくえん》らも表舞台から姿を消した。

中国のハイテク業界で、あまりにも多くの規律違反が起きていた。この一連の捜査は、中国各地で過去、工場の乱立と見境のない資本調達や不動産投資が行われてきたことに対し徹底的な検証や調査を行うためのものでもあった。米国が欧州と東アジアに半導体同盟（チップ4同盟）を呼びかけて中国に照準を合わせた今、中国は新たな人材に入れ換えて戦いの準備を整える必要があるからだ。

経営トップの入れ替えについては２０２１年11月には早くも、中国ウエハー製造大手の中芯国際集成電路製造（ＳＭＩＣ　以下、中芯）が経営層の重要な人事異動を行っている。ＴＳＭＣ研究開発部門の元責任者で、「蔣爸（蔣父さん）」と慕われていた蔣尚義《しょうしょうぎ》は、中芯に復帰してから1年もたたずに副社長と執行役員を辞して業界を驚かせた。

また、共同ＣＥＯの梁孟松《りょうもうしょう》、独立非常勤役員の楊光磊《ようこうらい》の二人も辞職した。この3つの重大人事は、中芯内部の台湾国籍やＴＳＭＣで働いたことのある経営幹部を取締役会から一掃して、これからは中国人で運営すると意思表示したも同然だ。

だが米国が主導する陣営は手段が少し異なっている。**中国側の核心手段が政治的に敵をつぶす「武装闘争」だとすると、米国の最も強力な武器はメディアを使って張り巡らす「ペン」による宣**

伝である。

米国がＣＨＩＰＳ法を可決してチップ4同盟を提唱し始めた重要なタイミングで、米国はより積極的に敵を作り出しては敵味方の境界線を明確にし、強烈なメディアキャンペーンを展開して世論による巨大な圧力を形成するようになった。蔣尚義のオーラルヒストリーの露出も、梁孟松を「チップの魔術師」と形容した「ウォール・ストリート・ジャーナル」の記事も、この戦略の産物である。

蔣尚義は半導体業界の誰もが認める善人で、ＴＳＭＣの研究開発の功労者だ。ＴＳＭＣを辞職後中国に渡った蔣は、中芯と、彼にとっては触れたくもない過去となってしまった武漢弘芯という2つの会社で働いた。それは尊重もされず、耐えがたいほどの屈辱を味わった時期でもあった。中芯は愛国的な雰囲気が強く、蔣尚義自身が米国籍を持っており、しかも台湾人であったために中国側から信頼されなかったことが本当に耐えがたかったと蔣尚義は話している。よって蔣尚義は中芯の副社長を1年ほど勤めただけで、辞職を願い出て米国に戻った。

ハイテク企業は二者択一を迫られる

蔣尚義のほか、「ウォール・ストリート・ジャーナル」は梁孟松についても報じている。表面的には梁孟松を褒めてはいるが、実際には梁孟松にとってかなりマイナスになる内容だ。この記事をよく読んでみたが、ほとんどは以前に台湾メディアで報じられた情報ばかりで、あまり新鮮味はなかった。だが欧米の有名メディアが報じた記事とあって、自然と注目が集まった。また「ウォール・ストリート・ジャーナル」は、梁孟松を米国の主流メディアで取り上げて、英語で世界に伝えるという重要な役どころも演じた。

梁孟松にとってはちっともありがたい話ではない。というのも記事の最後には、梁孟松は中芯の技術の大躍進を促したものの、「中芯の共同最高経営責任者（ＣＥＯ）である梁氏は台湾出身。台湾は自治が行われている民主主義の島だが、中国から武力で占領するとの脅しを受けている」とあり、梁の行動は矛盾していると暗に記されているからだ。

「ウォール・ストリート・ジャーナル」は、表面上は梁孟松を中国半導体の民族的英雄だと持ち上げているが、実際にははっきりと境界線を引いて、梁孟松は欧米とチップ４陣営の一番の戦犯であるということを、より明確に認定しているように私には思える。

中芯は創業者の張汝京《ちょうじょきょう》から王寧國《おうねいこく》、邱慈雲《きゅうじうん》、梁孟松という歴代ＣＥＯの、ほぼ全員が台湾人だ。あのころ台湾と中国はまだ蜜月中で、人材交流も盛んに行われており、何のもめごともなく付き合っていた。だが米中貿易戦争が起きると、彼らのような人材のほとんどが辞職してしまった。たとえば台湾出身で紫光集団に入った高啓全《こうけいぜん》や孫世偉《そんせい》、中芯と武漢弘芯に在籍した蔣尚義、元中芯役員でのちにインテルに移籍した楊光磊《ようこうらい》、そして日本人の坂本幸雄《さかもとゆきお》らは続々と職を辞していった。中芯の役員を9年務めた元アーム（ARM）総裁のテューダー・ブラウンも役員を辞めた。ブラウンは20年にわたりアームの10倍速の成長に大きく貢献した功労者で、アームも中国が積極的に引き込もうとした企業の一つだった。だが米中の陣営がはっきりと分かれつつある今、ブラウンも肩を落として去るしかなかった。

中国企業を去った多くの外国人のなかでも、坂本幸雄は代表的な人物だ。元エルピーダメモリ社長で、日本のＤＲＡＭ産業「↓DRAM」を復活させた功労者でもある。その坂本が紫光集団に入ったのは、古くからの友人である高啓全の勧めがあったからだ。坂本が２０２１年に紫光を離れた理由は、多くの友人が紫光を去っていったことばかりが理由ではない。もっと大きな理由は**紫光が中国政府の主導する企業になり、政治的な雰囲気が外部の人間の介入を許さなくなってしまったから**だ。米中半導体戦争が激しさを増すなか、業界関係者もどちらの陣営につくのかを選ばざるを得なくなっている。

おわりに

――日台の友情は市井から産業へ

2022年8月のある日、私の親友であるジャーナリストで大東文化大学教授の野嶋剛氏が台湾にやってきて、雑談中にこんなことを言った。TSMCの日本工場が2024年に量産に入るが、多くの日本人はこれまでTSMCという名前を聞いたこともなければ、モリス・チャン（張《ちょう》忠謀《ちゅうぼう》）という人のことも知らなかったので、とても興味を持っている。だが日本にはTSMCとモリス・チャンのことを紹介する本がまだないから、君がその本を執筆し、日本で出版すべきだ、と。

野嶋氏に背中を押された私は、この本を書くかどうかを真剣に考え始めた。というのも、TSMCを30年も取材していると、特にこれ以上は語るに足る目新しい話などないように思えたし、出版にも、新しいことにチャレンジするにも意欲が湧かなかったからだ。とはいえ、これまでに執筆した4冊の本は全部中国語で出版されている。あえて言うなら中国で簡体字版が出たくらいだ。だが、もし私の書いた本が日本で出版されるのなら、まったく新しい経験になるうえ、ジャーナリスト人生のなかで非常に重要なマイルストーンになると思った。

こうして数日考えた結果、書こうと決めた。野嶋氏はこの本の一番の応援団長だ。私はさまざまな雑務を極力蹴って、半年かけてこの本をまとめた。執筆中に私はよく、自分が日本の読者と対話している様子を想像した。だからこの本を書いた動機は日本の読者に読んでもらいたかったからだと言っても、決して過言ではない。

本書『晶片島上的光芒（チップアイランドの光芒）』は2023年7月に台湾で上梓して以来、ベストセラーの上位に何度も食い込み、読者からもたくさんのご感想をいただいている。本当に胸が熱くなる思いだ。たとえば半導体業界の関係者からは、この業界で成功するためのキーポイントを書いてくれたことや、この産業に対する人々の理解をさらに深めてくれたこと、そして、このチップアイランドを輝かせるために、台湾がどれだけたくさんのエンジニアの血と汗と涙に頼ってきたのかを書いてくれたことが本当に嬉しかったと、お礼の言葉を頂戴した。

また、半導体やエレクトロニクス業界に関係しない方々からも、多くの反響をいただいた。この本を読んでTSMCや半導体に対する認識が深まっただけでなく、TSMCの経営の成功モデルをより深く理解できたといった嬉しいご感想を頂戴した。こうした方々は、企業マネジメントの詳細や産業成長の軌跡の数々から、ご自身に合ったベンチマーキングを見つけ、それぞれの業界のなかでの「ＴＳＭＣ」になっていかれることだろう。

なかでもとびきり嬉しかったのは、これまでは半導体業界にあまり関心を持っていなかった方や、ハイテク恐怖症を自認しているような方々が、この本は抵抗感なく読めて文章も平易で、台湾の重要産業を知るいい機会になったと言ってくださったことだ。

だから私は、この本が日本でもそんな風に言ってもらえて、たくさんの日本の方々に半導体産業を、そして「顧客と共に勝ち、共に栄える」というＴＳＭＣの企業目標と信条を知っていただけたらと願っている。

台湾人と日本人の間にある感情や交流は、東アジア諸国のなかでも珍しい。私は、日本語は分からないが日本の漫画を読んで育った。父も子供のころには日本の教育を受けており、日本へ旅行したり日本語の歌を歌ったりするのが大好きだ。だが日本と台湾の緊密な交流は、市井の人同士の揺るぎない友情の上だけに成り立っているわけではない。産業の発展や立場において、双方がそれぞれに特色ある優位性を備えていて、競争する分野は少ないがパートナーシップを結べる部分は大きいという点で、他の国とは大きく異なっている。

ＴＳＭＣと日本の投資プロジェクトであるＪＡＳＭは、間もなく量産体制に入る。日本政府と民間企業の両方がＪＡＳＭを最大限に支援してきたことは、ＪＡＳＭが急速に前進できた主な理由だが、日台両国の長年にわたる友情の具体的な象徴でもある。

世界的な半導体戦争や地政学的要因のもとで、台湾の半導体業界がいかにして今日に至ったのかを、日本の皆様により深くお伝えできれば幸甚だ。だがそれよりも大事なことは、日本が半導体産業の復興に懸けているこのときに、台湾が双方のパートナーシップ同盟を後押しできるという可能性を知っていただくことだ。

監修者・解説

——TSMCとは台湾そのものである

野嶋 剛

台湾の半導体受託製造は今日、世界シェアの7割、先端半導体に至っては9割という、初めて聞いた人は耳を疑うほどの圧倒的なシェアを有している。しかも、21世紀のIT社会の根幹を支える戦略物資の半導体である。明らかに異常事態であり、「世界で最も危険な場所」と英エコノミストが評した理由もそこにある。それは単に台湾が危険ということではなく、台湾が万が一、中国の武力行使に晒された場合、世界経済が道連れになりかねないリスクがある、という意味で危険だと評されているのである。

人口2300万人、広さは九州とほぼ同じという台湾が、なぜ、いまや石油にかわって経済の血液と称されるまでになった半導体の生産力を占有する「チップアイランド」となり、中国から自らを守る強力な「シリコン・シールド」を築くことができたのか。その中心にいるTSMCがなぜ、日本企業のなかで対抗できるのはトヨタぐらいしかないほどの利益を稼ぎ出す巨大企業に成長できたのか。これらのクエスチョンは、日本にとっても、世界にとっても大きなミステリーであるが、そのスリリングな謎解きを読者は本書で体験できるだろう。

台湾人ジャーナリストから見たＴＳＭＣのリアル

本書の著者である林宏文は、台湾で最も優れた経済ジャーナリストの一人と目される人物で、日刊紙「経済日報」や週刊経済誌「今周刊」のキャリアのなかで、台湾半導体、とりわけＴＳＭＣの誕生から成長までの全プロセスを第一線で観察してきた。

台湾半導体の発展の歴史はＴＳＭＣが誕生するさらに前の１９７０年代前半に始まっている。当時、台湾は大きな曲がり角にあった。蒋介石総統が夢見た「大陸反攻」は事実上不可能になり、国連は中国を受け入れ、台湾は世界の孤児となった。軍事より経済へ路線転換を強いられた台湾は、蒋介石の息子、蔣經国《しょうけいこく》総統の指導のもと、ハイテク産業の強化に活路を求めた。

そんな潮目の切り替わりの最中の１９７４年のある日の早朝、政府や企業、技術開発の有力者が、庶民的な台湾式の豆乳スープを出す台北の朝食店に集まり、「次は集積回路（ＩＣ）しかない」という意思統一を行った。前後して政府傘下のシンクタンク・工業技術研究院（ＩＴＲＩ）

が設立され、米国からＴＩ（テキサス・インスツルメンツ）の副社長だったモリス・チャン（張忠謀）をＩＴＲＩの所長として呼び寄せた。モリス・チャンはＴＩ時代から温めていた、ファウンドリー企業がファブレス企業相手に半導体製造のサービスを提供する構想をもとに、ＴＳＭＣをＩＴＲＩからスピンオフによって設立した。ＴＳＭＣの正式名が「台湾積体電路製造」なのは「積体電路」がＩＣの中国語名だからである。

伝説的な豆乳店の朝食ミーティングがなければ、国家を護るという意味で「護国群山」と呼ばれる台湾半導体産業の今日も、そのなかで突出して高い頂を有する「護国神山」と呼ばれるＴＳＭＣの今日もなかっただろう。

僭越ながら、その豆乳店ミーティングに模してみれば、本書の誕生のきっかけは２０２２年の「マクドナルド・ミーティング」だった。コロナのため久しぶりに台湾を訪れた私は、台北の中心である南京東路と林森北路の交差点にあり、台湾人がよく待ち合わせにも使うマクドナルドの2階で林宏文とランチを共にした。

私は台湾問題全般を執筆対象としているが、政治・外交・社会が得意分野で、経済・産業を専門としているわけではない。ただ、日本社会にとって台湾の重要性＝半導体というムードが強まり、日本のメディアからコメントや原稿を求められる機会が次第に増えてきた。そのなかでいつも頼りにしてきたのが林宏文であった。ミーティングの場所はたいてい彼のオフィスからも近いそのマクドナルドだった。この日も一通り、台湾の半導体について私の質問に答えてもらったあと、私のほうから本の執筆を持ちかけた。

これまで日本における台湾半導体を論じた書籍や論考のほとんどは、日本人の専門家によって書かれたものだ。優れた内容ではあっても、多くは国際情勢や半導体戦争を切り口に日本人の興味関心のコンテクストで書かれている。だがＴＳＭＣは台湾企業である。**台湾人の視点からの企業論や産業論としてのＴＳＭＣ論が読みたいし、読まれるべきで、そこに日本の言論空間における情報の空白を補う余地がある**と私は考えていた。

林宏文は、過去にＴＳＭＣの本を書いていなかった。それは大変惜しいことであった。しばしば専門家において起き得ることなのだが、日常的に情報に接していると、それが当たり前という感覚になり、自分の知見をいまさら本にまとめる価値がないのではないかと思ってしまうことがある。日頃、林宏文と話していて、彼にもそうした部分があると感じていた。

なんの前触れもなく唐突にされた執筆の打診に、やや戸惑いの表情を浮かべた林宏文へ、私はこう説明した。

「ＴＳＭＣの熊本工場が２０２４年に稼働する。日本政府は国民の税金から４６００億円を拠出した。歴史的に、外国企業にこんな大金を注ぎ込むなんていままで一度もなかったことだ。どれだけ日本にとってＴＳＭＣが重要なのかわかるだろう？ **これは歴史の転換点でもある。ずっと台湾経済より先行してきた日本経済が、今度は台湾経済に牽引されるという逆転現象が起きたんだ。**日本人はＴＳＭＣやモリス・チャンという人物を最近になってようやく知るようになった。ただ、本当の『情報』はまだまだ不足している。いま君が本を書くことは台湾人の責務であり、作者としてもチャンスではないか。何より、君の30年の蓄積を本として私が読んでみたい」

話をしながら、次第に林宏文の表情が真剣なものになっていくのがわかった。それからまもなく林宏文は執筆の意向を固め、半年ほどで大著の『晶片島上的光芒（チップアイランドの光芒）』を書き上げ、台湾で刊行されるや、瞬く間にベストセラーとなり、彼はあちこちの講演やパネルディスカッションに呼ばれて大忙しの身となった。私のほうは、林宏文との約束を果たすため、台湾での刊行とほぼ同時進行で日本での翻訳出版元探しを進め、「ニューズウィーク日本版」の刊行なども手掛けていて日頃から仕事で付き合いもあったＣＣＣメディアハウスに版権取得を引き受けていただいた。

TSMCが、なぜ「今のTSMC」になったのかを描く

本書において私は「監修」という任をいただいているが、実際のところ、トップレベルの専門家である林宏文の文章にアドバイスをする必要性はあまりない。ただ、台湾人の視点で書かれた本書を、日本における「TSMC」や「台湾半導体」がいかに理解されるべきか、という観点から、わかりやすく整理することをお手伝いしただけだ。すでに明らかにしたように、林宏文ははじめから日本での出版を想定しながら一字一句を書き進めており、もとより本書には日本の読者に必要なものがたっぷり含まれていた。

本書の白眉は、TSMCについて、世界一となった「現在」だけではなく、「過去」や「未来」もしっかりと描かれているところにある。

通常、日本で紹介されるTSMCについての情報は「現在」が中心である。しかし、TSMCの取材歴が、モリス・チャンへの30年前のインタビューから今日まで続いている林宏文の脳内にはTSMCの過去と現在、そして未来に関する情報が詰まっており、凝縮されたエッセンスが本書で余すことなく表現されているゆえに、日本以上に半導体関係の情報が溢れる台湾でも極めて高い評価を勝ち取ったと言えるだろう。

本書には、「優れた大企業は必ず国際競争の前に国内競争で勝ち抜く」という米経済学者マイケル・ポーターの言葉通り、ＴＳＭＣが戦国時代であった１９９０年代から２０００年前後にかけて台湾のライバル企業との競争を勝ち抜き、国際競争でも日本勢のみならず、インテルやサムスンなどのライバルに差をつけていく経緯が詳しく描かれている。そんな本書が、ＴＳＭＣとの合作や台湾半導体への投資を検討する人々にとって得難い情報ソースとなり、日本におけるＴＳＭＣ論の決定版となることを期待したい。

ＴＳＭＣは今日名前を知らない人はいないほどの有名企業になったが、もともと誰の目にも留まる太陽のような企業ではない。アップルが太陽だとすればＴＳＭＣは月である。私たちが日々使っている電子製品のどこにＴＳＭＣの半導体が埋まっているかわからない。だが、**私たちの生活のあらゆるところにＴＳＭＣは確実に存在している。**昨今の半導体不足の結果、世界と日本はＴＳＭＣという月の大きさにようやく気がついた。

しかし、夜空に浮かぶＴＳＭＣの存在をクリアに描き出すのは難しい。ＴＳＭＣのビジネスはすべてＢtoＢであるので、取引情報の開示には極めて慎重である。常にＴＳＭＣに寄り添っている台湾の専門家にしかできない長期観察の厚みが本書にはある。

それゆえに、本書の最大の価値は、ＴＳＭＣという企業に対する「解像度」の高さであると私は考えている。

林宏文の描き出すＴＳＭＣは、まるで精度の高い望遠鏡で月の地表を眺めているように、クリアで、リアルで、わかりやすい。おどろおどろしい怪物ではなく、1人ひとりが弛まない努力の末に作り上げた生身の人間の企業が浮かび上がる。ＴＳＭＣは、ライバルたちとの熾烈な争いに苦しみながら勝ち抜いて今日の独占体制を作り上げた。「プロジェクトＸ」のようなストーリーに溢れた、ある意味でごく普通の成功した企業である。このような体温が感じられるＴＳＭＣ論を、過去の日本での刊行物では見ることがなかった。

サバイバルのための徹底した努力

本書を読むと、ＴＳＭＣとは台湾そのものなのだと気付かされる。世界の孤児で中国からの絶え間ない統一圧力に晒されながら、民主主義と自由を守り、選挙によって自らの指導者を選び、世界から尊敬を勝ち取った。ＴＳＭＣは、ブランドを持たないファウンドリーに徹することで、電子化の時代の垂直分業の趨勢に適応し、稼いだ金の大半を研究開発に注ぎ込む自律的な革新性、そして、24時間体制で顧客の要望に応えようとする徹底したサービス精神、そのどれもが台湾らしさにあふれている。ＴＳＭＣという企業が顧客サービスを徹底することにどれほどこだわっているかもよく伝わる。「製造業をサービス業として行わなければ、より高い価値を顧客に創造できない」「自分を顧客の工場にして、自分の技術者を顧客の技術者にする」などの記述は、従来の製造業のイメージを覆して新しいＩＴ企業のあるべき姿を示しているとも言えるが、日頃から台湾人の「おもてなし力」に触れている私には思い当たる点が多々ある。

こうした**サバイバルのためにすべてを徹底して努力するスピリットを持つ台湾には、日本人からすると想像がつかないほどの強かなレジリエンス（困難を乗り越える力）がある。それは台湾人が、厳しい生存環境のなかで、常に時代の潮流と共に歩み、最適解を目指して奮闘してきた民主化以降の半世紀の成果である。**台湾は未来のためならどんなチャレンジにも臆さない。日本社会の病理であるような前例主義はそこにはない。ＴＳＭＣの登場は一つの奇跡であるが、台湾にとっては計画された奇跡である、と言えるだろう。

台湾が生産を独占する産業は半導体のみならず、パソコンのマザーボードや自転車の完成車についても同様である。その特徴は「ある製品にターゲットを絞ってそれを徹底的に発展させ」たうえに、「他よりも優れた人材」を集めることだと筆者は指摘する。台湾も半導体について請け負っているのはファウンドリーであり、設備や素材は日本、オランダ、米国、ドイツなどから調達している。ただ最終工程をＴＳＭＣが担っているので、ＴＳＭＣが作らない限り、半導体はどの企業も入手することはできない。そこにＴＳＭＣの強みと希少性がある。代替がきかない半導体サプライチェーンのボトルネックなのである。

日本は脇役から再び舞台に立てばいい

本書のなかで日本企業や日本人が登場する回数は比較的少ない。それはＴＳＭＣが２０００年以降に急成長を遂げた企業である一方で、半導体分野で日本企業が世界で存在感を失っていったのも２０００年以降になるからだ。両者の成長と衰退の軌跡は、ほぼ完全に交差する形で時期を共にしている。日本企業が半導体の世界からフェードアウトし、日本人が半導体を忘れていくなかで、ＴＳＭＣは巨大化し、独占的な強さを作り上げた。かつてＴＳＭＣを軽視した日本の一流企業は多くが凋落し、業界の競争でＴＳＭＣのライバルとして描かれるのは、台湾の同業者や米国企業、韓国企業、中国企業である。

そこには日本人としての一抹の寂しさと後悔を与えるだろう。だが、それゆえに日本とＴＳＭＣの協力関係は作りやすいというのが本書に込めた林宏文のメッセージだ。

米国のインテル、韓国のサムスン、中国の中芯などはなおＴＳＭＣのライバルたり得る力を持っているが、日本にその基盤はない。まもなく国家プロジェクトとしてラピダスが立ち上がるが、仮に成果を出せたとしても、5年、10年、さらにその先になる。筆者が本書のなかで詳述しているように、微細化をめぐる企業努力は国家レベルの資金投下が必要になってくるもので、途中からの参入者が容易に陣地を確保できるような甘い世界ではない。ＴＳＭＣは年間、数兆円の資金を研究開発に投じており、日本政府が単年度ならともかく、継続的にそれだけの資金を投下できるのかという疑問は残される。莫大な資金投下が生死を分かつ半導体ビジネスというゲームに、賭け金を積み続けることができるか、という問題である。

息切れが見えているなら、台湾を主役、日本を脇役にしてでも、日本は半導体をめぐるグローバルゲームに食い下がっていきながら、次世代・次々世代のテクノロジーで捲土重来《けんどちょうらい》を期すほうが現実的ではないだろうか。

本書で林宏文は「研究開発と技術と長期的な努力という条件をそろえなければ、先行優位を蓄積できない」と書く。先行優位の蓄積のないところで、日本はいきなり先行領域に飛び出すことができるのかどうか。予断を許さないが、私は楽観的にはなれない。当面はＴＳＭＣと全面的に手を組んで日本の素材・装置の強みを最大化するほうが正しい選択かもしれない。

その意味で、TSMCの熊本工場の第2工場への拡張が決まり、第3工場まで視野に入れているとの情報があることは明るい展望だ。2024年には第1工場が本格稼働する。半導体をめぐる日台アライアンスに対する林宏文の「日本と台湾は産業配置をほぼ完全に補完し合っている」という指摘は、極めて示唆的であるように思われる。

テープアウト

パッケージング

ファウンドリー

ファブレス

フォトマスク

マザーボード

メモリー

モアムーア

モアザンムーア

ムーアの法則

リソグラフィー

露光装置

DRAM

▶メモリーの一種で「揮発性メモリー」の代表。短期記憶（一時保存）に使われる。比較的安価で大容量化が可能なので、コンピューターのメインメモリーとして広く普及

—— *37・48・93・106-109・117-127・133-134・178-179・202-203・296・402・404・406-407・451・465・474・478・491-492・494・499*

EDA

▶半導体の「設計」作業の自動化を支援するためのツール（ソフトウェアやハードウェア）。導入により生産が効率化する。EDAツールを開発・販売する企業を「EDAベンダー」という

…… *15・35・137・361・363・384-385*

GPU（画像処理装置）

▶コンピューターの頭脳「CPU」に対して画像処理に特化している。ゲームやディープラーニング（AI）の分野で需要が急速に伸びている

…… *69・261・263*

IC（集積回路）

▶ICを総称して半導体と呼ぶこともある（厳密には半導体は物質、集積回路は部品）。チップは集積回路の略称

…… 省略

IDM（垂直統合型デバイスメーカー）

▶半導体の「開発・設計」から「製造」「販売」までを自社で行う企業

—— *16・46・64・79・82-83・88・106・134・196・248・250・290・294・344・362・395・419・432・435・463・467・493-494*

InFO

▶TSMCが提供する主にモバイル向けの先端パッケージング技術。超薄型で、製造コストが安い。アップルがiPhone7用のチップ「A10」の製造委託先をTSMCに選んだ際の決め手となった

…… *78・333・341・376-378・383*

IP

▶半導体の回路設計情報。情報、つまりデータであり、実体はない。CPUやメモリ、信号処理回路などLSI（大規模集積回路）を構成する機能ブロックを指す。IPの設計を行い各メーカーにそのライセンスを提供する企業を「IPベンダー」という。

…… *17・35-36・130-132・137・384-385・390-392・394-400・411・479*

LSI（大規模集積回路）

▶ICなかでも素子が微細化され、集積度が高く（素子数が1,000素子以上）、高性能なもの。さらに、10万素子以上のものを「VLSI」、1,000万素子以上のものを「ULSI」と呼ぶ

—— *64・112*

NAND型フラッシュメモリー

▶メモリーの一種。「NOR型」とともに、「不揮発性メモリー」の代表的なもの。電源がなくても記憶を保持できる。小型軽量で安価に大容量化が可能。書き込みや消去の速度も速いので、USB、SD、SSDとして広く活用されている

…… *122-123・296・402・405・407*

NRE

▶「開発」「製造」工程のうち、設計や試作など一度だけ行われる工程。あるいはその開発費

…… *392-393・395-396・398-399*

イオン注入

▶半導体「製造（前工程）」の作業で、イオン化した不純物をウエハー上に注入する。これにより、電気が流れたり停滞したりする箇所を作る。

—— *15・171・175・353*

ウエハー

▶シリコン製の円い基板。この上に回路を作り込む（転写する）

…… 省略

成膜

▶半導体「製造（前工程）」の作業で、ウエハー上に電気特製（電気を通したり、通さなかったりする機能）などを与える

—— *15・171・175・353*

チップセット

▶パソコンに搭載されている各種システム（CPU、メモリなど）のデータ受け渡しを管理する

—— *34-35・114・132・352*

索引&用語解説

【企業】

※［台］台湾／［米］米国／［中］中国／［日］日本／［韓］韓国／［蘭］オランダ／［英］英国

著者

林 宏文（リン・ホンウェン／*Lin Hung-Wen*）

主にハイテク・バイオ業界の取材に長年携わりながら経済誌「今周刊」副編集長、経済紙「経済日報」ハイテク担当記者を歴任し、産業の発展や投資動向、コーポレートガバナンス、国際競争力といったテーマを注視してきた。現在はFM96.7環宇電台のラジオパーソナリティや、メディア「今周刊」「数位時代」「鍶科技」「CIO IT経理人」のコラムニストとして活躍中。また、台湾のクルーザーメーカーで世界第四位の東哥遊艇（Ocean Alexander）、各種コネクタ・部品サプライヤーの太康精密股份有限公司、バイオ企業の鑽石生技投資股份有限公司の独立役員を務めるほか、財団法人鼎動電機教育基金会代表理事、財団法人聯合医学基金会理事、医療システムの医電数位転型公司監査役、インターネット関連企業の喬美国際網路股份有限公司取締役、智璞科技股份有限公司取締役も兼任。著書に『晶片島上的光芒（邦訳：『TSMC世界を動かすヒミツ』／CCCメディアハウス）』、『競争力的探求（競争力の探究）』、『管理的楽章（マネジメントの楽章）』（宣明智氏との共著）、『恵普人才学（ヒューレット・パッカードの人材学）』、『商業大鱷SAMSUNG（ビジネスの大物サムスン）』など。

監修者

野嶋 剛（のじま・つよし）

1968年生まれ。朝日新聞に入社後、台北支局長、シンガポール支局長、アエラ編集部などを経て2016年に退社し、ジャーナリスト活動を開始。『ふたつの故宮博物院』『台湾とは何か』『香港とは何か』『新中国論』『蒋介石を救った帝国軍人』『日本の台湾人』『台湾の本音』など台湾、中国、香港に関する著書多数。大東文化大学社会学部教授。

訳者

牧髙光里（まきたか・ひかり）

2年あまりの南開大学への語学留学を経て、日本企業での通訳・翻訳・貿易事務、西アフリカのマリ共和国での村落開発に携わったのち、さらにさまざまな回り道をして翻訳者に。訳書に『鳥類学が教えてくれる「鳥」の秘密事典』（SBクリエイティブ）、『ERROR FREE 世界のトップ企業がこぞって採用したMIT博士のミスを減らす秘訣』（文響社）などがある。

TSMC
世界《せかい》を動《うご》かすヒミツ

2024年3月30日　初版発行

著　者　林 宏文
監　修　野嶋 剛
訳　者　牧高光里
発行者　菅沼博道
発行所　株式会社 CCCメディアハウス
〒141-8205　東京都品川区上大崎３丁目１番１号
電話 販売 049-293-9553　編集 03-5436-5735
http://books.cccmh.co.jp

装幀　渡邊民人（TYPEFACE）
本文デザイン　谷関笑子（TYPEFACE）
DTP　有限会社マーリンクレイン
校正　株式会社文字工房燦光
印刷・製本　株式会社新藤慶昌堂

ISBN978-4-484-22111-3